高温后钢-PVA 混杂纤维
混凝土及构件力学性能研究

肖良丽　著

华中科技大学出版社

中国·武汉

内 容 简 介

本书分为四篇,分别介绍了以下研究工作和成果:①第一篇开展了四种不同纤维含量的钢-PVA混杂纤维混凝土立方体和棱柱体受压试验,分析了纤维掺量对混凝土受压力学性能的影响,建立了抗压强度与纤维掺量的关系;②第二篇开展了钢-PVA混杂纤维混凝土受弯和受折试验并研究了纤维掺量对钢-PVA混杂纤维混凝土的影响规律,建立了抗折和抗弯强度与纤维掺量的关系;③第三篇开展了高温后钢-PVA混杂纤维混凝土短柱轴心受压试验,提出了预测高温后钢-PVA混杂纤维混凝土短柱轴心受压承载力公式;④第四篇结合热力耦合算法进行了高温后钢-PVA混杂纤维混凝土短柱轴心受压数值模拟,揭示了不同因素对高温后钢-PVA混杂纤维混凝土短柱轴心受压性能的影响规律。

本书对笔者所做的相关科学技术研究成果进行了阶段性的梳理和总结,为钢-PVA混杂纤维混凝土的应用和发展提供了翔实的参考资料,也为同类型科学技术研究提供了方法和思路。

图书在版编目(CIP)数据

高温后钢-PVA混杂纤维混凝土及构件力学性能研究 / 肖良丽著. -- 武汉 : 华中科技大学出版社,2025.5. --(工程建设理论与实践丛书). -- ISBN 978-7-5772-1581-5

Ⅰ. TU375

中国国家版本馆 CIP 数据核字第 2025801SG4 号

高温后钢-PVA 混杂纤维混凝土及构件力学性能研究   肖良丽   著

Gaowenhou Gang-PVA Hunza Xianwei Hunningtu ji Goujian Lixue Xingneng Yanjiu

---

策划编辑:胡天金

责任编辑:陈 忠

封面设计:杨小勤

责任校对:阮 敏

责任监印:朱 玢

出版发行:华中科技大学出版社(中国·武汉)   电话:(027)81321913

           武汉市东湖新技术开发区华工科技园   邮编:430223

录   排:华中科技大学惠友文印中心

印   刷:武汉市洪林印务有限公司

开   本:710mm×1000mm   1/16

印   张:14.25

字   数:295 千字

版   次:2025 年 5 月第 1 版第 1 次印刷

定   价:78.00 元

前　言

随着社会经济的发展和人民生活水平的提高,我国高层及超高层建筑和地下建筑大幅增加。火灾是一种极具破坏性和频繁出现的灾害。如果高层和超高层建筑经受火灾,建筑物的材料性能必然大大降低,从而对人们的生命和财产造成不可挽回的巨大损失。这就增加了对高强度、抗高温、抗爆裂的高性能混凝土的需求。笔者开展了新型"钢-PVA 混杂纤维混凝土"(steel-PVA hybrid concrete)高性能混凝土的研制工作,从不同纤维掺量出发,研究了其力学性能,然后将这种钢-PVA混杂纤维混凝土制备成构件,对高温后钢-PVA 混杂纤维混凝土短柱进行了轴心和偏心受压试验和数值模拟,探讨了不同温度、纤维掺量等因素对钢-PVA 混杂纤维混凝土及构件力学性能的影响。

本书分为四篇,分别介绍了以下研究工作和成果:①第一篇开展了四种不同纤维含量的钢-PVA 混杂纤维混凝土立方体和棱柱体受压试验,分析了纤维掺量对混凝土受压力学性能的影响,建立了抗压强度与纤维掺量的关系;②第二篇开展了钢-PVA 混杂纤维混凝土受弯和受折试验并研究了纤维掺量对钢-PVA 混杂纤维混凝土的影响规律,建立了抗折和抗弯强度与纤维掺量的关系;③第三篇开展了高温后钢-PVA 混杂纤维混凝土短柱轴心受压试验,提出了预测高温后钢-PVA 混杂纤维混凝土短柱轴心受压承载力公式;④第四篇结合热力耦合算法进行了高温后钢-PVA 混杂纤维混凝土短柱轴心受压数值模拟,揭示了不同因素对高温后钢-PVA 混杂纤维混凝土短柱轴心受压性能的影响规律。

本书对笔者所做的相关科学技术研究成果进行了阶段性的梳理和总结,为钢-PVA 混杂纤维混凝土的应用和发展提供了翔实的参考资料,也为同类型科学技术研究提供了方法和思路。本书研究工作的试验和理论分析,离不开武汉科技大学土木工程试验中心各位老师的帮助。感谢许成祥教授、杨塬教授、朱红兵教授、彭胜副教授、彭爽讲师无私的帮助和指导;感谢张长春老师在试验上的大力支持。感谢江苏狄舜建筑工程有限公司在试验资金等方面给予的大力支持!感谢课题组研究生刘彦、杜壮、纪勤敏、朱志颖、陈宇标、黄劲松和陈潘红等的研究工作,在此对他们致以深深的谢意!

本书由武汉科技大学肖良丽著,相关工作得到了国家自然科学基金项目

(51678457)、湖北省自然科学基金(2023AFB660)、湖北省住房建设科技计划项目(2023-1656-187)的支持,在此一并表示深深的感谢。本书在撰写过程中参考了相关的文献资料,在此向各位作者表示衷心的感谢。

由于笔者水平有限,本书不足之处在所难免,敬请读者批评指正。

著　者
2025 年 2 月

目　录

第一篇　高温后钢-PVA 混杂纤维混凝土受压力学性能试验研究

第二篇 高温后钢-PVA 混杂纤维混凝土抗折抗弯试验研究

第三篇 高温后钢-PVA 混杂纤维钢筋混凝土 短柱轴心受压力学性能研究

第四篇　高温后钢-PVA 混杂纤维钢筋混凝土轴压短柱剩余承载力分析及损伤评估

第一篇　高温后钢-PVA混杂纤维混凝土受压力学性能试验研究

第1章 绪论

1.1 研究背景

由于国民经济的快速发展,建筑物、桥梁等工程结构数量急剧增加,涉及的结构种类也日益广泛。根据相关统计,目前全国年均发生的火灾事故约10万件,给国家和人民群众的生命财产造成巨大经济损失[1]。常见的火灾事故类型有建筑物火灾、林木火灾、易燃物料堆场火灾、交通火灾等。火灾事故伤亡数据表明,出现次数最多,伤害最剧烈的当属建筑物火灾事故[2]。在建筑工程中,选取合格的技术方式来避免建筑物失火和保护人身财产安全,是建筑结构设计中的消防安全基础[3]。

近年来,中国的大多数大城市都面临着人口增长和土地稀缺的问题。为有效解决住房短缺与人口爆增的矛盾,高层建筑和地下结构迅速增加。众所周知,高温会严重破坏混凝土的微观结构和细观结构,导致混凝土的力学性能严重劣化,甚至对结构层面造成不良影响。因此,提高普通混凝土的高温力学性能是混凝土研究的一个重要方面。

2009年2月,北京市"文化中心大楼"建筑失火(图1-1-1),火灾导致1名消防员死亡,6人烧伤,经济损失金额达15亿元;2010年11月,上海静安区高层教师公寓(图1-1-2)因电焊工以及工人违反规定进行电焊而引起失火,致使58人死亡、71人受到伤害,财产损失达1.58亿元;2013年6月,长春市吉林宝源丰禽业有限公司主厂房突发特别重大火灾爆炸事故(图1-1-3),导致121人死亡、76人受到伤害,财产损失达1.82亿元;2016年5月,大连市长兴岛经济开发区突发火灾(图1-1-4),位于一家商店二楼的补习班失火,导致3名学生死亡。

高温作用下,混凝土内部产生水分挥发、水化产生物质和骨料之间分化等现象,从而导致混凝土表面开裂和剥落,进而导致强度和韧性的劣化。目前,改善混凝土高温力学性能的解决方案之一是在混凝土中掺入纤维材料。在混凝土中掺加纤维可有效提升其力学性能、抗冲击性能,并减少因温度应力产生的裂缝。以相关钢纤维和聚乙烯醇(polyvinyl alcohol,简称PVA)纤维为例,混凝土的抗拉强度及延展性能被钢纤维有效改善,钢纤维还能有效阻止混凝土裂缝延伸[4];PVA纤维是一种高弹性、高模量的纤维,掺适量的PVA纤维可以阻止混凝土因温度和塑性收缩产生的裂缝,改良其抗渗性能和抗冲击性能[5]。因此,钢-PVA混杂纤维材料在提升混凝土抗拉强度及防止裂缝延伸方面将做出重要贡献。

图 1-1-1　北京市文化中心大楼火灾

图 1-1-2　上海教师公寓火灾

图 1-1-3　吉林宝源丰禽业有限公司主厂液氨爆炸

图 1-1-4　大连"5·21"火灾事故

1.2　国内外研究现状

1.2.1　高温后普通混凝土及高强混凝土力学性能

Ali Ergün 等[6]研究了高温和水泥用量对混凝土力学性能的影响,试验表明在 400 ℃ 以上的温度下的混凝土相比未受热混凝土有明显的强度损失,这种强度损失不受水泥用量影响。谢玲儿等[7]研究表明 400 ℃ 后浸水冷却的混凝土表观产生裂缝且有少部分掉落;随着温度的升高,水冷后混凝土裂缝增多、宽度增大。200～300 ℃ 水冷后试块抗压强度相比常温状态基本没有改变;300 ℃ 后抗压强度降低;400 ℃ 时极限抗压强度变为常温状态的 85%;500～600 ℃ 时极限抗压强度变为常温状态的 60% 左右;700 ℃ 时极限抗压强度变为常温状态的 55% 左右;800 ℃ 时极限抗压强度变为常温状态的 30% 左右。卞瑞等[8]的试验结果表明,高温加热后混凝土外观出现改变;混凝土温度损伤效应比较明显;相同应变速率下,随着温度升高,抗压强度慢慢降低,300 ℃ 后加快衰退;加热使混凝土抗压强度下降;混凝土抗压强度随应变率的增加而上升。曲海坤等[9]试验表明,混凝土高温自然冷却后会发生强度反弹。温度增加使混凝土的劈拉强度减小,800 ℃ 时强度损失达 80%。

温度增加导致混凝土出现水化反应,氧化钙和水反应生成氢氧化钙,补充了高温突冷致使混凝土丢失强度的不足。混凝土经高温处理后外观随温度及冷却方式的不同出现不一样的状态。

周晖等[10]研究表明,低于200 ℃时高强混凝土(HSC)棱柱体无异常,400～800 ℃时HSC棱柱体产生裂缝,裂缝随温度升高变多、变宽。损伤平均值随温度升高而变低。常温和200 ℃温度处理对HSC试件基本无影响。马辉[11]的试验结果表明,温度在400 ℃时,混凝土抗压强度随温度升高一直减小。喷水冷却混凝土试件,其残余抗压强度随温度升高和时间增加而减小,高温喷水冷却混凝土试件,其表面损伤比自然冷却大。温度在300 ℃以内,14～28 d混凝土抗压强度出现最低值;温度在300 ℃以上,1～7 d混凝土抗压强度出现最低值。

邵晋彪等[12]的研究结果表明,C60高强混凝土历经不同温度与恒温时长,表面颜色变淡,裂缝慢慢变大至贯穿试块。C60高强混凝土高温后出现细微裂纹,峰值出现后发生脆性破坏,产生严重爆碎。C60高强混凝土的力学性能随温度升高而降低,温度改变比恒温时长对混凝土力学性能的影响大。残余强度与温度成反比,峰值应变与温度成正比。

陆洲导等[13]发现混凝土残余强度和峰值荷载随温度上升而降低,C50混凝土断裂能随温度变化先升后降,C60、C70、C90混凝土断裂能随温度变化下降,下降速度先快后慢,高强混凝土烧失量随强度的增大先降低后升高,抵抗高温能力随混凝土强度增大而增大。

宋杨等[14]发现,温度在50～500 ℃之间时,混凝土历经孔隙自由水蒸发,吸附水脱附,钙矾石、石膏结合水脱附,以及Ca(OH)$_2$分解等过程。高温使混凝土耐久性能变差、力学性能降低,高温对混凝土耐久性的影响比对混凝土力学性能的影响更为严重。

Zhai Yue等[15]的研究结果表明,应变率、加载速率与加热温度有关。浸水冷却和自然冷却相比,加热温度在不到400 ℃时,浸水冷却试件比自然冷却试件的强度高;加热温度在400 ℃以上时,浸水冷却试件比自然冷却试件的强度低。高温冷却材料在高加载速率下的强度降幅低于静态加载下的强度降幅。

王永旗等[16]的研究结果表明,高温条件不同,C20混凝土颜色及外观有较大区别。随着温度的上升,C20混凝土质量损失率、波速损失率及损伤度都增加。此外,C20混凝土质量损失率和波速损失率呈现线性关系,混凝土表面颜色随温度升高从灰白色变成灰褐色。400 ℃时混凝土颜色最深,随后颜色随温度升高慢慢褪为亮白色。温度不到500 ℃时,试块几乎无明显的裂缝与脱落,温度在600 ℃以上时,试块出现显著裂缝和脱落迹象。

郑钰涛等[17]研究表明,采用喷水冷却和自然冷却这两种方式,试件的损失率随温度升高而变大,且喷水冷却试件的损失率要小于自然冷却试件。温度在400 ℃以上时,喷水冷却降幅更小;随着温度升高,应力-应变曲线峰值应力明显减小,峰值应变明显增大,弹性阶段曲线斜率变低。400 ℃以后,喷水冷却试件的纵波波速和弹性模量小于自然冷却试件。两种冷却方式的影响小于温度的影响,试件的弹性模量随温度升高显著变低,应力-应变曲线形状类似。

戎虎仁等[18]发现,混凝土抗压强度随温度升高而降低,呈现线性变化,弹性模量变小,混凝土损伤随温度升高而变大。200 ℃时,钙矾石分解使小孔变多,混凝土比表面积变大,抗压强度减小。400 ℃时,混凝土抗压强度变低;600 ℃时,混凝土抗压强度继续变低;800 ℃时,混凝土抗压强度降到最低点。

谢旺军[19]发现,随温度升高,混凝土表面出现微裂纹和剥落。温度为 200～400 ℃时,此时试件烧失率最大,对应曲线最陡;混凝土强度越高,对应烧失率越小。试件损伤是由于骨料界面之间的黏结作用失效,骨料没有破裂迹象,抗压强度临界温度值为 600 ℃。

Venkata Sairam Pallapu 等[20]在 20～300 ℃的不同温度范围内,综合研究了高温和环境温度对混凝土强度折减系数的影响。试验表明,温度在 100 ℃和 300 ℃之间时,混凝土柱体上的脉冲速度从 5.29 km/s 急剧下降到 3.19 km/s,表明混凝土的物理状态迅速劣化。形态研究证实,从 50 ℃开始,混凝土由于开始脱水而明显变形。火灾发生后,如果发现结构构件的温度超过 300 ℃,应进行详细检查以确定其结构完整性。

1.2.2 高温后单掺纤维混凝土力学性能

郭瑞晋等[21,22]研究表明高温后喷水冷却的混凝土强度没有自然冷却的高,高温对混凝土强度的影响大于对弹性模量的影响。随着温度变化,混凝土强度和弹性模量呈非线性下降。400 ℃是抗压强度的转折点,300 ℃是弹性模量的转折点;强度、弹性模量随着纤维掺量、长度、直径增加不断变小。

Harun Tanyildizi 等[23]研究添加聚乙烯醇(PVA)纤维的土工聚合物混凝土的耐高温性能。结果表明随着 PVA 纤维掺量的增加,土工聚合物混凝土的抗压强度和抗折强度都有所提高。此外,高温下试件的抗压强度和弯曲强度都表现出降低的趋势。60 ℃试件的抗压强度和抗折强度最好。PVA 纤维的用量分别为 0%、1% 和 2%,随着 PVA 纤维掺量的增加,土工聚合物混凝土的抗压强度和抗折强度也逐渐提高。

Muhammad Abid 等[24]试验表明混凝土体积比为 2% 的钢纤维足以抵抗 RPC 的剥落。在 20～300 ℃的初始温度范围内,材料的热态力学性能和剩余力学性能的变化趋势不同,而在 300 ℃以上的温度范围内,材料的热态和剩余力学性能的变化趋势是一致的。随着温度的升高,材料的热态力学性能逐渐降低。当温度达到 300 ℃时,材料的剩余力学性能有所提高,但当温度超过 300 ℃时,剩余力学性能急剧下降。

赵燕茹等[25]研究表明,玄武岩纤维混凝土的抗压强度、抗折强度随温度升高而变化;400 ℃时,玄武岩纤维混凝土的抗压强度变高,而抗折强度快速降低,抗压峰值应变基本无变化;400~800 ℃时,抗压强度与抗折强度随温度增加而变小,抗压峰值应变快速增大。

戎虎仁等[26]的研究结果表明,基准混凝土随温度升高烧失量增大,玄武岩纤维混凝土随温度上升烧失量也慢慢增大,掺入玄武岩纤维基本不能阻碍混凝土水分消散;随温度升高,混凝土表面出现的裂纹也增多,其中基准混凝土出现的裂纹数量最多,长度、宽度也最大。玄武岩纤维在混凝土经历高温时的作用是减少混凝土爆裂现象的发生;基准混凝土和玄武岩纤维混凝土的抗压强度趋势是先升后降,温度一样时,基准混凝土强度低于玄武岩纤维混凝土强度;试件破坏受损时,基准混凝土破坏程度大于玄武岩纤维混凝土,因为玄武岩纤维阻裂作用好。

李长安[27]的研究结果表明,玄武岩混凝土的抗压强度在 200 ℃有拐点、抗拉强度在 200 ℃有拐点、弹性模量在 200 ℃有拐点,玄武岩纤维混凝土的力学性能在200 ℃开始变小;混凝土的力学性能随玄武岩纤维体积率的增多先增后减,玄武岩纤维最佳体积率是 0.15%;玄武岩再生混凝土的力学性能随再生骨料取代率变高而变低,再生骨料取代率不要超过 30%。

Guo Zhan 等[28]对碳纤维混凝土(CFRC)高温后的剩余力学性能和微观结构进行了试验研究。试验结果表明,碳纤维的掺入能有效提高 CFRC 的抗折强度和劈裂强度,但对抗压强度的提高幅度有限。根据碳纤维混凝土高温后的力学性能,最佳碳纤维掺量(质量分数)和碳纤维长度分别为 1.0% 和 10 mm。碳纤维掺量对CFRC 抗折强度的影响最大,其次是劈裂强度和抗压强度。然而,碳纤维长度对CFRC 的抗压、抗折和劈裂强度的影响可以忽略不计。高温后 CFRC 的抗压、抗折和劈裂强度残留率主要取决于温度的升高。扫描电镜分析结果表明,CFRC 在荷载作用下的破坏模式主要是碳纤维的断裂和被拔出。

侯振国等[29]的研究结果表明玄武岩纤维织物能降低高铝酸盐水泥基玄武岩纤维编织网增强混凝土(TRC)薄板在加热温度下的形态改变和裂纹延伸。随着温度上升,玄武岩 TRC 抗弯承载力出现线性减小,由于高温作用下混凝土基体受伤,以及纤维编织网、纤维与基体黏结劣化的综合作用,普通硅酸盐水泥基 TRC 没有高铝酸盐水泥基 TRC 致密,高铝酸盐水泥基 TRC 对高温有更多抵抗作用。

郑庆祥[30]研究表明,钢纤维的掺入明显增强了高温下混凝土的残余抗压强度,抗拉强度以及弹性模量也随钢纤维掺量的增加而增强,高温下钢纤维混凝土的力学性能要好于普通混凝土的力学性能。钢纤维混凝土的残余力学性能随加热温度的上升而减小。温度小于 400 ℃时,钢纤维混凝土的残余力学性能基本无变化;温度超过 400 ℃时,钢纤维混凝土的残余力学性能很明显变小;温度大于 800 ℃时,钢纤维混凝土的残余力学性能基本完全丧失。

于登昕等[31]研究表明,随着温度上升,钢纤维陶粒混凝土的抗压强度先增后降,颜色、裂缝也随之出现改变;高温后钢纤维陶粒混凝土的残余抗压强度大于相同条件下普通陶粒混凝土的残余抗压强度;200 ℃下钢纤维陶粒混凝土的残余抗压强度比常温下的残余抗压强度要高一些,普通陶粒混凝土不会出现这一特征。

1.2.3 高温后混杂纤维混凝土力学性能

刘沐宇等[32]对混凝土试块开展了高温后力学性能试验研究,结果表明混杂纤维混凝土试块在 800 ℃后,残余抗压强度剩余一半,抗拉强度为原来的三分之一,残余强度在钢纤维的掺入下得到提高,而聚丙烯纤维的掺入对混凝土残余力学性能基本无影响。说明在混凝土中掺入聚丙烯纤维能在一定程度上提高其抗高温性能。

李晗[33]的试验结果表明,随着温度的上升,400 ℃后混杂纤维混凝土的抗压强度下降幅度较大,而高温后与常温下的抗压强度之比在 400 ℃之后的下降幅度也较大。说明适量掺入钢纤维和聚丙烯纤维能增加高温后混杂纤维混凝土的抗压强度。

燕兰等[34]研究了混杂纤维增强高性能混凝土(HFHPC)与普通混凝土(NC)的高温力学性能。结果表明混杂纤维能增强混凝土的常温力学性能,同时也能增强其高温力学性能。HFHPC 的力学性能在 400 ℃后随温度上升而下降,大于相同温度下 NC 的强度值,其中劈裂抗拉强度增强最多,说明 HFHPC 比 NC 具有更好的抗高温力学性能。这两种混凝土高温后的微观变化与宏观变化基本一致。

朋改非等[35]的试验结果得出 0.15%的聚丙烯纤维体积掺量、2%的钢纤维体积掺量能较好提高高温后混凝土的力学性能。残余抗压强度随温度上升先增加,之后开始显著降低,残余劈裂抗拉强度随温度上升先小幅下降或基本不变,之后出现较显著降低,最终大幅度降低;残余断裂能随温度上升先稍微增大(或基本不变),之后显著降低,最终降幅较大。

高丹盈等[36]通过对混杂纤维增强高强混凝土试块进行高温试验研究,发现混杂纤维能防止高强混凝土在高温下出现爆裂。温度相同时,混杂纤维能增强高强混凝土高温后的强度。随着温度上升,混凝土质量损失变多,加入纤维会增加混凝土质量损失。400 ℃后混杂纤维增强高强混凝土抗压强度慢慢降低,800 ℃后还有较高残余强度。随着温度上升,混杂纤维增强高强混凝土残余抗折强度的下降幅度与温度呈线性关系。

Ma Qianmin 等[37]对混凝土在高温暴露过程中发生的一系列物理化学变化进行了研究,如水分蒸发、水化产物和骨料解体、微观结构粗化、孔隙率增大等。试验表明这些变化是高温下混凝土力学性能劣化的原因。聚丙烯纤维对混凝土高温后残余抗压强度和弹性模量的改善作用不明显。在 400 ℃左右,聚丙烯纤维混凝土对残余劈裂抗拉强度和抗折强度的改善作用将大大丧失,由于蒸气压的释放,聚丙烯纤维混凝土具有很强的抗剥落能力。钢纤维可以改善混凝土在高温下加热后的剩余力学性能,它还能提高混凝土的抗剥落能力,其提高幅度小于聚丙烯纤维。当试件尺寸差异较大时,尺寸较小的试件比尺寸较大的试件具有更高的高温残余抗压强度。

高卫平[38]研究表明混凝土单掺两种纤维时,其抗压强度随温度上升先增后减,抗折强度随温度上升也是先增后减;钢纤维能增强混凝土高温后的强度值。温度大于 200 ℃时,聚丙烯纤维对混凝土的耐高温性能有很好的改善作用。钢纤维对高温后抗折强度的改善作用大于聚丙烯纤维,钢纤维对高温后抗拉强度的增强作用也大于聚丙烯纤维。

张聪等[39]研究了钢纤维、结构型聚丙烯(PP)纤维以及细 PP 纤维对高温后自密实混凝土简支梁剩余承载力的影响。结果表明加入纤维后,自密实混凝土梁在高温后的承载能力得到增强,峰值荷载对应的挠度降低而刚度得到提高。钢纤维对混凝土承载能力的增强作用比结构型 PP 纤维和细 PP 纤维更显著。

余婵娟等[40]发现钢纤维与聚丙烯纤维在高温下出现正混杂效应,钢纤维与聚乙烯醇纤维在高温下也出现正混杂效应;聚丙烯纤维的作用是防止混凝土出现爆裂,钢纤维则能增强混凝土高温下的剩余承载力。

靳巍巍[41]通过高温电阻炉持续加热掺入碳纤维与碳纤维混杂纤维的混凝土,分析了在不同加热温度下各种纤维混凝土物理力学性能的变化情况,结果表明混杂纤维能增强混凝土的安全性能。400 ℃时混凝土里的碳纤维能够阻止混凝土内部自由水流失,钢纤维在混凝土中会加快热量传输致使自由水蒸发加快,混杂纤维混凝土的弹性模量比普通混凝土弹性模量低,掺入碳纤维或聚丙烯纤维的混凝土弹性模量更低。钢纤维能增加混凝土弹性模量,增强混凝土刚度,提高混凝土抗压强度。碳纤维能够提升混凝土整体性,与钢纤维混杂后能够提升混凝土安全性。

N. Yermak 等[42]采用不同骨料性质、不同含水率、不同长度和不同掺量的聚丙烯纤维(PPF)和钢纤维(SF)配制了不同高强(70 MPa)混凝土混合料,并进行了 ISO 834 标准耐火试验。试验表明当 SF 掺量为 60 kg/m³ 时,混凝土出现剥落,不含纤维的素混凝土和含 0.75 kg/m³ PPF 及 60 kg/m³ SF 的混凝土则未出现剥落。说明 PPF 提高了混凝土孔隙率和渗透性。钢纤维控制了裂纹的发展,减少了应力松弛现象和新气孔尺寸。在含 SF(60 kg/m³)的混凝土中加入 PPF(0.75 kg/m³),可避免混凝土在标准耐火试验过程中发生剥落,防止宏观破坏。SF 使 CPPS0.75-60 混凝土的剩余力学性能损失延缓至 750 ℃时才发生。CPPS0.75-60 混凝土在 600 ℃具有延性。在力学试验中,SF 在 900 ℃时失去了力学性能,这可能是 SF 的氧化和腐蚀及石灰石集料力学性能丧失所致。

F. B. Varona 等[43]试验表明聚丙烯纤维适用于控制加热过程中的爆裂剥落。在 800 ℃以上时,聚丙烯纤维和混杂纤维混凝土的残余抗拉强度约为 15%。高径比较大的钢纤维(直径较小)在高温下更容易因氧化而与混凝土基体失去黏结。

丁明冬等[44]研究表明聚丙烯纤维可以阻止爆裂、提高活性粉末高温后的性能;混掺聚丙烯纤维与钢纤维能够增强高温后混凝土的力学性能,损伤率在 500 ℃以前较低,在 500 ℃以后较高。

孔祥清等[45]研究表明相同温度下,混杂纤维 RAC 试件与素 RAC 试件相比,外观损失下降,质量损失率增多,抗压强度随温度升高先增后减,劈裂抗拉强度也随温度升高先增后减,200 ℃时强度稍微提高。0.1%聚丙烯和0.1%玄武岩纤维掺量试件的强度是相同温度下最高的。

董玉洁等[46]发现200 ℃时普通混凝土抗压强度出现峰值,400 ℃时混杂纤维混凝土抗压强度最大,普通混凝土劈裂抗拉强度随温度上升而降低,纤维混凝土劈裂抗拉强度随温度上升而降低,12 mm玄武岩纤维长度值最佳。混杂纤维混凝土有较好的抗拉能力,普通混凝土中加入混杂纤维能有效增强高温耐受能力,保持外观完整和较好的残余强度。

Petr Müller 等[47]对素混凝土(PC)和聚丙烯纤维混凝土(PFRC)进行了试验研究,结果表明由于混凝土微观结构的软化和错位,混凝土中的聚丙烯纤维降低了混凝土的常温抗压强度。在室温至400 ℃的温度范围内,所研究复合材料的抗压强度略有提高,这可能是由于蒸气压硬化过程启动了先前未水化的水泥颗粒的二次水化。PC暴露在高温下很容易发生混凝土剥落。

李瞳等[48]对掺杂玄武岩纤维素的素混凝土进行高温后的力学性能分析,发现在温度升高过程中,素混凝土和混杂纤维的混凝土的抗压强度峰值温度不同,前者峰值温度较低(200 ℃),后者峰值温度升高至400 ℃;这两种混凝土的抗折强度的变化趋势相同,两者都随温度升高而变小,同时发现在高温800 ℃后,素混凝土的抗折强度剩余率(22.3%)低于混杂纤维混凝土(26.9%)。

贺丽娟[49]研究了混凝土中聚丙烯纤维掺杂量对其性能的影响,伴随着混凝土中聚丙烯掺杂量上升,混凝土内部的温度分布变得较为均匀,且内部温度升高得越来越慢。混凝土热导性能最佳时对应的聚丙烯含量为2.0~3.0 kg/m³。

Wu Heyang 等[50]对纤维增强混凝土(FRC)耐火性会受到各种因素的影响进行了研究,如替代材料、骨料和增强纤维(如纤维类型、形状和体积分数),发现不同加热和冷却方法会导致测量性能不同。剥落现象发生在200~400 ℃之间,升温速度越快,混凝土剥落越严重。FRC的抗压强度和弹性模量在高温下表现相似。当温度低于200 ℃时,它们与室温下的状态相当,然后在200~350 ℃之间缓缓下降,在温度超过350 ℃时迅速下降。掺入钢纤维通常能提高混凝土常温和高温抗压强度,聚丙烯(PP)纤维作用不明显。含钢纤维的FRC具有更高的残余抗拉强度。PP纤维能提高FRC的高温抗拉强度,但增强效果一般不如钢纤维。钢纤维、玄武岩纤维等抗拉强度高、热稳定性好的纤维能显著提高纤维混凝土的韧性。

Li Ye 等[51]研究聚乙烯-钢纤维混杂超高性能混凝土的抗弯性能,结果表明聚乙烯(PE)与钢纤维混杂能有效地提高超高性能混凝土的配合比极限、断裂模数、韧性和韧性指数。超高性能混凝土中PE含量为0.5%,钢纤维掺量为2.0%时,其抗弯性能最好。较高水胶比和较小的骨料降低了UHPFRC的抗折性能。与聚丙烯(PP)纤维相比,PE纤维在防止剥落方面的作用非常有限。在高温作用下,PE-钢纤维混杂超高性能PFRC的抗弯性能显著降低。

Mehrdad Abdi Moghadam[52]研究钢纤维和玻璃纤维掺量对普通混凝土高温性能的影响,结果表明钢纤维加入使混凝土的高温抗压强度提高了9%～27%,拉伸强度提高了8%～198%,剪切强度提高了1%～22%。对于含玻璃纤维的试件,抗压强度提高了1%～18%,抗拉强度提高了19%～213%。耐久性试验表明高温会损害混凝土的耐久性,纤维的加入弥补了这种损害。

Ali Sadrmomtazi等[53]研究粉煤灰、钢纤维和养护条件对高温下自密实混凝土的力学性能、断裂能和微观结构的影响,结果表明在200 ℃以下时,试件的抗压强度损失几乎不大,当温度升高至400 ℃和600 ℃时,抗压强度损失将分别达到40%和64%。钢纤维阻止了裂纹扩展,并对抵抗剥落和提高残余强度有贡献。随着温度的升高,荷载挠度曲线上升部分(弯曲硬度)的斜率和断裂能减小。微观结构分析表明,纤维-骨料-胶凝材料界面不同裂纹和气孔结构与力学性能密切相关。

Hussein Kareem Sultan等[54]研究了活性粉末混凝土(RPC)在高温下的力学特性。结果表明,使用聚丙烯纤维和钢/聚丙烯纤维混杂可提高RPC在800 ℃以下的抗剥落性能。钢纤维提高了抗拉强度以限制开裂,而聚丙烯纤维则负责降低基质中的蒸气压。所有RPC混合物的质量损失随温度的升高而增加,超声脉冲速度随温度的升高而降低。

何越骁等[55]发现素混凝土在400 ℃高温下会发生爆裂现象;单独掺入钢纤维或者共聚甲醛纤维后的UHPC(超高性能混凝土)在500 ℃时会发生爆裂现象;混合掺入两种纤维后,UHPC试件不会发生爆裂现象。原因是共聚甲醛纤维这种材料在165 ℃时会熔化形成气洞黏在基体上从而让气压得以释放。

陈晨等[56]研究了掺杂玄武岩和聚乙烯醇(PVA)这两种纤维的高性能混凝土的力学性能变化情况。发现在加热至200 ℃前,高性能混凝土的抗压强度随温度升高而增大,且抗折强度基本没有变化;200 ℃后,高性能混凝土的抗压强度随温度升高而减小,同时试件强度伴随混杂纤维掺杂量的增加而增强。

赖建中等[57]在混凝土加入聚乙烯醇(PVA)纤维并研究其高温性能变化。发现掺杂纤维后的高性能混凝土随着温度增加,其烧失率也在逐渐增大。在分别加入钢纤维以及PVA纤维之后,混凝土的性能有所改善,具体表现为钢纤维能够提高混凝土在高温情况下的残余强度,PVA纤维能够增强混凝土在高温下抵抗爆裂的能力。

杨珊等[58]将聚乙烯醇和水泥基复合材料掺杂至混凝土中,并研究其在不同温度(100 ℃—200 ℃—400 ℃—600 ℃)下的性能情况。试验发现掺杂了混合纤维材料后的混凝土在常温情况下变形性能良好;混凝土抗压强度在100 ℃时下降得较为明显,200 ℃时稍微有所增加;当加热温度至200 ℃后该混合纤维混凝土的破坏情况变为脆性破坏,破坏特征明显;混凝土试块的表面在不同温度下明显不同,表面在常温下密实,400 ℃下稀疏多孔,600 ℃下就会呈现片状。

李黎等[59]将钢纤维和聚乙烯醇混合掺入砂浆,发现掺入混合纤维后砂浆在高温状态下的峰值轴压应力明显变大;混合纤维中的聚乙烯醇纤维在 400~500 ℃时熔化,会使砂浆的力学性能有所下降,钢纤维则不会对砂浆造成损伤。在升温至 800 ℃时,钢纤维会发生氧化,使得砂浆产生变形从而导致损伤加重。

刘鑫等[60]发现不同温度段下,素混凝土和掺杂聚乙烯醇(PVA)后的混凝土的抗压强度剩余率表现出不同的情况;加热至 600 ℃以下时,两种混凝土在热-力耦合作用下的抗压强度剩余率都表现出了较高的水平;在加热至超过 600 ℃时,两种混凝土的抗压强度剩余率的变化曲线表现出较快的下降速率;同时发现掺杂聚乙烯醇后的混凝土在同样高温条件下的强度胜过素混凝土。

1.3 存在问题和不足

综上所述,目前普通混凝土及高强混凝土高温后的力学性能主要研究集中在温度、水泥用量、不同冷却方式、不同受热温度与不同恒温时间,以及高温和环境温度等对混凝土强度折减系数的影响。单掺纤维混凝土高温后的力学性能研究主要集中在掺入钢纤维、聚乙烯醇纤维温度等级和纤维掺量、长度、直径的不同等对高温后混凝土力学性能的影响。混杂纤维混凝土高温后的力学性能研究主要集中在钢纤维和聚丙烯纤维混杂、碳纤维-钢纤维混杂、聚丙烯-玄武岩纤维混杂、聚乙烯-钢纤维混杂、聚丙烯-钢纤维混杂、不同含水率、不同长度、不同掺量、不同加热和冷却方法等对高温后混凝土力学性能的影响。

上述国内外学者对混凝土结构高温性能做了很多研究,包括普通混凝土及高强混凝土高温后的力学性能,单掺纤维混凝土高温后的力学性能以及混杂纤维混凝土高温后的力学性能,对比来看,混杂纤维混凝土高温后的力学性能要更好一些,混杂纤维以掺钢纤维搭配别的纤维为主,但钢纤维与 PVA 纤维混杂的研究较少,混凝土的抗拉强度及延性能被钢纤维有效改善,钢纤维还能有效阻止混凝土裂缝延伸,PVA 纤维能阻止混凝土中裂缝的开展,提高其抗渗性、抗冲击性能。钢纤维与 PVA 纤维混杂能有效提高短柱极限承载力,钢纤维掺入能提升短柱的承载力,PVA 纤维掺入能提升短柱的延性[61]。因此,可以通过对高温后钢-PVA 混杂纤维混凝土进行力学性能试验研究来丰富混杂纤维部分的研究。

1.4 研究意义及研究内容

1.4.1 研究意义

虽然混凝土是热惰性材料,但在火灾的高温作用下混凝土结构或构件会出现损坏和破裂,造成其强度的降低。钢-PVA 混杂纤维混凝土的正混杂效应能充分发挥其纤维特点,常温下能有效增强混凝土弯曲强度、韧性以及抗冲击性能,高温下能阻止混凝土发生爆裂,以此提高结构构件残余强度。根据前述研究现状,同时在笔者课题组前期常温下及高温后钢-PVA 混杂纤维混凝土柱受力性能研究的基础上,进一步开展对钢-PVA 混杂纤维混凝土不同纤维掺量及不同受火温度下受压力学性能的研究,该研究丰富了高温(火灾)后混杂纤维混凝土构件力学性能的数据,同时可为完善混杂纤维混凝土高温后的力学性能提供试验参考,也给灾后评估方法的系统化提供思路,为推广应用混杂纤维混凝土结构在火灾后的安全评估以及加固整改方案提供科学依据。

1.4.2　研究内容

(1) 通过设置三个不同参数[不同纤维类别和纤维体积率(普通混凝土、混掺 PVA 纤维和钢纤维混凝土)、不同加热温度(常温、200 ℃、400 ℃、600 ℃、800 ℃)]设计了 90 个试块进行立方体抗压与棱柱体轴心抗压研究,并对这 90 个混凝土试块进行高温试验。观察高温后试块表面特征等一些物理现象变化,再通过称量试块高温前后的质量,得出试块烧失率变化规律。

(2) 对经历 200 ℃到 800 ℃四面受火的混凝土试块进行自然冷却后受压力学性能试验,观察其弹性阶段、带裂缝工作阶段和最后破坏阶段的特点,获取其高温后抗压强度、高温后应力-应变曲线变化、峰值应力和应变的退化。

①混凝土试块在不同受热温度影响下受压的力学性能变化规律。

②混凝土立方体试块受压与棱柱体轴心受压的力学性能变化规律。

③混凝土试块在不同纤维掺量影响下受压的力学性能变化规律。

(3) 研究不同因素对混凝土试块高温后的劣化特征,分析不同影响因素下混凝土试块的抗压强度、应力-应变曲线、峰值应力和应变等的变化情况。

(4) 火灾后构件结构损伤初步评估。介绍几种判断构件外表温度的方法,按照试验研究得到的高温后残余强度数据,得出高温后抗压强度下降与温度之间的关系,为构件高温后外表面温度判定提供依据,为高温后结构损伤评估奠定基础。

1.5　本章小结

本章介绍了研究背景,通过分析国内外普通混凝土以及掺纤维混凝土高温后力学性能的研究现状,得出目前存在的问题和不足,提出了研究意义及研究内容。

第2章 高温后混杂纤维混凝土 受压力学性能试验方案

本试验主要研究不同纤维掺量、不同加热温度后试块的受压力学性能,其中包括立方体试块受压与棱柱体试块轴心受压的研究。本章主要介绍了试验目的、试块制作、高温试验过程及试验现象、试块烧失率,为高温后混杂纤维混凝土力学性能试验研究做前期准备。

2.1 试 验 目 的

为研究不同高温后不同纤维掺量的混凝土受压力学性能,分析国内外研究现状并研究国内外一些学者文献和试验结果,设计并制作立方体试块和棱柱体试块,解决以下问题:

(1) 确定合理的试验方案,通过控制不同的纤维类别和纤维体积率、不同的加热温度,进行高温后立方体抗压与棱柱体轴心抗压研究。

(2) 得出混凝土试块在不同受热温度、不同纤维掺量下的峰值应力、应力-应变曲线等力学性能指标,并对不同条件下检测所得数据进行分析校正。

(3) 分析高温后自然降温混凝土的表征特性,质量退化规律、强度退化规律,应力-应变曲线规律,建立高温(火灾)后强度下降与温度之间的关系,进行火灾后构件表面温度初步评估。

2.2 试 块 制 作

2.2.1 试块参数设计

试验共制作了 90 个受压试块,其中包括 45 个 100 mm×100 mm×100 mm 标准混凝土立方体试块,以及 45 个 100 mm×100 mm×300 mm 棱柱体试块,通过设置三个不同参数[不同纤维类别和纤维体积率(普通混凝土、混掺 PVA 纤维和钢纤维混凝土)、不同加热温度 T(常温、200 ℃、400 ℃、600 ℃、800 ℃)]进行立方体抗压与棱柱体轴心抗压研究,恒温时长 60 min。每种纤维掺量下试块个数为 30 个,依据参考文献[62]以及课题组前期研究成果选取 3 种不同类型的纤维掺量,故试块总量为 90 个,具体试块参数见表 1-2-1 至表 1-2-3。

表 1-2-1 NC 试块参数表

试件分类	PVA 纤维体积掺量/(%)	钢纤维体积掺量/(%)	T/℃	立方体受压个数/个	棱柱体受压个数/个	合计/个
NC (Z-NC)	0	0	常温	3	3	30
			200	3	3	
			400	3	3	
			600	3	3	
			800	3	3	

表 1-2-2 P1S8 试块参数表

试件分类	PVA 纤维体积掺量/(%)	钢纤维体积掺量/(%)	T/℃	立方体受压个数/个	棱柱体受压个数/个	合计/个
P1S8 (Z-P1S8)	0.1	0.8	常温	3	3	30
			200	3	3	
			400	3	3	
			600	3	3	
			800	3	3	

表 1-2-3 P1S14 试块参数表

试件分类	PVA 纤维体积掺量/(%)	钢纤维体积掺量/(%)	T/℃	立方体受压个数/个	棱柱体受压个数/个	合计/个
P1S14 (Z-P1S14)	0.1	1.4	常温	3	3	30
			200	3	3	
			400	3	3	
			600	3	3	
			800	3	3	

注:NC(Z-NC)代表普通混凝土;P1S8(Z-P1S8)代表 PVA 纤维体积掺量为 0.1%、钢纤维体积掺量为 0.8%的混杂纤维混凝土;P1S14(Z-P1S14)代表 PVA 纤维体积掺量为 0.1%、钢纤维体积掺量为 1.4%的混杂纤维混凝土。其中 NC、P1S8、P1S14 表示立方体混凝土,Z-NC、Z-P1S8、Z-P1S14 表示棱柱体混凝土。

2.2.2 试验材料及其制作

试块的制作与浇筑在武汉科技大学土木工程实验中心完成,混凝土采用现场拌制,参照 CSA[63] 相关设计标准,拟定配置混凝土强度等级为 C30,混凝土的配合比为水泥∶水∶砂∶石子=1.0∶0.54∶1.73∶3.05。混凝土材料选用 P·O42.5

普通硅酸盐水泥,细骨料用的是普通中砂,如图 1-2-1 所示,粗骨料用的是粒径不大于 20 mm 的碎石,如图 1-2-2 所示,钢纤维采用铣削波浪型钢纤维,如图 1-2-3 所示,其长度为 30 mm,等效直径为 0.4 mm,长径比为 75,PVA 纤维采用高强度、高模量的聚乙烯醇纤维,如图 1-2-4 所示,PVA 纤维类型为束状单丝,长度为 12 mm,等效直径为 0.031 mm,纤维均符合相应检测指标要求。纤维的主要参数见表 1-2-4。

图 1-2-1　细骨料

图 1-2-2　粗骨料

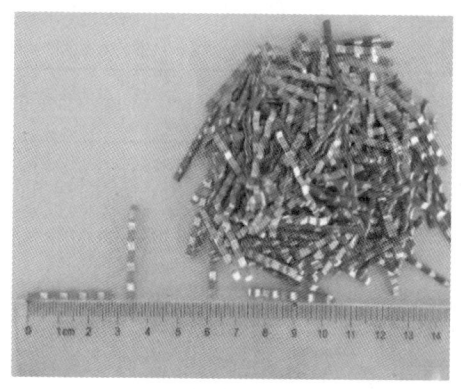

图 1-2-3　钢纤维

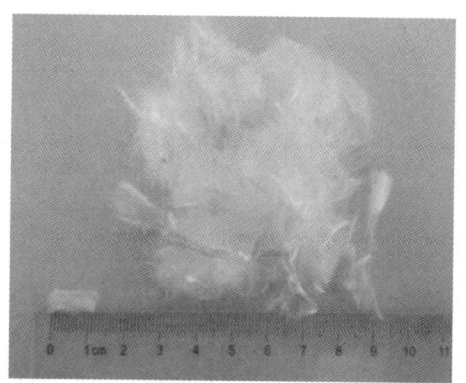

图 1-2-4　PVA 纤维

表 1-2-4　纤维主要参数

名　称	纤维类型	长度 /mm	等效直径 /mm	长径比	密度 /(g/cm³)	抗拉强度 /MPa
钢纤维	铣削波浪型	30	0.4	75	7.80	865
PVA	束状单丝	12	0.031	387.1	1.3	1600

在常温状态下,试块的制作顺序为:先将 PVA 纤维撕开成絮状,然后将 PVA 纤维与水泥在箱子中充分混匀,之后将细骨料砂子倒在混凝土拌制场地,再将箱子

中混匀的 PVA 纤维与水泥倒在砂子旁边,再次进行拌匀,拌匀后再与粗骨料石子进行混合拌制,此后将钢纤维一层一层地倒在上面均匀混合,完成后将拌好的骨料中间挖洞,将自来水倒去,静置几分钟待水位下降一部分,再次进行拌制,拌匀的混凝土 3～5 min 后可入模浇筑,浇筑入模后在振动台进行振捣,振捣完成后,自然养护 28 天后脱模,混凝土试块养护及成型如图 1-2-5 所示。

(a) 拌匀后的混凝土　　　　(b) 养护中的试块　　　　(c) 养护好的试块

(d) 立方体试块　　　　(e) 棱柱体试块　　　　(f) 试块总图

图 1-2-5　混凝土试块养护及成型

2.3　高温试验过程

本试验采用的高温设备为箱式电阻炉,型号为 SX2-10-12A,最高额定温度为1200 ℃,炉膛尺寸为 400 mm×250 mm×160 mm,箱式电阻炉如图 1-2-6 所示。在试验前对电阻炉性能进行测试,该电阻炉性能稳定,与设置温度相比,炉内温度波动范围在试验误差允许范围内。

本次试验模拟结构构件遇火燃烧保持持续受热过程,为使试验结果更准确,当试块在炉内温度达到预定设置值时,让试块在炉内保持恒温 60 min,便于试块里外受热贴近、均匀,高温后试块在炉内自然冷却。除每种类型的试块留设的常温试块外,其余温度的试块均放入电阻炉内进行加热。具体试验步骤如下。

(1) 在进行试块质量称重前,为保证试块表面干净,用砂纸对试块表面进行打磨,以确保试块质量称量的准确。将打磨后的试块烧前进行称量,然后放入炉内关上炉门,如图 1-2-7 所示,打开炉子开关,将温度调整到预定设置值进行加热,在炉边观察各个温度时间段的现象进行记录。

图 1-2-6　箱式电阻炉

图 1-2-7　炉内试块

（2）试块在无初始应力下进行升温加热，当炉内试块达到预设温度后，保持恒温 60 min，之后关掉电源开关，让试块在炉内自然冷却到一定温度后取出。

（3）将自然冷却到常温的试块进行烧后称量，并观察高温后试块表面特征等一些物理变化，如颜色、裂缝、混凝土疏松程度等。

试块在升温过程中，观察电阻炉温度的变化，并进行实时记录，根据每一次升温记录的时间 t 与温度 T 变化关系，绘制升温曲线，如图 1-2-8 所示。

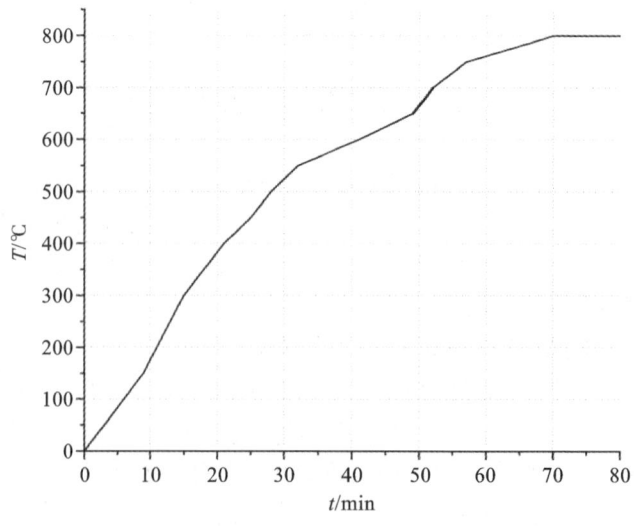

图 1-2-8　升温曲线图

从升温曲线图中可以看出，温度加热到 200 ℃，需要 10 min 左右；温度加热到

400 ℃,需要 20 min 左右;温度加热到 600 ℃,需要 40 min 左右;温度加热到 800 ℃,需要 70 min 左右。总体来看,随着加热温度的升高,加热时间变长,加热曲线慢慢变得平缓。

2.4　高温试验现象

通过观察高温炉炉口处的试验现象,发现温度在 200 ℃ 以下时,炉口处无明显水蒸气冒出;当温度上升到 250 ℃ 左右时,炉口处开始有少量白色水雾出现;温度上升到 300 ℃ 左右时,水雾量逐渐增加,并伴随着一股刺鼻的味道;温度为 300～500 ℃ 时,炉口处水雾量越来越多,刺鼻味道变大,炉里面不时传来滋滋的声响;温度为 550 ℃ 左右时水雾量变少;温度为 600 ℃ 时炉口处水雾量已基本消失不见。这些物理现象的产生是因为,温度在 200 ℃ 左右时,混凝土内部的自由水先蒸发,此时发生的是物理脱水变化,而随着温度的逐渐增加,混凝土内部的结合水开始蒸发,此时混凝土内部发生的是化学变化,混凝土内部的微结构也发生了变化。

混凝土试块在高温作用后,外观均会发生一定改变,并且试块经过 200 ℃、400 ℃、600 ℃、800 ℃ 不同的加热温度加热后,外观均有不同程度的改变,高温后立方体试块如图 1-2-9 所示。当加热温度为 200 ℃ 时试块,外观颜色与常温基本一致,颜色为灰色,表面并未发现有裂缝、缺角等情况;当加热温度为 400 ℃ 时,试块外观颜色开始变黄,颜色呈现灰黄色,边缘区域颜色较深,表面并未出现明显细裂纹,边角处有轻微缺角现象;当加热温度为 600 ℃ 时,试块颜色转变为暗红色,表面出现少量裂缝,边缘处有缺角现象,混凝土出现少许疏松;当加热温度为 800 ℃ 时,试块颜色为暗青红色,表面出现较为明显的裂纹,边角处出现明显缺角现象,混凝土较疏松,敲击时出现空心的回响声。

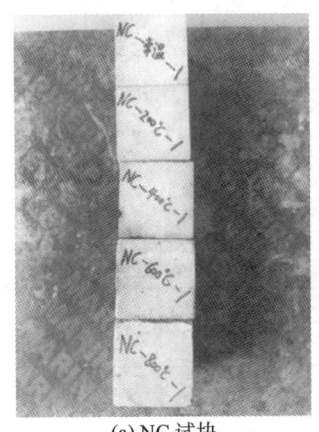 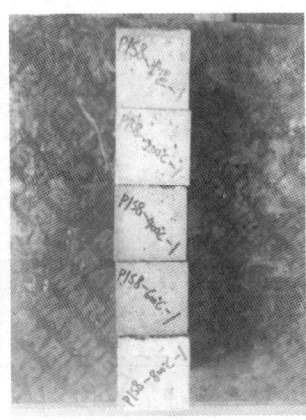 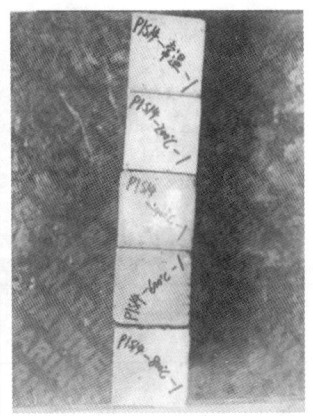

(a) NC 试块　　　　　　　　(b) P1S8 试块　　　　　　　　(c) P1S14 试块

图 1-2-9　高温后立方体试块

200 ℃时,NC试块、P1S8试块、P1S14试块颜色基本一致,均为灰色;400 ℃时,NC试块颜色较浅,P1S14试块颜色较深,P1S8试块颜色次于P1S14试块;600 ℃时,三种不同纤维掺量的试块与400 ℃时试块的颜色变化程度相同;800 ℃时,NC试块颜色呈现青红色,P1S8试块颜色呈现青色,稍带一点红色,P1S14试块颜色呈现暗青红色。

2.5 试块烧失率

试块在经历高温作用时,混凝土内部发生脱水变化,内部结构会出现微变化,试块的质量也会发现改变,本试验在高温前后分别对试块质量进行称量,按照式(1-2-1)计算试块的烧失率,不同纤维掺量、不同加热温度的试块烧失率见表1-2-5至表1-2-11。

$$I = \frac{M - M_f}{M} \times 100\% \tag{1-2-1}$$

式中:I——试块烧失率(%);

M——高温前试块质量(kg);

M_f——高温后试块质量(kg)。

表 1-2-5　200 ℃立方体试块烧失率

试 块 编 号	试块分类	恒温温度/℃	恒温时长/min	M/kg	M_f/kg	I/(%)
P1S14-200-1	P1S14	200	60	2.399	2.337	2.58
P1S14-200-2	P1S14	200	60	2.405	2.341	2.66
P1S14-200-3	P1S14	200	60	2.392	2.351	1.71
P1S8-200-1	P1S8	200	60	2.392	2.339	2.21
P1S8-200-2	P1S8	200	60	2.384	2.330	2.27
P1S8-200-3	P1S8	200	60	2.434	2.400	1.40
NC-200-1	NC	200	60	2.423	2.358	2.68
NC-200-2	NC	200	60	2.416	2.370	1.90
NC-200-3	NC	200	60	2.397	2.366	1.29

表 1-2-6　400 ℃立方体试块烧失率

试 块 编 号	试块分类	恒温温度/℃	恒温时长/min	M/kg	M_f/kg	I/(%)
P1S14-400-1	P1S14	400	60	2.341	2.215	5.38
P1S14-400-2	P1S14	400	60	2.325	2.196	5.55

试 块 编 号	试块分类	恒温温度 /℃	恒温时长 /min	M /kg	M_f /kg	I /(%)
P1S14-400-3	P1S14	400	60	2.429	2.343	3.54
P1S8-400-1	P1S8	400	60	2.371	2.264	4.51
P1S8-400-2	P1S8	400	60	2.385	2.274	4.65
P1S8-400-3	P1S8	400	60	2.392	2.309	3.47
NC-400-1	NC	400	60	2.306	2.181	5.42
NC-400-2	NC	400	60	2.373	2.229	6.07
NC-400-3	NC	400	60	2.353	2.201	6.46

表 1-2-7 600 ℃立方体试块烧失率

试 块 编 号	试块分类	恒温温度 /℃	恒温时长 /min	M /kg	M_f /kg	I /(%)
P1S14-600-1	P1S14	600	60	2.336	2.209	5.44
P1S14-600-2	P1S14	600	60	2.446	2.313	5.44
P1S14-600-3	P1S14	600	60	2.409	2.273	5.65
P1S8-600-1	P1S8	600	60	2.339	2.222	5.00
P1S8-600-2	P1S8	600	60	2.419	2.291	5.29
P1S8-600-3	P1S8	600	60	2.390	2.279	4.64
NC-600-1	NC	600	60	2.335	2.183	6.51
NC-600-2	NC	600	60	2.395	2.214	7.56
NC-600-3	NC	600	60	2.361	2.201	6.78

表 1-2-8 800 ℃立方体试块烧失率

试 块 编 号	试块分类	恒温温度 /℃	恒温时长 /min	M /kg	M_f /kg	I /(%)
P1S14-800-1	P1S14	800	60	2.399	2.271	5.34
P1S14-800-2	P1S14	800	60	2.406	2.269	5.69
P1S14-800-3	P1S14	800	60	2.401	2.274	5.29
P1S8-800-1	P1S8	800	60	2.404	2.259	6.03
P1S8-800-2	P1S8	800	60	2.386	2.249	5.74
P1S8-800-3	P1S8	800	60	2.393	2.269	5.18
NC-800-1	NC	800	60	2.302	2.135	7.25

续表

试块编号	试块分类	恒温温度 /℃	恒温时长 /min	M /kg	M_f /kg	I /(%)
NC-800-2	NC	800	60	2.414	2.253	6.67
NC-800-3	NC	800	60	2.371	2.201	7.17

表 1-2-9　200 ℃棱柱体试块烧失率

试块编号	试块分类	恒温温度 /℃	恒温时长 /min	M /kg	M_f /kg	I /(%)
Z-P1S14-200-1	P1S14	200	60	7.432	7.343	1.20
Z-P1S14-200-2	P1S14	200	60	7.400	7.310	1.22
Z-P1S14-200-3	P1S14	200	60	7.425	7.335	1.21
Z-P1S8-200-1	P1S8	200	60	7.184	7.110	1.03
Z-P1S8-200-2	P1S8	200	60	7.177	7.100	1.07
Z-P1S8-200-3	P1S8	200	60	7.180	7.107	1.02
Z-NC-200-1	NC	200	60	7.300	7.231	0.95
Z-NC-200-2	NC	200	60	7.106	7.040	0.93
Z-NC-200-3	NC	200	60	7.267	7.185	1.13

表 1-2-10　400 ℃棱柱体试块烧失率

试块编号	试块分类	恒温温度 /℃	恒温时长 /min	M /kg	M_f /kg	I /(%)
Z-P1S14-400-1	P1S14	400	60	7.263	7.024	3.29
Z-P1S14-400-2	P1S14	400	60	7.376	7.145	3.13
Z-P1S14-400-3	P1S14	400	60	7.305	7.053	3.45
Z-P1S8-400-1	P1S8	400	60	7.340	7.031	4.21
Z-P1S8-400-2	P1S8	400	60	7.328	6.967	4.93
Z-P1S8-400-3	P1S8	400	60	7.336	7.007	4.48
Z-NC-400-1	NC	400	60	7.259	6.895	5.01
Z-NC-400-2	NC	400	60	7.274	6.900	5.14
Z-NC-400-3	NC	400	60	7.265	6.903	4.98

表 1-2-11　600 ℃ 棱柱体试块烧失率

试 块 编 号	试块分类	恒温温度/℃	恒温时长/min	M/kg	M_f/kg	I/(%)
Z-P1S14-600-1	P1S14	600	60	7.300	6.966	4.58
Z-P1S14-600-2	P1S14	600	60	7.376	7.032	4.66
Z-P1S14-600-3	P1S14	600	60	7.338	6.993	4.70
Z-P1S8-600-1	P1S8	600	60	7.400	7.008	5.30
Z-P1S8-600-2	P1S8	600	60	7.387	6.977	5.55
Z-P1S8-600-3	P1S8	600	60	7.415	7.017	5.37
Z-NC-600-1	NC	600	60	7.262	6.800	6.36
Z-NC-600-2	NC	600	60	7.285	6.818	6.41
Z-NC-600-3	NC	600	60	7.398	6.935	6.26

从表 1-2-5 至表 1-2-8 中可以看出,立方体试块在加热到 200 ℃ 时,烧失率最小,400 ℃ 和 600 ℃ 时烧失率居中,加热到 800 ℃ 时,试块的烧失率最大。加热到 200 ℃ 时,NC 试块的烧失率最小,P1S8 试块和 P1S14 试块的烧失率相差不大且基本都大于 NC 试块,这是因为当加热温度为 200 ℃ 时,PVA 纤维部分发生了熔化;加热到 400 ℃ 和 600 ℃ 时,NC 试块的烧失率＞P1S14 试块的烧失率＞P1S8 试块的烧失率;加热到 800 ℃ 时,NC 试块的烧失率最大,P1S8 试块与 P1S14 试块的烧失率相差不大。

从表 1-2-9 至表 1-2-11 中可以看出,棱柱体试块在加热到 200 ℃ 时,烧失率最小,加热到 600 ℃ 时,烧失率最大。加热温度为 200 ℃ 时,Z-NC 试块的烧失率最小,Z-P1S14 试块的烧失率稍微大于 Z-P1S8 试块;加热到 400 ℃ 和 600 ℃ 时,Z-NC 试块的烧失率＞Z-P1S8 试块的烧失率＞Z-P1S14 试块的烧失率。

总体来看,随着加热温度的上升,试块的烧失率在逐渐增大。当温度在 200 ℃ 时,NC 试块、Z-NC 试块的烧失率最小,这是因为 P1S8 试块、Z-P1S8 试块、P1S14 试块、Z-P1S14 试块掺有纤维,PVA 纤维在 200 ℃ 时发生了熔化。当加热温度为 400 ℃ 和 600 ℃ 时,NC 试块、Z-NC 试块的烧失率最大。

2.6　本 章 小 结

本章主要对试验概况进行描述,描述了试件参数设计、试验材料及其制作、高温试验处理过程及设备,分析高温试验现象及试件烧失率,得出以下结论。

（1）从升温曲线图中看出,随着加热温度的升高,加热所需时间变长,加热曲线慢慢变得平缓。

（2）温度在 200 ℃ 左右时,混凝土内部自由水蒸发,此时发生物理脱水变化,随着温度升高,混凝土内部结合水开始蒸发,此时发生化学变化,混凝土内部微结构也发生了改变。

(3) 混凝土试块在高温作用后,外观均会不同程度地改变,200 ℃时颜色为灰色,400 ℃时呈现灰黄色,600 ℃时颜色为暗红色,800 ℃时颜色为暗青红色,并且纤维掺量不同,颜色也有不同程度的变化。

(4) 随着加热温度的升高,烧失率逐渐增大,200 ℃时,NC 试块、Z-NC 试块的烧失率最小,因为 P1S8 试块、Z-P1S8 试块与 P1S14 试块、Z-P1S14 试块中掺杂的 PVA 纤维在 200 ℃左右发生熔化,200 ℃之后,NC 试块、Z-NC 试块的烧失率最大。

第 3 章 高温后混杂纤维混凝土 受压性能的试验研究

本章主要介绍高温后普通混凝土、混掺 PVA 纤维和钢纤维混凝土试块的力学性能试验研究,包括立方体抗压试验以及棱柱体轴心抗压试验的试验概况、试验现象及结果、试块受力破坏过程、高温后抗压强度试验结果及分析、高温后应力-应变曲线的变化以及高温后峰值应力的退化,从而分析得出混杂纤维混凝土随着纤维掺量改变和不同受火温度后的力学性能变化规律。该研究丰富了高温后混杂纤维混凝土构件力学性能数据,为完善混杂纤维混凝土高温后力学性能提供试验参考。

3.1 立方体抗压试验

3.1.1 试验概况

本试验加载过程及操作严格按照《混凝土物理力学性能试验方法标准》(GB/T 50081—2019)[64]的具体要求实施。立方体试块采用 100 mm×100 mm×100 mm 的尺寸进行受压力学性能研究,试验在微机控制电液伺服万能试验机上进行,型号为 WAW-1000,如图 1-3-1 所示。本次试验共设计 15 组,每组 3 个,共 45 个立方体试块。具体操作步骤如下。

图 1-3-1 万能试验机

（1）试验进行前，将养护好的试块取出，并将试块承压面擦拭干净，保持承压面平整光滑无缺陷，之后根据试块编号依次摆放在试验机旁边。

（2）试块成型的侧面作为承压面，将试块放置在试验机的下承压板上，试块的中心与试验机的下承压板中心对准，启动试验机，保证试块表面与上、下承压板均匀接触，试验过程中保持连续均匀加载，加荷速度取 0.5 mm/min，直至试块破坏，并记录保存破坏荷载曲线和数据。

（3）记录编号试块的破坏荷载，并对其破坏形态进行拍照记录保存，立方体试块抗压强度按式(1-3-1)进行计算：

$$f_{cu} = \frac{F}{A} \tag{1-3-1}$$

式中：f_{cu}——混凝土立方体试块抗压强度（MPa）；

F——试块的破坏荷载（N）；

A——试块的承压面积（mm^2）。

参照《混凝土物理力学性能试验方法标准》(GB/T 50081—2019)[64]，混凝土强度等级小于 C60 时，用非标准试块测得的强度值均应乘以尺寸换算系数，100 mm ×100 mm×100 mm 试块的尺寸换算系数为 0.95。

3.1.2   试验现象及结果

立方体试块受压破坏形态如图 1-3-2 至图 1-3-6 所示。

(a) NC-C   (b) P1S8-C   (c) P1S14-C

图 1-3-2   常温下立方体试块受压破坏形态

(a) NC-200 ℃   (b) P1S8-200 ℃   (c) P1S14-200 ℃

图 1-3-3   200 ℃下立方体试块受压破坏形态

(a) NC-400 ℃　　　　　(b) P1S8-400 ℃　　　　　(c) P1S14-400 ℃

图 1-3-4　400 ℃下立方体试块受压破坏形态

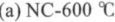

(a) NC-600 ℃　　　　　(b) P1S8-600 ℃　　　　　(c) P1S14-600 ℃

图 1-3-5　600 ℃下立方体试块受压破坏形态

(a) NC-800 ℃　　　　　(b) P1S8-800 ℃　　　　　(c) P1S14-800 ℃

图 1-3-6　800 ℃下立方体试块受压破坏形态

　　以上各图表明:普通混凝土试块在经历受压试验时,破坏较突然,且表面混凝土大部分剥落下来,破坏表现为脆性破坏;掺入纤维的立方体混凝土试块,表面混凝土也会发生剥落,相对普通混凝土试块表面剥落较少,破坏后试块整体性较好,试块破坏过程较为缓慢,破坏表现为延性破坏。原因是掺入纤维的立方体试块中纤维发挥了作用,在发生受压破坏时,纤维在试块中相互拉扯,进一步阻碍了裂缝的产生和发展。同一温度下,普通混凝土破坏较为严重,表面混凝土剥落较多;同一试块类型下,温度越高,试块破坏越严重。

3.1.3　高温后抗压强度试验结果

　　不同加热温度下立方体试块强度变化见表 1-3-1 和图 1-3-7。

表 1-3-1　立方体试块强度变化

试块分类	恒温温度 /℃	抗压强度 /MPa	烧前抗压强度 /MPa	强度下降 /MPa	强度下降百分比 /(%)
NC	200	28.21	36.30	8.09	22.29%
P1S8	200	39.73	41.97	2.24	5.34%
P1S14	200	34.53	41.51	6.98	16.82%
NC	400	25.70	36.30	10.60	29.20%
P1S8	400	34.08	41.97	7.89	18.80%
P1S14	400	29.37	41.51	12.14	29.25%
NC	600	21.45	36.30	14.85	40.91%
P1S8	600	30.05	41.97	11.92	28.40%
P1S14	600	27.17	41.51	14.34	34.55%
NC	800	15.30	36.30	21.00	57.85%
P1S8	800	18.38	41.97	23.59	56.21%
P1S14	800	17.57	41.51	23.94	57.67%

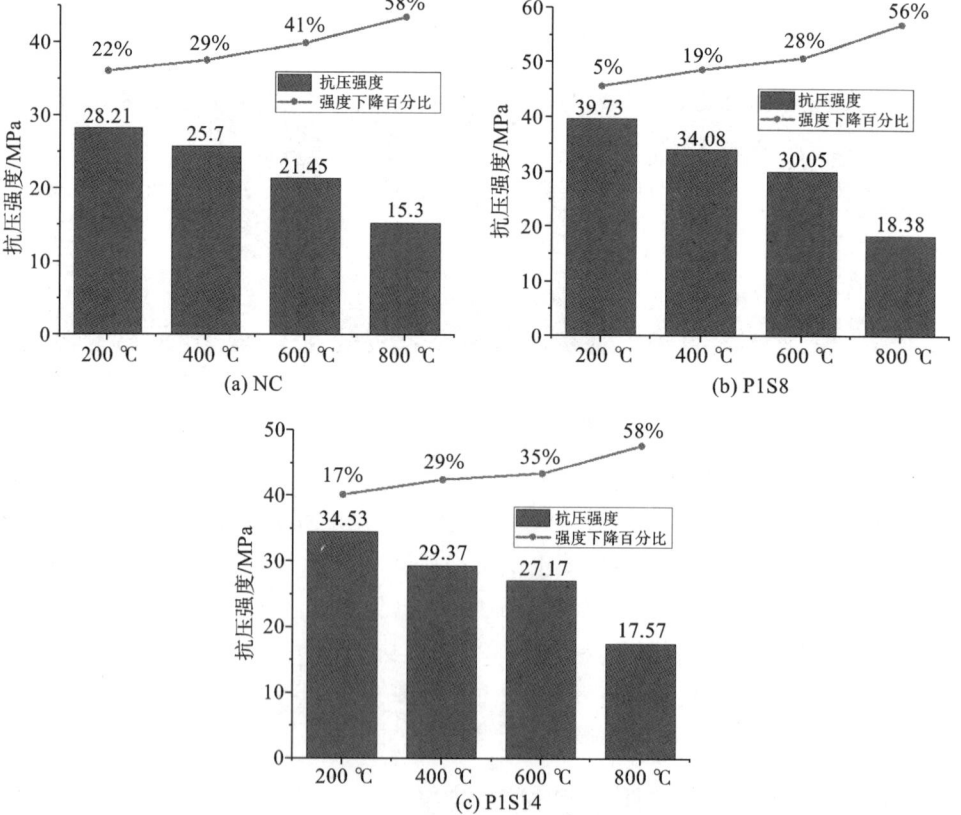

图 1-3-7　立方体试块抗压强度变化

从表 1-3-1 和图 1-3-7 中得出，NC，P1S8、P1S14 立方体试块抗压强度随着加热温度升高而逐渐降低，强度下降百分比逐渐升高。这是由于随着温度的升高，PVA 纤维在 200 ℃之后逐渐开始熔化，并且熔化之后会在混凝土中形成小的孔洞，降低混凝土的抗压强度；混凝土内部的自由水和结合水蒸发，水化硅酸钙以及碳酸钙发生分解，从而导致混凝土的抗压强度降低。总体来看，混杂纤维混凝土的抗压强度要高于普通混凝土的抗压强度，因为纤维在混凝土中互相拉扯，减少裂缝的产生；PVA 纤维在 200 ℃后发生熔化，形成孔洞，使高温产生的水蒸气能更好地排出去，从而防止爆裂的产生；钢纤维在高温后期能提高混凝土试块的抗压强度，但是掺量应适度。

3.1.4　高温后应力-应变曲线变化

通过加载装置可获取荷载-位移数据，经过式（1-3-2）换算可得试块受压的应力-应变曲线变化，如图 1-3-8 至图 1-3-12 所示。

$$\sigma = \frac{N}{A}, \quad \varepsilon = \frac{\Delta L}{L} \tag{1-3-2}$$

式中：N——试块的轴向压力（N）；

　　　A——试块的横截面面积（mm^2）；

　　　ΔL——试块受力对应的压缩位移（mm）；

　　　L——试块的总高度（mm）。

由图 1-3-8 至图 1-3-12 可得，在相同温度下，整体上 P1S8 试块的应力值最大，其次是 P1S14 试块，应力值最小的是 NC 试块。P1S8 试块与 P1S14 试块的应力-应变曲线下降段较为平缓，发生的是延性破坏，而 NC 试块的应力-应变曲线下降段较陡，发生的是脆性破坏，说明掺入纤维后可以提高试块的延性。随着加热温度的升高，各类型试块的应力值慢慢减小，说明随着加热温度的升高，试块的抗压能力慢慢减小。

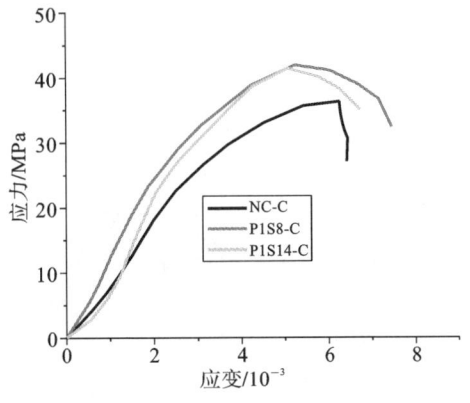

图 1-3-8　常温下不同立方体试块
受压应力-应变关系

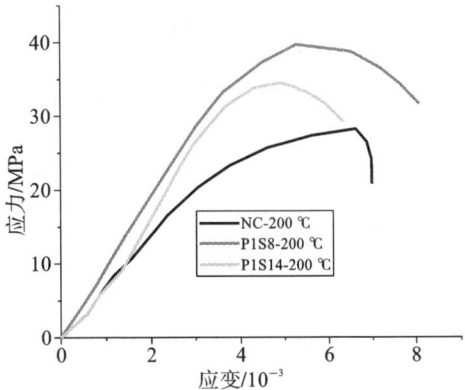

图 1-3-9　200 ℃高温后不同立方体试块
受压应力-应变关系

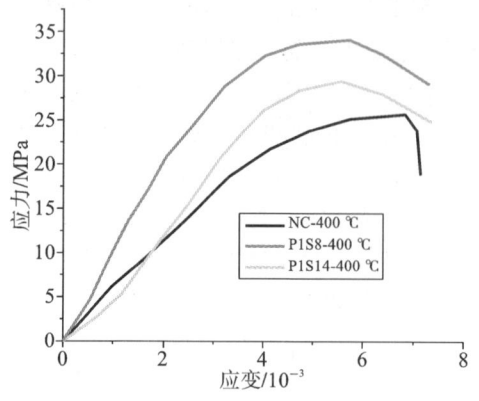

图 1-3-10　400 ℃高温后不同立方体试块受压应力-应变关系

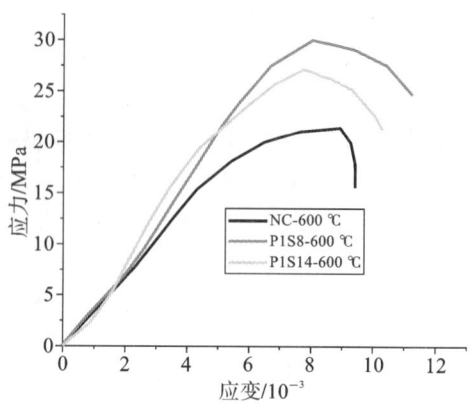

图 1-3-11　600 ℃高温后不同立方体试块受压应力-应变关系

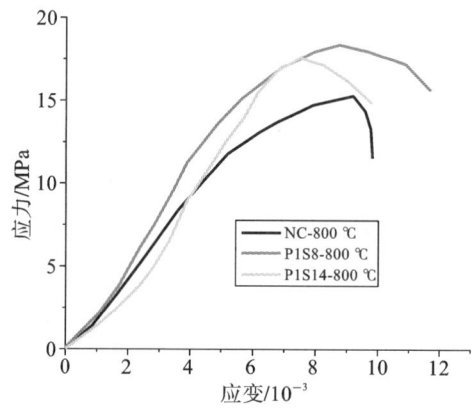

图 1-3-12　800 ℃后不同立方体试块受压应力-应变关系

3.1.5　高温后峰值应力的退化

图 1-3-13 为高温后立方体试块峰值应力。

由图 1-3-13 可知,在相同温度下,P1S8 试块的峰值应力最大,P1S14 试块的峰值应力仅次于 P1S8 试块,NC 试块的峰值应力最小;在不同温度下,同种类型的试块随着加热温度的上升,峰值应力慢慢减小。说明混杂纤维的掺入在混凝土中起到很好的阻裂作用,在混凝土没开裂前自身承受拉力,开裂后纤维开始慢慢在混凝土裂缝中发挥作用,抑制裂缝的产生,从而提高峰值应力,但是钢纤维掺量适度为好,过高的掺量可能会发生结团现象从而降低峰值应力。

图 1-3-14 为 NC 试块在各温度下的峰值应力,其中常温状态下的峰值应力最大,为 36.30 MPa,200 ℃与 400 ℃下的峰值应力相差不大,200 ℃下的峰值应力为 28.21 MPa,400 ℃下的峰值应力为 25.70 MPa,600 ℃与 800 ℃下的峰值应力相

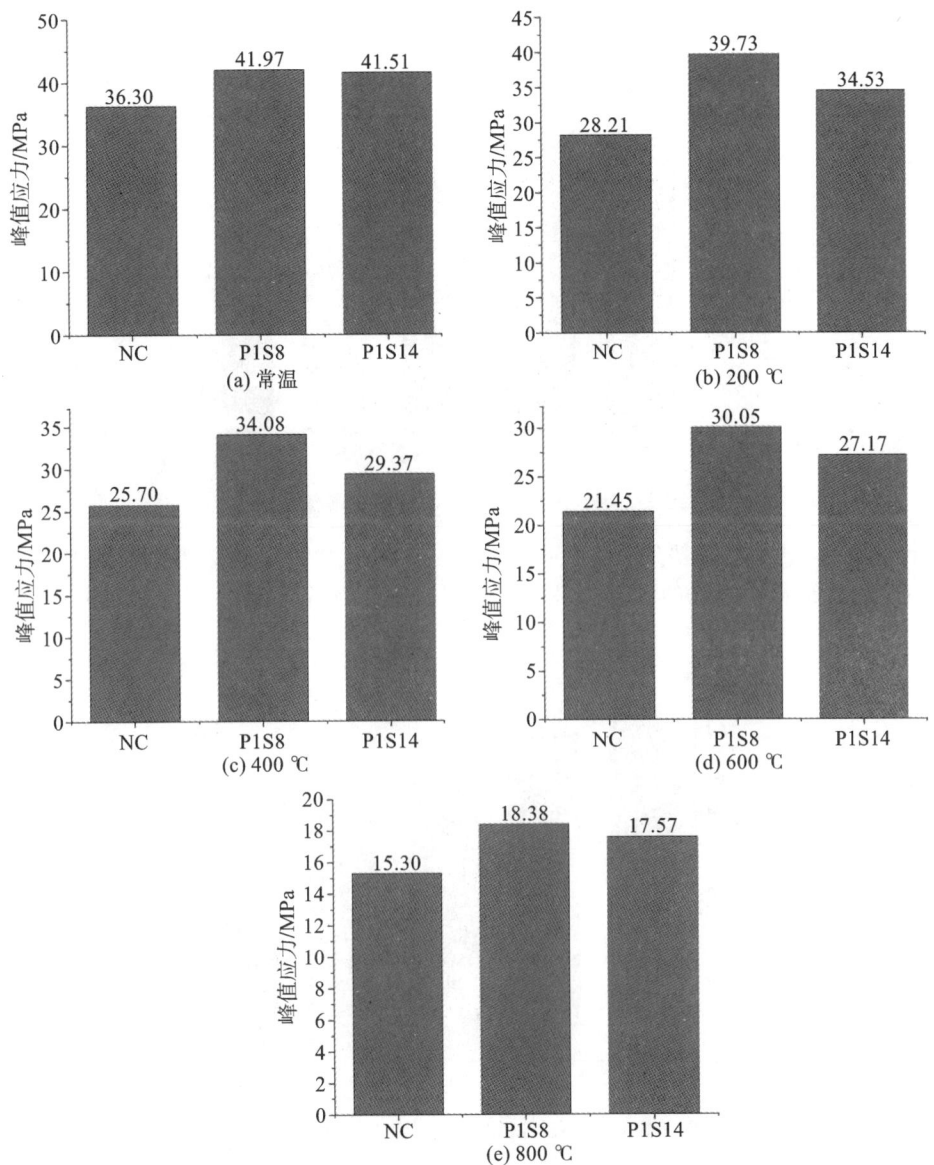

图 1-3-13　高温后立方体试块峰值应力

对不大,分别为 21.45 MPa 和 15.30 MPa。可以看出,随着加热温度的升高,峰值
应力慢慢降低,没有掺纤维的普通混凝土在各温度下的峰值应力都相对较小。

图 1-3-15 为 P1S8 试块在各温度下的峰值应力,从整体来看,800 ℃下的峰值
应力下降最多,常温状态下的峰值应力最大,为 41.97 MPa,200 ℃下的峰值应力
为 39.73 MPa,400 ℃下的峰值应力为 34.08 MPa,600 ℃下的峰值应力为 30.05
MPa,800 ℃下的峰值应力最小,为 18.38 MPa。随着加热温度的升高,峰值应力

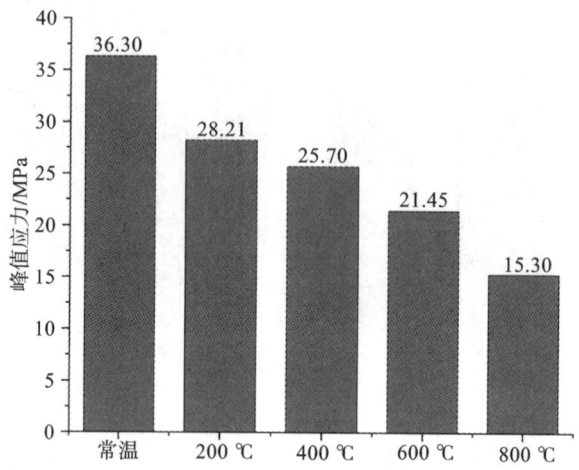

图 1-3-14　NC 试块在各温度下的峰值应力

慢慢降低,对比 NC 试块的各温度峰值应力,P1S8 试块的峰值应力都有所升高,说明 PVA 纤维和钢纤维的掺入提升了混凝土试块的峰值应力。

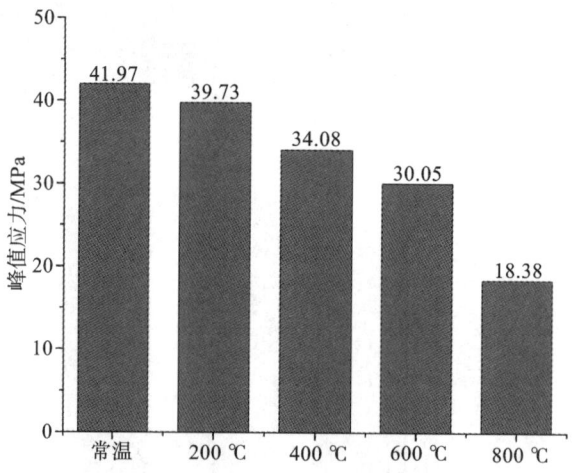

图 1-3-15　P1S8 试块在各温度下的峰值应力

　　图 1-3-16 为 P1S14 试块在各温度下的峰值应力,由图中可以看出,400 ℃ 与 600 ℃ 下的峰值应力较为接近,分别为 29.37 MPa 和 27.17 MPa;800 ℃ 下的峰值应力最小,为 17.57 MPa,200 ℃ 下的峰值应力为 34.53 MPa,常温状态下的峰值应力最大,为 41.51 MPa。对比得出,随着加热温度的升高,试块的峰值应力慢慢降低,相比 NC 试块,P1S14 试块在各温度下的峰值应力都有所升高;相比 P1S8 试块,P1S14 试块在各温度下的峰值应力都较小,说明 PVA 纤维和钢纤维的掺入能提高试块的峰值应力,但是钢纤维掺量不是越多越好,适度的钢纤维掺量效果会更好。

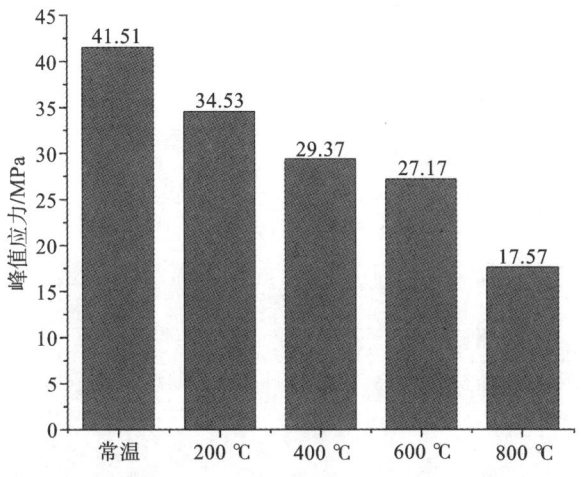

图 1-3-16　P1S14 试块在各温度下的峰值应力

3.2　棱柱体轴心抗压试验

3.2.1　试验概况

本试验加载过程及操作按照《混凝土物理力学性能试验方法标准》(GB/T 50081—2019)[64]的具体要求实施。棱柱体试块采用 100 mm×100 mm×300 mm 的尺寸进行轴心受压力学性能研究,试验在微机控制电液伺服万能试验机上进行,型号为 WAW-1000,同立方体试块所用设备。本次试验共设计 12 组,每组 3 个,共 36 个立方体试块。具体操作步骤如下。

(1) 试验进行前,将养护好的试块取出,检查其尺寸及形状,并将试块上下承压面擦拭干净,保持承压面平整光滑、无缺陷,之后根据试块编号依次摆放在试验机旁边。

(2) 将试块直立放置在试验机的下承压板上,并使试块轴心与下承压板中心对准,启动试验机,保证试块表面与上、下承压板均匀接触,试验过程中保持连续均匀加载,加荷速度取 0.5 mm/min,直至试块破坏,并记录保存破坏荷载曲线和数据。

(3) 记录编号试块的破坏荷载,并对其破坏形态进行拍照记录保存,棱柱体试块轴心抗压强度按式(1-3-3)进行计算:

$$f_c = \frac{F}{A} \tag{1-3-3}$$

式中:f_c——混凝土轴心抗压强度(MPa);

　　　F——试块的破坏荷载(N);

　　　A——试块的承压面积(mm²)。

参照《混凝土物理力学性能试验方法标准》(GB/T 50081—2019)[64]，混凝土强度等级小于C60时，用非标准试块测得的强度值均应乘以尺寸换算系数，100 mm×100 mm×300 mm试块的尺寸换算系数为0.95。

3.2.2　试验现象及结果

棱柱体试块高温后受力破坏形态如图1-3-17至图1-3-20所示。

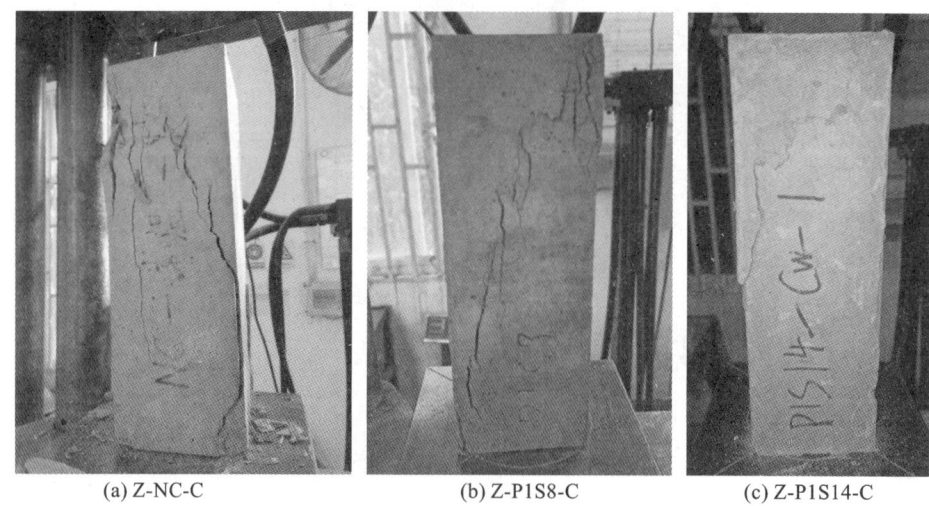

(a) Z-NC-C　　　　　　(b) Z-P1S8-C　　　　　　(c) Z-P1S14-C

图1-3-17　常温下棱柱体试块受压破坏形态

(a) Z-NC-200 ℃　　　　(b) Z-P1S8-200 ℃　　　　(c) Z-P1S14-200 ℃

图1-3-18　200 ℃下棱柱体试块受压破坏形态

(a) Z-NC-400 ℃　　　　　(b) Z-P1S8-400 ℃　　　　　(c) Z-P1S14-400 ℃

图 1-3-19　400 ℃下棱柱体试块受压破坏形态

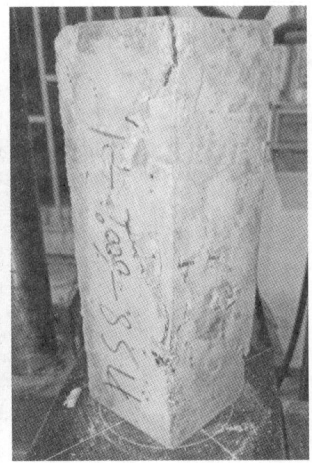

(a) Z-NC-600 ℃　　　　　(b) Z-P1S8-600 ℃　　　　　(c) Z-P1S14-600 ℃

图 1-3-20　600 ℃下棱柱体试块受压破坏形态

　　如图 1-3-17 至图 1-3-20 的照片取自每组 3 个试块中有代表性的 1 个试块,照片有正面照,也有侧面照。在同一温度下对比,Z-NC 试块开裂剥落最严重,Z-P1S8 试块与 Z-P1S14 试块受压破坏后裂纹增多,但试块整体性较好。说明纤维的掺入对试块裂缝的开裂起到了很好的阻碍作用。随着加热温度的升高,试块的抗压能力越来越弱,同时破坏状态也越来越严重。温度在 400℃时,Z-NC 试块左上角出现剥落缺角现象,Z-P1S8 试块表面出现较多明显的裂纹,Z-P1S14 试块表面斜对角分布一些裂纹,裂纹数量要少于 Z-P1S8 试块。说明钢纤维掺入得越多,试块的阻裂作用越好。

3.2.3　高温后抗压强度试验结果

不同加热温度下的棱柱体试块强度变化见表 1-3-2 和图 1-3-21。

表 1-3-2　棱柱体试块强度变化

试块分类	恒温温度 /℃	抗压强度 /MPa	烧前抗压强度 /MPa	强度下降 /MPa	强度下降百分比 /(%)
Z-NC	200	22.54	30.70	8.16	26.58%
Z-P1S8	200	35.27	37.52	2.25	6.00%
Z-P1S14	200	26.72	33.42	6.70	20.05%
Z-NC	400	20.95	30.70	9.75	31.76%
Z-P1S8	400	31.93	37.52	5.59	14.90%
Z-P1S14	400	25.14	33.42	8.28	24.78%
Z-NC	600	12.77	30.70	17.93	58.40%
Z-P1S8	600	18.27	37.52	19.25	51.31%
Z-P1S14	600	17.12	33.42	16.30	48.77%

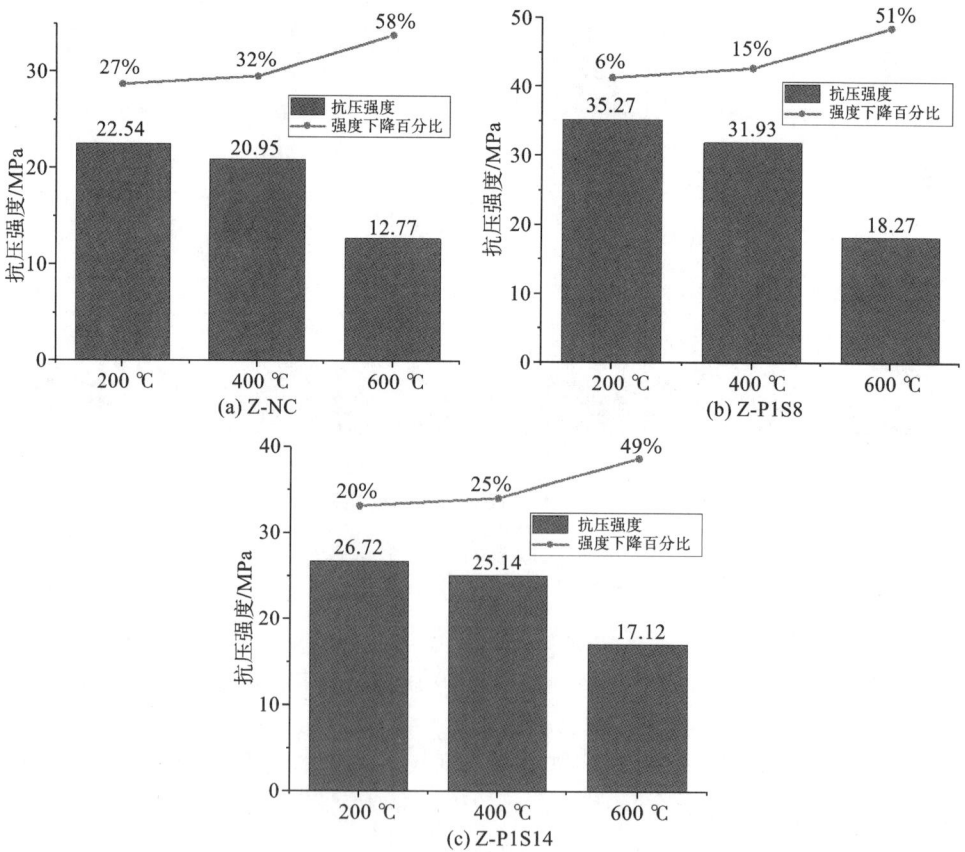

图 1-3-21　棱柱体试块抗压强度变化

由表 1-3-2 和图 1-3-21 得出,Z-NC、Z-P1S8、Z-P1S14 棱柱体试块随着加热温度的升高,其强度开始逐渐降低,而强度下降百分比逐渐升高。因为随着温度升高,PVA 纤维逐渐熔化并在混凝土中形成小的孔洞,从而降低混凝土的抗压强度;混凝土内部的自由水和结合水蒸发,内部骨料结构发生改变,导致抗压强度降低。总体相比较,混杂纤维混凝土的抗压强度高于普通混凝土的抗压强度,内部纤维在混凝土中相互拉扯发挥作用,阻碍裂缝的产生。PVA 纤维在高温下发生熔化,形成孔洞,使高温产生的水蒸气能更好地排出去,防止混凝土爆裂的产生,钢纤维则在高温后期为混凝土提升抗压强度。

3.2.4　高温后应力-应变曲线变化

图 1-3-22 至图 1-3-25 为高温后棱柱体试块应力-应变曲线变化。

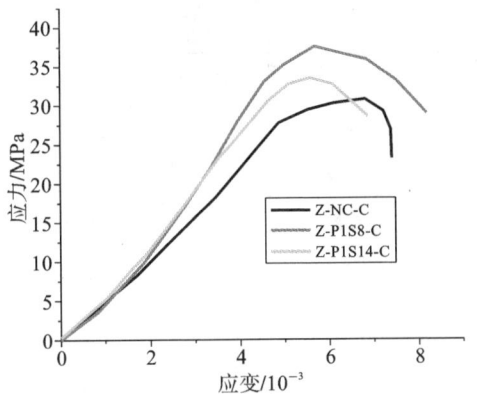

图 1-3-22　常温下棱柱体试块
受压应力-应变关系

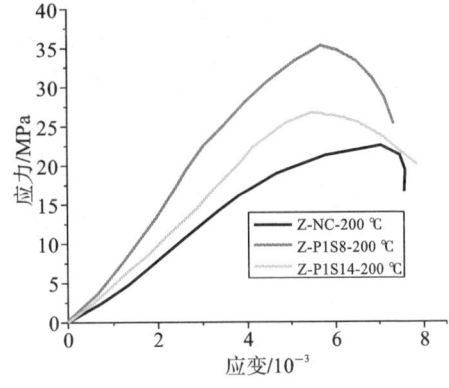

图 1-3-23　200 ℃高温后棱柱体试块
受压应力-应变曲线

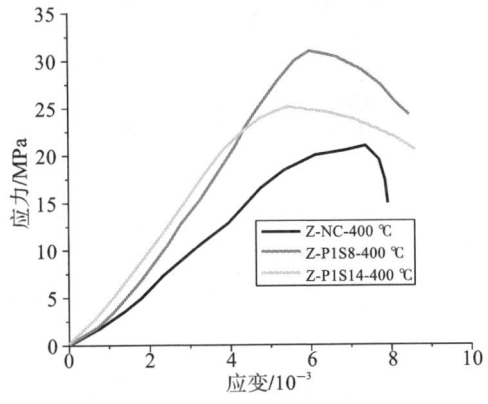

图 1-3-24　400 ℃高温后棱柱体试块
受压应力-应变曲线

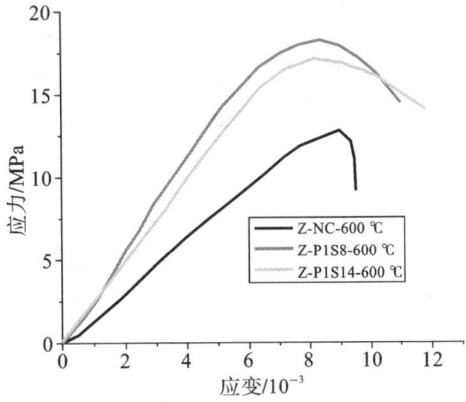

图 1-3-25　600 ℃高温后棱柱体试块
受压应力-应变曲线

由图1-3-22至图1-3-25可以看出,高温后棱柱体试块与立方体试块受压应力-应变曲线变化相似。在同一温度下,整体上Z-P1S8试块的应力值最大,Z-NC试块的应力值最小,说明掺入纤维的试块抗压能力更好。观察曲线下降段,Z-NC试块下降段较陡,呈现脆性破坏,Z-P1S8试块与Z-P1S14试块下降段较为平缓,表现为延性破坏。同种试块类型,伴随着温度的升高,曲线应力值慢慢变小,说明试块的抗压能力与温度变化有关,并且随着温度升高抗压能力逐渐变小。

3.2.5　高温后峰值应力的退化

图1-3-26为高温后棱柱体试块峰值应力。

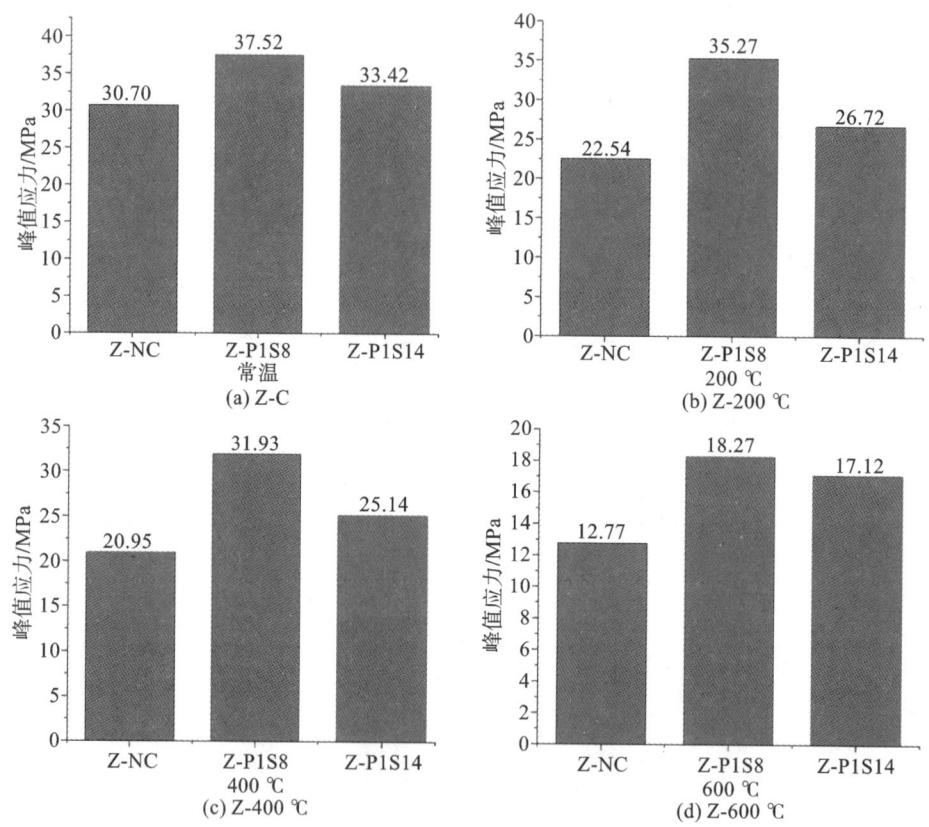

图1-3-26　高温后棱柱体试块峰值应力

从图1-3-26中可以看出,同一温度下,峰值应力最大的是Z-P1S8试块,峰值应力最小的为Z-NC试块,棱柱体试块的峰值应力变化与立方体试块的峰值应力变化类似,Z-P1S14试块的峰值应力稍低于Z-P1S8试块,说明混杂纤维的掺入对改善峰值应力有很好的效果,钢纤维和PVA纤维在混凝土中相互拉扯阻碍裂缝的产生,从而提高峰值应力,钢纤维掺量适度就好,过高会发生结团、未拌匀现象,降低试块峰值应力。

图 1-3-27 反映 Z-NC 试块在各温度下的峰值应力的变化情况,其中常温状态下峰值应力最大,600 ℃时峰值应力最小,为 12.77 MPa,200 ℃下的峰值应力为 22.54 MPa,400 ℃下的峰值应力稍低于 200 ℃,为 20.95 MPa。对比可知,随着加热温度的升高,峰值应力慢慢降低,没有掺纤维的普通混凝土棱柱体试块在各温度下的峰值应力比混杂纤维混凝土棱柱体试块的峰值应力低。

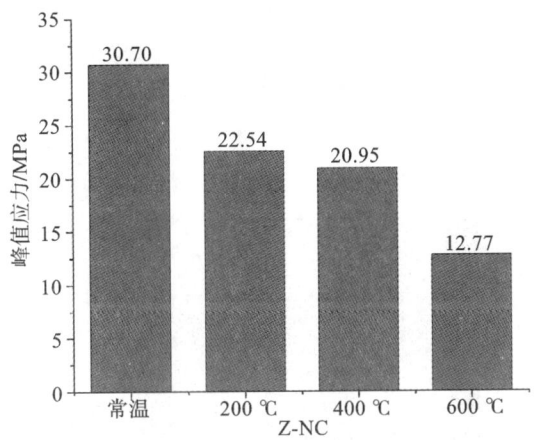

图 1-3-27　Z-NC 试块在各温度下的峰值应力

图 1-3-28 中反映了 Z-P1S8 试块在各温度下的峰值应力的变化情况,随着温度的升高,峰值应力逐渐慢慢减小,常温状态以及 200 ℃、400 ℃下的峰值应力下降幅度不大,到 600 ℃时峰值应力下降幅度增大,峰值应力为 18.27 MPa。对比可知,随着加热温度升高,峰值应力慢慢降低,相比 Z-NC 试块,Z-P1S8 试块在各温度下的峰值应力都有所升高,说明 PVA 纤维和钢纤维的掺入提升了混凝土试块的峰值应力,PVA 纤维发生熔化形成孔洞防止混凝土试块爆裂,钢纤维在高温后期提升混凝土试块整体抗压强度。

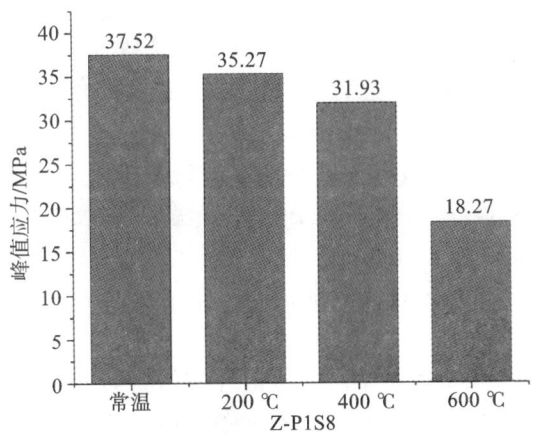

图 1-3-28　Z-P1S8 试块在各温度下的峰值应力

图 1-3-29 中反映了 Z-P1S14 试块在各温度下的峰值应力的变化情况,常温状态下的峰值应力最大,为 33.42 MPa,200 ℃与 400 ℃下的峰值应力降低幅度不大,200 ℃下的峰值应力为 26.72 MPa,400 ℃下的峰值应力为 25.14 MPa,600 ℃下的峰值应力降低幅度最大,为 17.12 MPa。综上可知,随着加热温度的升高,试块的峰值应力慢慢降低,对比 Z-NC 试块,Z-P1S14 试块在各温度下的峰值应力都有升高;对比 Z-P1S8 试块的峰值应力,Z-P1S14 试块在各温度下的峰值应力稍低一些。说明 PVA 纤维和钢纤维掺入能提高混凝土试块抗压强度,但是钢纤维适量就好,过高可能会发生搅拌不均匀、结团现象,从而导致混凝土试块峰值应力降低。

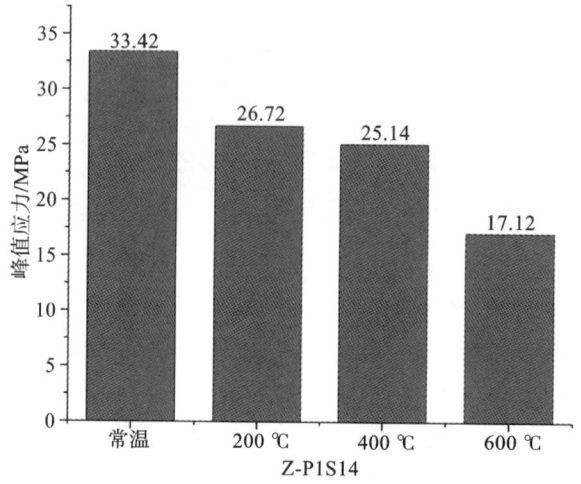

图 1-3-29 Z-P1S14 试块在各温度下的峰值应力

3.3 本章小结

本章主要对混杂纤维混凝土力学性能进行试验研究,包括立方体抗压试验以及棱柱体轴心抗压试验,试验研究包括试验概况、试验现象及结果、高温后应力-应变曲线变化以及峰值应力的退化,得出以下结论。

(1)立方体受压试验和棱柱体轴心受压试验破坏现象表明,普通混凝土试块破坏表现为脆性破坏,混杂纤维混凝土破坏表现为延性破坏。原因是掺纤维的混凝土中的纤维在试块中相互拉扯阻碍了裂缝的产生和发展,试块整体性较好。同温度下,普通混凝土破坏较为严重,同一类型试块,温度越高,试块破坏越严重。

(2)棱柱体轴心受压试块结果表明,钢纤维掺入量越多,试块的阻裂作用越好。伴随温度的升高,试块的抗压能力越来越弱,破坏状态越来越严重。

(3)立方体试块与棱柱体试块峰值应力结果表明,在相同温度下,P1S8 试块与 Z-P1S8 试块峰值应力最大,NC 试块与 Z-NC 试块峰值应力最小,说明掺入纤维对改善峰值应力有很好的效果。在不同温度下,随着加热温度上升,同种类型试块的峰值应力慢慢减小。同温度下,立方体受压试块的峰值应力高于棱柱体轴心受压试块的峰值应力。

第4章　高温自然冷却后混杂纤维混凝土结构损伤评估

基于前面的章节,本章主要介绍高温后混凝土的损失评估方法,并对自然冷却下混凝土高温试验后的表观特征、烧失率、残余强度损伤进行评估,为发生火灾经过自然冷却的混杂纤维混凝土结构损伤评估提供一定的参考依据。

4.1　高温后混凝土损伤评估方法

根据《火灾后工程结构鉴定标准》(T/CECS 252-2019)[1],火灾后工程结构鉴定按以下规定流程进行:明确鉴定目的、范围、内容,初步调查制定鉴定方案,初步鉴定编制鉴定报告,详细鉴定补充检测编制鉴定报告。当仅需鉴定火灾影响范围及程度时,可以仅做初步鉴定,当对火灾后工程结构安全性或可靠性进行评估时,应做详细鉴定。

初步鉴定包括:

(1) 火作用调查。

(2) 结构现状调查及检查。

(3) 初步鉴定评级。

详细鉴定包括:

(1) 火作用分析。

(2) 结构构件专项检测分析。

(3) 结构分析与构件校核。

(4) 详细鉴定评级。

构件的初步鉴定评级分为 4 级,Ⅰ级不必采取措施,Ⅱ$_a$级可不采取措施或采取提高耐久性的措施,Ⅱ$_b$级采取提高耐久性或局部处理及外观修复措施,Ⅲ级采取加固或局部更换措施,Ⅳ级立即进行安全防护,采取彻底加固、更换或拆除措施。

构件的详细鉴定评估分为 4 级,a 级不必采取措施,b 级宜采取适当措施,c 级应采取措施,d 级应立即加固、更换或拆除。

混凝土结构构件的检测内容包括:构件的颜色、裂损情况、锤击反应、混凝土及钢筋材料性能、受力钢筋与混凝土黏结状况、变形、混凝土脱落级露筋等。预应力混凝土构件检测包括预应力锚具和预应力筋温度等。

4.2　自然冷却方式下混凝土损伤评估

4.2.1　表观特征评估

根据高温后试验现象得出:混凝土试块在高温作用后,外观均会发生一定的改变,见表1-4-1。加热温度在200 ℃时,混凝土试块外观颜色与常温基本一致,颜色为灰色,近观颜色正常,表面并未有爆裂、剥落、开裂等现象,锤击声音响亮,不留痕迹;加热温度在400 ℃时,试块外观呈现灰黄色,且边缘区域颜色较深,表面未出现明显裂纹,有细微裂缝产生,锤击声音较响亮,留下较明显痕迹;加热温度在600 ℃时,试块颜色为暗红色,表面出现少量裂缝,边角处有缺角现象,锤击声音较闷,混凝土粉碎和脱落,表面留下痕迹;加热温度在800 ℃时,试块颜色为暗青红色,表面出现较明显裂纹,边角处出现明显缺角现象,锤击时出现空心回响声,混凝土粉碎和脱落。

表1-4-1　高温后试块表观特征

试块温度	颜　　色	表面开裂情况	锤 击 反 应
200 ℃	与常温一致,为灰色	无爆裂、剥落、开裂	声音响亮,不留痕迹
400 ℃	灰黄色,边缘区域颜色较深	无明显裂纹,存在细微裂缝	声音较响亮,留下较明显痕迹
600 ℃	暗红色	出现少量裂缝,边角处缺角	声音较闷,混凝土粉碎和脱落,表面留下痕迹
800 ℃	暗青红色	出现较明显裂纹,边角处明显缺角	声音有空心回响,混凝土粉碎和脱落

温度在200 ℃时,NC、P1S8、P1S14试块颜色基本一致,均为灰色;温度在400 ℃时,NC试块颜色较浅,P1S14试块颜色较深,P1S8试块颜色次于P1S14试块;温度在600 ℃时,三种不同类型试块变化同400 ℃时的颜色变化;温度在800 ℃时,NC试块颜色呈青红色,P1S8试块颜色呈青色,稍带一点红色,P1S14试块颜色呈暗青红色。

4.2.2　烧失率评估

高温作用会导致混凝土内部自由水和结合水流失,从而导致混凝土质量减小,高温后混杂纤维混凝土自然冷却的烧失率见表1-4-2至表1-4-5。

表1-4-2　200 ℃高温后立方体试块平均烧失率

试 块 编 号	恒温温度/℃	恒温时长/min	$I/(\%)$	平均值 $I/(\%)$
P1S14-200-1	200	60	2.56	

试块编号	恒温温度/℃	恒温时长/min	I/(%)	平均值 I/(%)
P1S14-200-2	200	60	2.66	2.31
P1S14-200-3	200	60	1.71	
P1S8-200-1	200	60	2.19	
P1S8-200-2	200	60	2.29	1.96
P1S8-200-3	200	60	1.40	
NC-200-1	200	60	2.67	
NC-200-2	200	60	1.90	1.96
NC-200-3	200	60	1.29	

表 1-4-3　400 ℃高温后立方体试块平均烧失率

试块编号	恒温温度/℃	恒温时长/min	I/(%)	平均值 I/(%)
P1S14-400-1	400	60	5.39	
P1S14-400-2	400	60	5.57	4.83
P1S14-400-3	400	60	3.53	
P1S8-400-1	400	60	4.52	
P1S8-400-2	400	60	4.65	4.21
P1S8-400-3	400	60	3.46	
NC-400-1	400	60	5.45	
NC-400-2	400	60	6.03	5.98
NC-400-3	400	60	6.46	

表 1-4-4　600 ℃高温后立方体试块平均烧失率

试块编号	恒温温度/℃	恒温时长/min	I/(%)	平均值 I/(%)
P1S14-600-1	600	60	5.40	
P1S14-600-2	600	60	5.45	5.50
P1S14-600-3	600	60	5.64	
P1S8-600-1	600	60	5.01	
P1S8-600-2	600	60	5.30	4.98
P1S8-600-3	600	60	4.64	
NC-600-1	600	60	6.51	
NC-600-2	600	60	7.59	6.96
NC-600-3	600	60	6.77	

表 1-4-5　800 ℃高温后立方体试块平均烧失率

试 块 编 号	恒温温度/℃	恒温时长/min	$I/(\%)$	平均值 $I/(\%)$
P1S14-800-1	800	60	5.32	
P1S14-800-2	800	60	5.70	5.43
P1S14-800-3	800	60	5.28	
P1S8-800-1	800	60	6.02	
P1S8-800-2	800	60	5.73	5.64
P1S8-800-3	800	60	5.17	
NC-800-1	800	60	7.28	
NC-800-2	800	60	6.66	7.04
NC-800-3	800	60	7.17	

　　表 1-4-2 至表 1-4-5 反映了不同类型试块在不同温度作用后的平均烧失率,温度在 200 ℃时,P1S14 试块的平均烧失率为 2.31%,P1S8 试块的平均烧失率为 1.96%,NC 试块的平均烧失率为 1.96%;温度在 400 ℃时,P1S14 试块的平均烧失率为 4.83%,P1S8 试块的平均烧失率为 4.21%,NC 试块的平均烧失率为 5.98%;温度在 600 ℃时,P1S14 试块的平均烧失率为 5.50%,P1S8 试块的平均烧失率为 4.98%,NC 试块的平均烧失率为 6.96%;温度在 800 ℃时,P1S14 试块的平均烧失率为 5.43%,P1S8 试块的平均烧失率为 5.64%,NC 试块的平均烧失率为 7.04%。

　　不同纤维掺量立方体试块烧失率柱状图如图 1-4-1 所示,不同温度立方体试块烧失率点线图如图 1-4-2 所示。

　　由图 1-4-1 看出,加热温度在 200 ℃时,P1S14 试块烧失率最大,P1S8 与 NC 试块烧失率相同,都小于 P1S14 试块的烧失率,伴随着加热温度的升高,加热温度在 400 ℃与 600 ℃时,NC 试块的烧失率最大,P1S8 试块的烧失率最小,加热温度在 800 ℃时,NC 试块的烧失率依然最大,P1S8 试块与 P1S14 试块的烧失率相当。由图 1-4-2 看出,加热温度在 200 ℃以下时,三种类型的试块烧失率区别不大,加热温度在 200 ℃以上时,整体上 NC 试块的烧失率最大,P1S8 试块的烧失率最小,并且随着温度的升高,三种类型的试块烧失率也逐渐升高。说明加热温度在 200 ℃以下时,试块内部质量损失较小,并且混杂纤维混凝土试块与普通混凝土试块质量损失区别不大,温度在 200 ℃到 400 ℃之间时,普通混凝土烧失率变大,混杂纤维混凝土试块烧失率较小,对比得出普通混凝土中自由水和部分凝胶水损失较多。400 ℃之前,曲线上升较快,此阶段质量损失较大,主要是自由水的蒸发,400 ℃之后,曲线上升变缓,自由水之前已蒸发较多,此阶段主要是骨料内部结合水逐渐蒸发,混凝土内部结构已变得疏松。混杂纤维混凝土比普通混凝土的质量损失率小,并且 P1S8 试块质量损失率最小。表 1-4-6 至表 1-4-8 反映了棱柱体试块高温后平均烧失率。

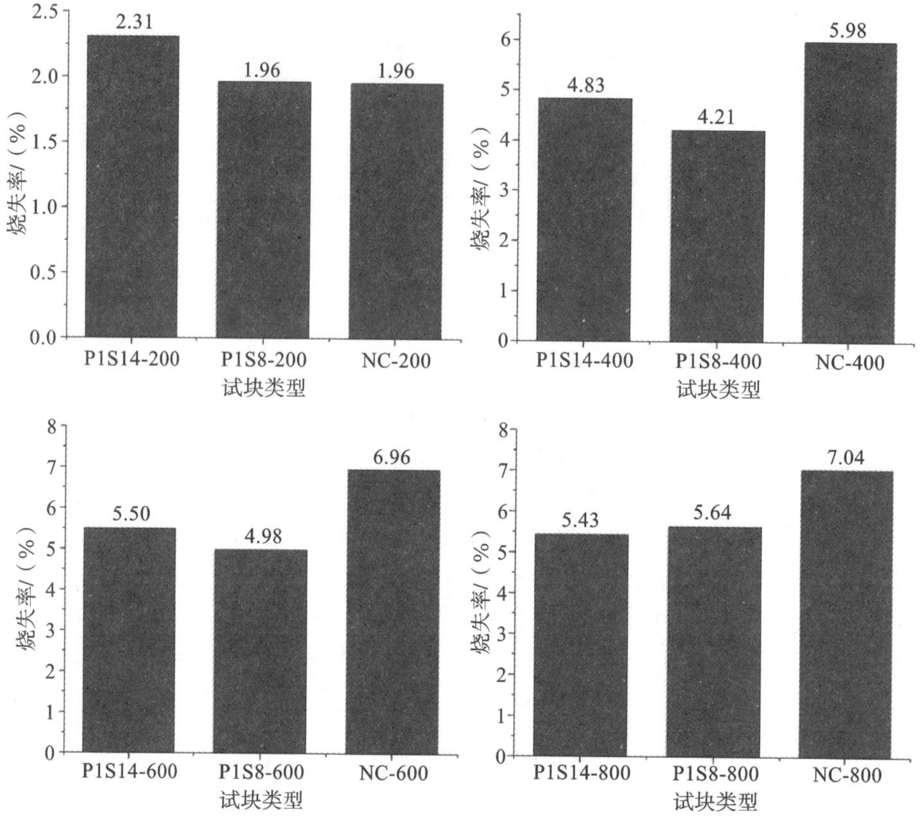

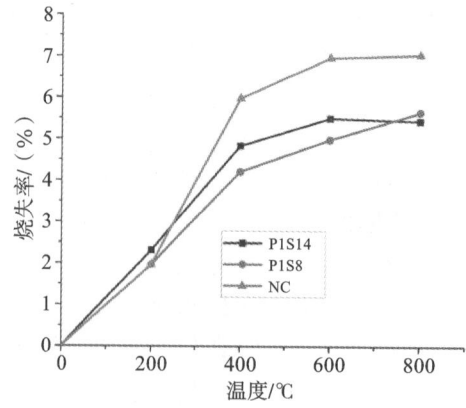

图 1-4-1　不同纤维掺量立方体试块烧失率柱状图

图 1-4-2　不同温度立方体试块烧失率点线图

表 1-4-6　200 ℃高温后棱柱体试块平均烧失率

试 块 编 号	恒温温度/℃	恒温时长/min	$I/(\%)$	平均值 $I/(\%)$
Z-P1S14-200-1	200	60	1.20	
Z-P1S14-200-2	200	60	1.22	1.21
Z-P1S14-200-3	200	60	1.21	
Z-P1S8-200-1	200	60	1.03	
Z-P1S8-200-2	200	60	1.07	1.04
Z-P1S8-200-3	200	60	1.02	
Z-NC-200-1	200	60	0.95	
Z-NC-200-2	200	60	0.93	1.00
Z-NC-200-3	200	60	1.13	

表 1-4-7　400 ℃高温后棱柱体试块平均烧失率

试 块 编 号	恒温温度/℃	恒温时长/min	$I/(\%)$	平均值 $I/(\%)$
Z-P1S14-400-1	400	60	3.29	
Z-P1S14-400-2	400	60	3.13	3.29
Z-P1S14-400-3	400	60	3.45	
Z-P1S8-400-1	400	60	4.21	
Z-P1S8-400-2	400	60	4.93	4.54
Z-P1S8-400-3	400	60	4.48	
Z-NC-400-1	400	60	5.01	
Z-NC-400-2	400	60	5.14	5.05
Z-NC-400-3	400	60	4.98	

表 1-4-8　600 ℃高温后棱柱体试块平均烧失率

试 块 编 号	恒温温度/℃	恒温时长/min	$I/(\%)$	平均值 $I/(\%)$
Z-P1S14-600-1	600	60	4.58	
Z-P1S14-600-2	600	60	4.66	4.65
Z-P1S14-600-3	600	60	4.70	
Z-P1S8-600-1	600	60	5.30	
Z-P1S8-600-2	600	60	5.55	5.41
Z-P1S8-600-3	600	60	5.37	
Z-NC-600-1	600	60	6.36	
Z-NC-600-2	600	60	6.41	6.34
Z-NC-600-3	600	60	6.26	

表 1-4-6 至表 1-4-8 反映了不同类型棱柱体试块在不同温度作用后的平均烧失率,温度在 200 ℃时,Z-P1S14 试块的平均烧失率为 1.21％,Z-P1S8 试块的平均烧失率为 1.04％,Z-NC 试块的平均烧失率为 1.00;温度在 400 ℃时,Z-P1S14 试块的平均烧失率为 3.29％,Z-P1S8 试块的平均烧失率为 4.54％,Z-NC 试块的平均烧失率为 5.05％;温度在 600 ℃时,Z-P1S14 试块的平均烧失率为 4.65％,Z-P1S8 试块的平均烧失率为 5.41％,Z-NC 试块的平均烧失率为 6.34％。

不同纤维掺量棱柱体试块烧失率柱状图如图 1-4-3 所示,不同温度棱柱体试块烧失率点线图如图 1-4-4 所示。

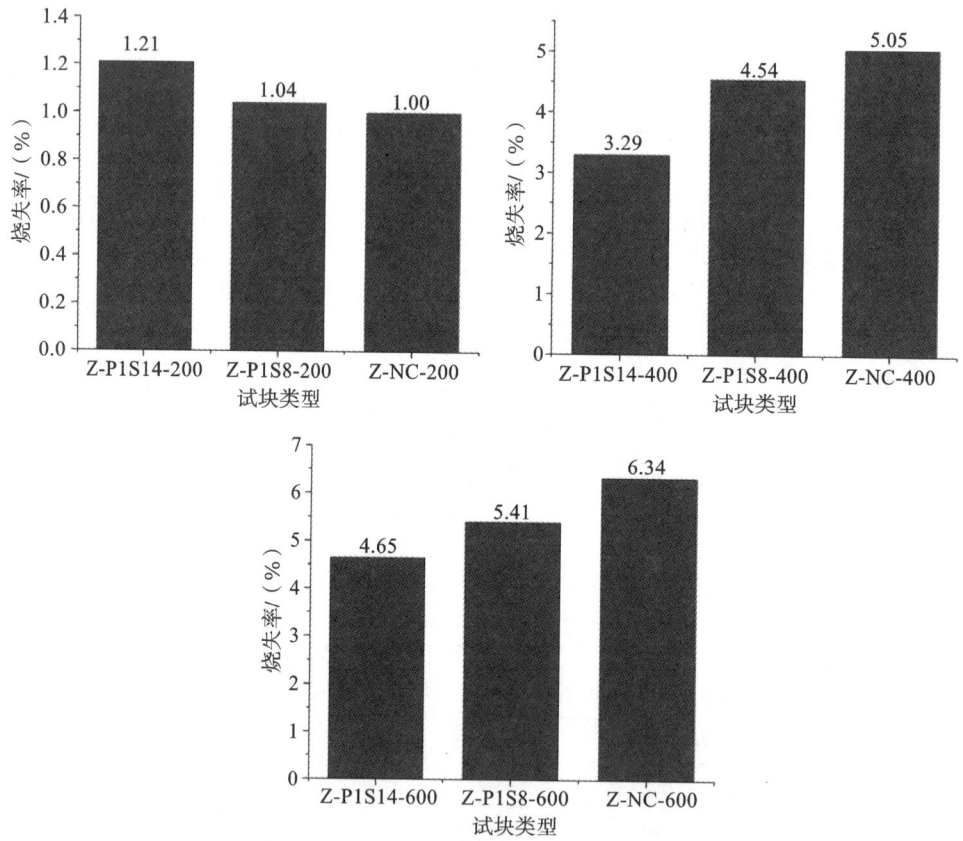

图 1-4-3　不同纤维掺量棱柱体试块烧失率柱状图

从图 1-4-3 可以看出,温度在 200 ℃时,Z-NC 试块烧失率较低,温度在 400 ℃和 600 ℃时,Z-NC 试块烧失率最高。从图 1-4-4 可以看出,200 ℃之前,三种类型的试块烧失率几乎相同,区别不大,200 ℃之后,Z-NC 试块烧失率最高。并且,400 ℃之前曲线上升较快,说明此阶段质量损失较大,400 ℃之后,曲线上升变平缓,质量损失速度变慢。总体来看,混杂纤维混凝土在高温后的质量损失率相对普通混凝土的质量损失率较小,伴随着温度的升高,三种类型试块的烧失率变高,变化程度与立方体试块高温后烧失率的变化类似。试块质量损失的原因包括水分蒸发、PVA 纤维熔化、骨料内部物质分解等，200 ℃之后主要是自由水蒸发以及 PVA 纤维部分发生熔化，400 ℃之后内部结合水开始蒸发，PVA 纤维大部分发生熔化，钢纤维基本没太大变化，此时普通混凝土中自由水和结合水都在蒸发，并且内部水化硅酸钙脱水分解和碳酸钙分解等使内部骨料发生变化、裂缝增多，导致试块烧失率增大。

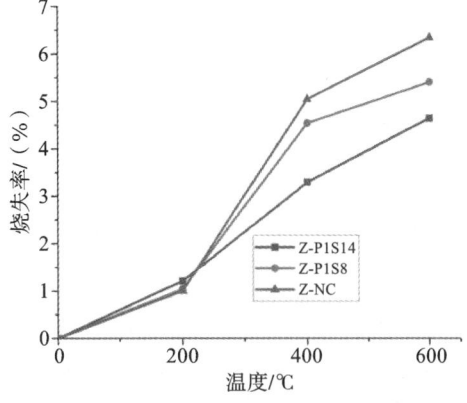

图 1-4-4　不同温度棱柱体试块烧失率点线图

4.2.3　高温后试块残余强度损伤评估

通过试验得出高温自然冷却后混杂纤维混凝土抗压强度和普通混凝土抗压强度以及它们相对应的常温下抗压强度，采用系数反映该混凝土高温自然冷却后抗压强度衰减程度，见表 1-4-9 和图 1-4-5、表 1-4-10 和图 1-4-6。混凝土抗压强度折减系数的计算见式(1-4-1)：

$$C = \frac{f_{cu,T}}{f_{cu}} \tag{1-4-1}$$

式中：$f_{cu,T}$——高温后混凝土残余抗压强度(MPa)；

f_{cu}——常温下混凝土抗压强度(MPa)；

C——混凝土抗压强度折减系数。

表 1-4-9　高温后立方体试块抗压强度折减系数

试块分类	恒温温度/℃	残余抗压强度/MPa	常温抗压强度/MPa	抗压强度折减系数
NC	200	28.21	36.30	0.78
P1S8	200	39.73	41.97	0.95
P1S14	200	34.53	41.51	0.83
NC	400	25.70	36.30	0.71
P1S8	400	34.08	41.97	0.81
P1S14	400	29.37	41.51	0.71
NC	600	21.45	36.30	0.59
P1S8	600	30.05	41.97	0.72
P1S14	600	27.17	41.51	0.65

续表

试 块 分 类	恒温温度 /℃	残余抗压强度 /MPa	常温抗压强度 /MPa	抗压强度 折减系数
NC	800	15.30	36.30	0.42
P1S8	800	18.38	41.97	0.44
P1S14	800	17.57	41.51	0.42

由图 1-4-5 可以看出，在同一温度下，整体上 P1S8 试块的抗压强度折减系数

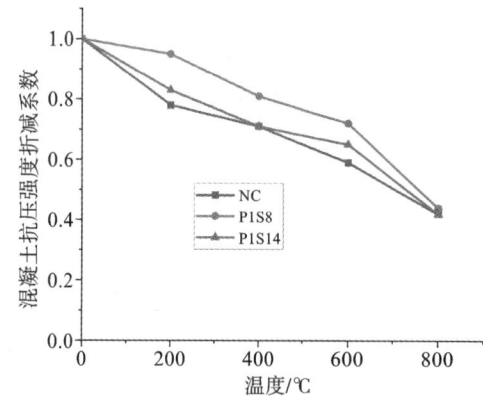

图 1-4-5　高温后立方体试块
抗压强度折减系数

最大，NC 试块的抗压强度折减系数最小，P1S14 试块的抗压强度折减系数仅次于 P1S8 试块，说明混杂纤维混凝土高温后残余抗压强度较大，而普通混凝土高温后残余抗压强度较小。并且随着加热温度的升高，三种类型试块的抗压强度折减系数也在慢慢减小，当加热温度在 800 ℃ 时，三者的抗压强度折减系数趋近于相同。总体来看，P1S8 试块的抗压强度折减系数最大，即 P1S8 试块高温后残余抗压强度最高。

表 1-4-10　高温后棱柱体试块抗压强度折减系数

试块分类	恒温温度 /℃	残余抗压强度 /MPa	常温抗压强度 /MPa	抗压强度 折减系数
Z-NC	200	22.54	30.70	0.73
Z-P1S8	200	35.27	37.52	0.94
Z-P1S14	200	26.72	33.42	0.80
Z-NC	400	20.95	30.70	0.68
Z-P1S8	400	31.93	37.52	0.85
Z-P1S14	400	25.14	33.42	0.75
Z-NC	600	12.77	30.70	0.42
Z-P1S8	600	18.27	37.52	0.49
Z-P1S14	600	17.12	33.42	0.51

由图 1-4-6 得出，棱柱体试块与立方体试块的抗压强度折减系数相似，在相同

温度下,整体上 Z-P1S8 试块的抗压强度折减系数最大,Z-P1S14 试块次之,Z-NC 试块的抗压强度折减系数最小,并且伴随加热温度的升高,它们的抗压强度折减系数慢慢降低,在 800 ℃时,它们之间的抗压强度折减系数慢慢接近。这说明混杂纤维混凝土高温后残余抗压强度比普通混凝土高温后残余抗压强度高,其中 Z-P1S8 试块高温后残余抗压强度最好。

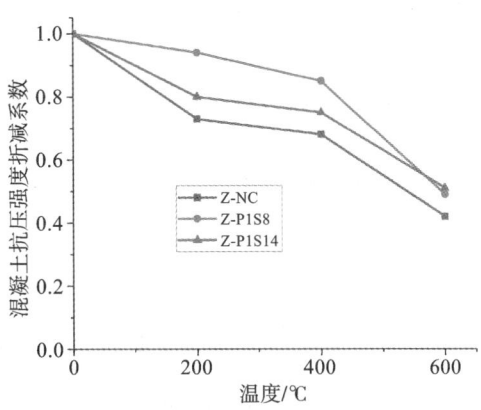

图 1-4-6　高温后棱柱体试块
抗压强度折减系数

根据混凝土立方体抗压强度实测值,按《混凝土结构试验方法标准》(GB/T 50152—2012)[65] 推算出混凝土轴心抗压强度,见式(1-4-2):

$$f_{\mathrm{c}}^{\mathrm{o}} = 0.76 f_{\mathrm{cu}}^{\mathrm{o}} \tag{1-4-2}$$

式中:$f_{\mathrm{c}}^{\mathrm{o}}$——混凝土实际轴心抗压强度的推算值;

　　　$f_{\mathrm{cu}}^{\mathrm{o}}$——混凝土的立方体抗压强度实测值。

高温后棱柱体试块抗压强度推算值如表 1-4-11 所示。

表 1-4-11　高温后棱柱体试块抗压强度推算值

试块分类	恒温温度 /℃	f_{cu} /MPa	$f_{\mathrm{c}}^{\mathrm{o}}$ /MPa	f_{c} /MPa
NC	200	28.21	21.44	22.54
P1S8	200	39.73	30.19	35.27
P1S14	200	34.53	26.24	26.72
NC	400	25.70	19.53	20.95
P1S8	400	34.08	25.90	31.93
P1S14	400	29.37	22.32	25.14
NC	600	21.45	16.30	12.77
P1S8	600	30.05	22.84	18.27
P1S14	600	27.17	20.65	17.12

注:f_{cu} 为混凝土的立方体抗压强度实测值,$f_{\mathrm{c}}^{\mathrm{o}}$ 为混凝土实际轴心抗压强度的推算值,f_{c} 为混凝土实际轴心抗压强度的实测值。

总体来看,结合立方体试块和棱柱体试块混杂纤维混凝土抗压强度折减系数分析得出:温度在 200 ℃时,混凝土抗压强度折减系数最大,说明混凝土抗压强度折损较小。同温度下,立方体试块的抗压强度折减系数整体大于棱柱体试块的抗压强度折减系数,说明棱柱体试块的抗压强度损失比立方体试块的抗压强度损失大,轴心受压试块残余强度要小于立方体受压试块残余强度。从表 1-4-11 中棱柱体试块轴心抗压强度的推算值以及实测值都可以看出,立方体抗压强度大于棱柱体轴心抗压强度。

本章提出的损伤评估方式,可为混杂纤维混凝土构件高温后自然冷却提供一定的参考,实际救火中,须结合火灾温度区域喷水冷却效果及过渡区域损伤程度对强度加以修正。

4.3　本 章 小 结

本章主要内容为高温自然冷却后混杂纤维混凝土结构损伤评估,结合《火灾后工程结构鉴定标准》(T/CECS 252-2019)介绍了高温后混凝土损失评估方法,并在试验基础上,根据自然冷却方式下混杂纤维混凝土表观特征、烧失率、残余强度,给出了火灾后混杂纤维混凝土的评估参考,以及高温后混杂纤维混凝土抗压强度折减系数表,为以后研究高温后混杂纤维混凝土结构损伤评估提供了一定参考价值。

第5章 结论与展望

5.1 结 论

通过设置不同纤维类别和纤维体积率、不同加热温度,分别进行立方体抗压与棱柱体轴心抗压试验研究,观察高温后试块表面特征等一些物理变化,再通过称量试块质量高温前后的变化,得出试块烧失率变化特征,并对混杂纤维混凝土试块进行自然冷却后的受压力学性能试验,观察试块在不同加热温度、不同纤维掺量影响下的受压力学性能变化,以及立方体试块受压与棱柱体轴心受压力学性能变化规律,之后再根据试验进行高温自然冷却后混杂纤维混凝土结构损伤评估。根据以上研究,主要有以下结论。

(1)随加热温度升高,加热所需时间变长。200 ℃时混凝土发生物理脱水变化,随温度继续升高,内部结合水开始蒸发,发生化学变化。

(2)混凝土试块在高温作用后,外观均会发生不同程度的改变。随着加热温度升高,试块烧失率变高,200 ℃之前试块内部质量损失较小,混杂纤维混凝土试块与普通混凝土试块质量损失区别不大;200 ℃到 400 ℃之间普通混凝土试块烧失率变大,混杂纤维混凝土试块烧失率较小。混杂纤维混凝土的质量损失率比普通混凝土的质量损失率小。

(3)普通混凝土试块破坏为脆性破坏,混杂纤维混凝土破坏为延性破坏,纤维在试块中阻碍了裂缝的产生。同温度下,普通混凝土试块破坏较严重;同类型试块,加热温度越高试块破坏越严重。钢纤维掺量越多,试块阻裂作用越好。PVA纤维可防止混凝土爆裂的产生,钢纤维在高温后期可提升混凝土抗压强度。

(4)相同温度下,PVA 纤维掺量为 0.1%、钢纤维掺量为 0.8%时试块峰值应力最大,峰值应力最小的是普通混凝土试块,混杂纤维混凝土试块应力-应变曲线下降段较为平缓,普通混凝土试块应力-应变曲线下降段较陡,掺入纤维可提高试块的延性。

(5)混杂纤维混凝土试块高温后残余抗压强度较大。随加热温度升高,试块抗压强度折减系数减小。棱柱体轴心受压试块残余强度小于立方体受压试块残余强度。

5.2 展 望

试验中设计的混凝土强度等级为 C30,通过控制不同的纤维类别和纤维体积率、不同的加热温度,进行高温后立方体抗压与棱柱体轴心抗压试验研究,通过分析所得力学性能试验结果以及国内外相关高温后混杂纤维混凝土研究现状发现,在混凝土高温性能方面还有待进一步研究。

(1) 试验所设混凝土强度等级为 C30,对于其他高强度等级的混凝土还有待进一步研究。

(2) 由于试验周期影响,立方体试块设置了 5 个目标温度,棱柱体设置了 4 个目标温度,今后可多设置几个目标温度进一步研究高温后混凝土力学性能变化。

(3) 本试验考虑的纤维体积掺量种类不多,可多选几种不同纤维体积掺量,以便得到最优的混杂纤维体积掺量,控制的恒温时间为 60 min,今后可进一步研究不同恒温时间对混凝土力学性能的影响。

(4) 本试验针对一维受力形式,工程中混凝土受力方式复杂,应进一步研究多轴受力方式对混凝土力学性能的影响。

(5) 试验高温后混凝土冷却方式为自然冷却,而实际火灾中有自然冷却和喷水冷却,以及其他冷却方式,可进一步研究不同冷却方式对混凝土力学性能的影响。

(6) 本试验主要从宏观角度分析混凝土力学性能变化,今后可从微观角度观察混凝土在受力后其孔隙率及微裂缝变化,从而得出更全面的混凝土力学性能变化。

参 考 文 献

[1] 中国工程建设标准化协会. 火灾后工程结构鉴定标准：T/CECS 252-2019 [S]. 北京：中国建筑工业出版社,2019.

[2] 路春森,屈立军,薛武平,等. 建筑结构耐火设计[M]. 北京：中国建材工业出版社,1995.

[3] 中华人民共和国住房和城乡建设部. 建筑设计防火规范(2018 年版)[S]；GB50016-2014. 北京：中国计划出版社,2015.

[4] 刘传科,刘建忠,崔巩,等. PVA 和钢纤维及钢纤维之间混杂对混凝土弯曲韧性的影响[J]. 混凝土与水泥制品, 2017(3)：50-54.

[5] 高丹盈,李晗,杨帆. 聚丙烯-钢纤维增强高强混凝土高温性能[J]. 复合材料学报,2013,30(1)：187-193.

[6] ERGUN A, KURKLU G, BASPINAR M S, et al. The effect of cement dosage on mechanical properties of concrete exposed to high temperatures.

Fire Safety Journal,2013(5):160-167.

[7] 谢玲儿,卢文良,郑强,等.高温后水冷却条件下混凝土强度变化试验研究[J].兰州交通大学学报,2017,36(6):101-105.

[8] 卞瑞,张研,蒋林华,等.高温作用后的混凝土力学性能研究[J].混凝土,2017(11):10-12+18.

[9] 曲海坤,周林聪,王丽,等.不同冷却方式下高温混凝土性能研究[J].新型建筑材料,2017,44(8):119-122.

[10] 周晖,李静,史增录,等.高温处理后高强度混凝土(HSC)的力学性能研究[J].建筑结构,2017,47(9):55-58.

[11] 马辉.火灾后混凝土力学性能的影响因素[J].四川水泥,2017(10):287+66.

[12] 邵晋彪,王林浩,高海静.高强混凝土高温后的力学性能研究[J].江西建材,2018(13):22-24.

[13] 陆洲导,陈宇,苏磊,等.高温后高强混凝土断裂性能研究[J].结构工程师,2018,34(6):77-86.

[14] 宋杨,金文娟.高温后混凝土气体渗透性及力学性能研究[J].硅酸盐通报,2018,37(1):290-296.

[15] ZHAI Y, LI Y, LI Y B, et al. Impact of high-temperature-water cooling damage on the mechanical properties of concrete[J]. Construction and Building Materials,2019(215):233-243.

[16] 王永旗,张珂健,张玉春,等.C20混凝土在高温条件下的力学性能特征参数变化规律研究[J].消防界(电子版),2019,5(24):61-62.

[17] 郑钰涛,李玉成,彭晨鑫.高温后不同冷却方式对混凝土力学特性的影响[J].水资源与水工程学报,2019,30(4):189-194.

[18] 戎虎仁,顾静宇,曹海云,等.高温后混凝土强度与孔隙结构变化规律试验研究[J].硅酸盐通报,2019,38(5):1573-1578.

[19] 谢旺军.广西地区高温后混凝土轴压性能试验研究[J].山西建筑,2020,46(20):56-58.

[20] PALLAPU V S,SATISH B J N, REDDY K H K. Mechanical and micro structural properties of concrete subjected to elevated temperature[J]. Materials Today: Proceedings,2020,1(33):626-631.

[21] 郭瑞晋,毕重,王涪,等.高温后钢纤维混凝土力学性能研究进展[J].黑龙江科技信息,2016(21):205.

[22] 郭瑞晋,毕重,王涪,等.高温后聚丙烯纤维混凝土力学性能研究进展[J].民营科技,2016(08):177.

[23] TANYIlDIZI H,YONAR Y. Mechanical properties of geopolymer concrete

containing polyvinyl alcohol fiber exposed to high temperature［J］. Construction and Building Materials,2016(126):381-387.

［24］ ABID M,HOU X M,ZHENG W Z,et al. Mechanical properties of steel fiber-reinforced reactive powder concrete at high temperature and after cooling［J］. Procedia Engineering,2017(210):597-604.

［25］ 赵燕茹,刘道宽,王磊,等.玄武岩纤维混凝土高温后力学性能试验研究［J］. 混凝土,2019(10):72-75.

［26］ 戎虎仁,王海龙,褚少辉,等.高温作用下不同掺量玄武岩纤维混凝土力学性能研究［J］.粉煤灰综合利用,2020,34(1):56-60.

［27］ 李长安.玄武岩纤维混凝土耐高温性能分析［J］.粉煤灰综合利用,2020,34(2):96-100.

［28］ GUO Z,ZHUANG C L,LI Z H,et al. Mechanical properties of carbon fiber reinforced concrete (CFRC) after exposure to high temperatures［J］. Composite Structures,2021(256):113072.

［29］ 侯振国,何海英,徐平,等.玄武岩纤维编织网增强混凝土高温后力学性能及损伤机理［J］.硅酸盐通报,2021,40(12):3976-3984.

［30］ 郑庆祥.钢纤维混凝土的高温力学性能研究进展［J］.城市建筑,2021,18(32):119-121.

［31］ 于登昕,周林聪,梁光远,等.钢纤维陶粒混凝土高温性能研究［J］.建筑结构,2021,51(S1):1323-1326.

［32］ 刘沐宇,程龙,丁庆军,等.不同混杂纤维掺量混凝土高温后的力学性能［J］. 华中科技大学学报(自然科学版),2008(4):123-125.

［33］ 李晗.高温后混杂纤维混凝土抗压强度［J］.混凝土,2012(2):93-95.

［34］ 燕兰,邢永明,郝贠洪.混杂纤维增强高性能混凝土(HFHPC)高温力学性能及微观分析［J］.混凝土,2012(1):24-28.

［35］ 朋改非,康义荣,李保华.高温作用后混杂纤维活性粉末混凝土残余力学性能研究［J］.施工技术,2013,42(10):46-50.

［36］ 高丹盈,李晗,杨帆.聚丙烯-钢纤维增强高强混凝土高温性能［J］.复合材料学报,2013,30(1):187-193.

［37］ MA Q M,GUO R X,ZHAO Z M,et al. Mechanical properties of concrete at high temperature—A review［J］. Construction and Building Materials, 2015(93):371-383.

［38］ 高卫平.混杂纤维活性粉末混凝土耐高温性能研究［J］.西部交通科技,2016(2):13-16.

［39］ 张聪,丁一宁,曹明莉.混杂纤维自密实混凝土简支梁高温后剩余承载力试验与计算［J］.功能材料,2016,47(3):3151-3157.

[40] 余婵娟,凌平平,陈泽世,等. 基于抗火性能的混杂纤维自密实混凝土设计(3)——高温弯曲性能[J]. 混凝土,2016(4):17-19.

[41] 靳巍巍. 碳纤维混杂纤维混凝土高温后力学性能试验研究[J]. 山西建筑,2016,42(13):125-127.

[42] YERMAK N,PLIYA P,BEAUCOUR A L,et al. Influence of steel and/or polypropylene fibres on the behaviour of concrete at high temperature: Spalling, transfer and mechanical properties[J]. Construction and Building Materials,2017(132): 240-250.

[43] VARONA F B,BAEZA F J, BRU D,et al. Influence of high temperature on the mechanical properties of hybrid fibre reinforced normal and high strength concrete[J]. Construction and Building Materials, 2018(159): 73-82.

[44] 丁明冬,杜红秀. 混杂纤维对活性粉末混凝土高温后力学性能的影响[J]. 科学技术与工程,2018,18(2):340-344.

[45] 孔祥清,袁绍林,董锦坤,等. 聚丙烯-玄武岩混杂纤维再生混凝土高温性能试验研究[J]. 科学技术与工程,2018,18(21):101-106.

[46] 董玉洁,刘华新,李庆文,等. 混杂纤维混凝土高温后力学性能研究[J]. 玻璃钢/复合材料,2019(5):62-65+70.

[47] MULLER P, NOVAK J, HOLAN J. Destructive and non-destructive experimental investigation of polypropylene fibre reinforced concrete subjected to high temperature[J]. Journal of Building Engineering,2019(26):100906.

[48] 李疃,张晓东,刘华新,等. 高温后混杂纤维混凝土力学性能试验研究[J]. 铁道科学与工程学报,2020,17(5):1171-1177.

[49] 贺丽娟. 混杂纤维改善混凝土高温性能分析[J]. 中国科技信息,2020(19):87-88+14.

[50] WU H Y, LIN X S, ZHOU A N. A review of mechanical properties of fibre reinforced concrete at elevated temperatures[J]. Cement and Concrete Research,2020(135):106117.

[51] LI Y, YANG E H, TAN K H. Flexural behavior of ultra-high performance hybrid fiber reinforced concrete at the ambient and elevated temperature[J]. Construction and Building Materials,2020(250):118487.

[52] MOGHADAM M A, IZADIFRAD R A. Effects of steel and glass fibers on mechanical and durability properties of concrete exposed to high temperatures[J]. Fire Safety Journal,2020(113):102978.

[53] SADRMOMTAZI A, GASHTI S H, TAHMOURESI B. Residual

strength and microstructure of fiber reinforced self-compacting concrete exposed to high temperatures[J]. Construction and Building Materials, 2020(230):116969.

[54] SULTAN H K, ALYASERI I. Effects of elevated temperatures on mechanical properties of reactive powder concrete elements [J]. Construction and Building Materials,2020(261):120555.

[55] 何越骁,黄维蓉,郭江川,等.共聚甲醛纤维超高性能混凝土高温后残余力学性能研究[J].硅酸盐学报,2022(3):839-848.

[56] 陈晨,张晓东,李瞳,等.高温后PVA-玄武岩混杂纤维高性能混凝土力学性能试验研究[J].混凝土与水泥制品,2021(7):63-66+75.

[57] 赖建中,徐升,杨春梅,等.聚乙烯醇纤维对超高性能混凝土高温性能的影响[J].南京理工大学学报,2013,37(4):633-639.

[58] 杨珊,李祚,彭林欣,等.高温后PVA纤维增强水泥基复合材料力学性能试验研究[J].混凝土与水泥制品,2021(4):49-54.

[59] 李黎,陶佳诚,曹明莉,等.混杂纤维增强砂浆高温后单轴受压本构关系[J].复合材料学报,2022(11):5375-5385.

[60] 刘鑫,杨鼎宜,范志勇,等.热-力耦合作用下PVA纤维混凝土抗压强度试验研究[J].混凝土,2018(2):22-25.

[61] 肖良丽,纪勤敏,杜壮.玻璃纤维增强复合材料筋混杂纤维混凝土短柱轴心受压性能的研究[J].工业建筑,2022(2):37-41+125.

[62] 杨倩.高温后自然冷却的普通混凝土承压性能试验研究[D].南宁:广西大学,2018.

[63] CSA S806. Design and construction of building components with fibre reinforced polymers[S]. Ottawa:Canadian Standards Association,2002.

[64] 中华人民共和国住房和城乡建设部,国家市场监督管理总局.混凝土物理力学性能试验方法标准:GB/T 50081—2019[S]. 北京:中国建筑工业出版社,2019.

[65] 中华人民共和国住房和城乡建设部.混凝土结构试验方法标准:GB/T50152—2012[S].北京:中国建筑工业出版社,2012.

第二篇　高温后钢-PVA混杂纤维混凝土抗折抗弯试验研究

第1章 绪论

1.1 研究背景

火灾是一类具有毁灭性并屡屡发生的灾害[1]。与传统的建筑相比较,现代建筑着火的原因主要有以下几点。第一,现代建筑中有很多复杂的建筑物,它们的形状和楼层都很复杂,这就导致了火灾的发生率增加。由于楼层较高,造型复杂,消防事故不仅给救援工作造成很大的不便,而且对人造成了极大的伤害。第二,在建筑中发生火灾时,其承载力与正常状态相比也有较大的下降。当今社会和经济飞速发展,大量的可燃性高分子、合成纤维等材料都被用作建筑材料。第三,火灾发生因素增加。随着人们的生活水平越来越高,房屋的性能也越来越好,因此建筑内会有大量的材料和设备,而这些材料和设备很有可能会引发火灾[2]。火灾对建筑结构的损害,例如主体结构柱的破坏,会造成房屋的倒塌和损害,因而建筑防火和灾后评估越来越重要。

为此,我国制定了《建筑设计防火规范》(GB 50016—2014)[3]和《火灾后工程结构鉴定标准》(T/CECS252-2019)[4],并针对不同地区的建筑实际状况做出了调整与优化。导致建筑物发生火灾的因素多种多样,目前缺乏一个统一的、有效的评价手段,其检验方法多以定性为主,而无法定量。

近年来,相关学者对纤维混凝土的力学性能进行了大量的试验与理论分析,使其在实际工程中得到了广泛的应用[5-6]。与普通混凝土比较,由于纤维的添加,纤维混凝土的内部显微组织得到了明显的改善,其耐热能力明显优于普通混凝土[7-8]。因此,通过对高温后纤维混凝土的力学性能进行试验与理论研究,可以为降低建筑火灾损失、预防火灾、灾害评价与监测等方面提供有益的借鉴。

1.2 纤维混凝土的特点

纤维混凝土是一种在普通混凝土中加入无机纤维、有机纤维和金属纤维等增强材料而成的新型复合材料。纤维可以很好地弥补水泥砂浆抗拉强度低、有裂缝等内在的缺陷。与普通混凝土相比,它具有优良的抗拉、抗弯、抗裂、抗剥落、韧性和延性等性能;在混凝土防水、抗渗、抗冻等性能上均有较大提高[9-10]。

钢纤维混凝土由于掺入的钢纤维能够抑制裂缝的发展,具有较强的抗裂能力,从而改善其延性、韧性、抗拉、抗折等性能。纤维的种类、几何形状、体积掺量、纤维长度、钢纤维与基体的黏结强度等对钢纤维的力学性能有很大的影响。钢纤维混凝土抗剪、抗弯、抗扭强度都高于普通混凝土[11-12]。在常规的纤维掺量下,其抗压强度可增加2~7倍,抗折强度可提高2~4倍,弯曲韧性可以大幅度地增强[13]。由于钢纤维的抗裂性,钢纤维混凝土具有较好的软化性和耐疲劳性[14]。在各种不利环境下,钢纤维混凝土的耐久性、耐高温、耐气蚀等性能都得到了较大程度的改善,但与普通混凝土比较,其抗渗性并无显著差异[15]。

在普通混凝土中添加适量的PVA纤维可以有效地抑制由于温度和塑性收缩引起的混凝土开裂,从而提高其抗渗能力和耐冲击性[16];PVA纤维混凝土具有良好的抗化学侵蚀能力;与普通混凝土相比,其拉伸和弯曲性能均得到改善。

钢纤维作为一种力学性能、物理性能良好的新型增强材料,如果处理不当,会导致钢纤维混凝土的腐蚀问题。PVA纤维本身具有许多优异的性能,但是它在混凝土中的分布是不规则的、松散的,因而对混凝土抗压和抗折强度的提高并无明显影响。为了得到性能优异的高性能混凝土,很多学者都将不同的纤维添加到混凝土中。但由于纤维种类、材料性质以及纤维体积率的差异,在混杂纤维混凝土中存在着正、负混杂效应[17]。

在混凝土中加入适当的钢纤维或其他纤维可以明显改善其力学性能,而钢纤维对混凝土劈裂抗拉性能的强化效果更明显。同时,钢-PVA混杂纤维还可改善单一掺入量的缺点,从而进一步改善混凝土的性能。在室温条件下,PVA掺合料能显著改善混凝土的弯曲强度、弯曲韧性和耐冲击力,起到协同强化作用[18];在较高温度下,其对混凝土的高温爆裂性能也有较大的提高。PVA纤维具有较低的熔点,在高温作用下PVA纤维熔化后会产生大量细小的孔洞,有益于水蒸气逸出,减少因水蒸气膨胀引起的压力,使混凝土发生爆裂的概率大大降低。由于混凝土中的孔隙率增大,使得其强度有所下降,而钢-PVA混杂纤维既可以改善混凝土在高温后的耐火性能,又可以在高温后维持混凝土优良的形状,具有更好的承载力。

1.3　高温后混凝土力学性能研究现状

目前,国内外主流的试验方法包括高温下和高温后的混凝土的力学性能试验分析[19-20]。由于在高温环境下进行试验的仪器要求比较高,而在高温后进行的混凝土试验则相对简单,因此大部分力学性能试验研究都是针对高温后的混凝土。研究人员通过对大量试验结果的研究,得出了混凝土的耐热特性与其自身的特性以及周围的环境状况密切相关。主要影响因素有混凝土的骨料类型、水灰比、水泥、矿物外掺料、添加剂种类及掺量,升温速率、目标温度、恒温时长、冷却方式、加载方式等对高温后混凝土力学性能也有很大的影响[21-22]。

高超[23]对纤维混凝土的强度与温度关系进行了分析,发现在200℃以下的纤维混凝土的抗压强度随温度增加而增大；在 400 ℃以上，纤维混凝土的抗压承载力显著降低，但其衰减速度远小于普通混凝土。在 600 ℃以下，钢纤维的弯曲性能降低得非常缓慢。

赖建中等[24]通过 PVA 纤维混凝土的高温力学试验，研究了 PVA 纤维混凝土在高温后的质量损失、超声波波速及抗压强度的影响。试验结果表明在 300 ℃以前，混凝土的抗压强度是逐渐增大的；高于 400 ℃时，掺入 PVA 纤维与钢纤维不仅可以提高混凝土的耐火能力，而且还能提高混凝土的残余强度。

鞠丽艳等[25]研究了高温下钢-聚丙烯混杂纤维混凝土力学性能和抗爆裂性能，发现在 800 ℃条件下，其抗折强度的残余比在 15％左右，劈裂抗拉强度残余值在 20％左右；掺入纤维后，混凝土的抗爆性能得到显著改善。

刘沐宇等[26]研究了纤维对高温后高性能混凝土的剩余力学性能的影响，并探讨了其最优混杂纤维掺量。试验结果表明在 800 ℃下，混杂纤维混凝土的残余抗压强度仅为 54％，抗拉强度为 32％。

燕兰等[27]分析了混杂纤维增强高性能混凝土（HFHPC）的抗压、劈裂抗拉、抗折性能，发现在相同温度时，HFHPC 的抗压、劈裂抗拉、抗折强度都比 NC 高，400 ℃时最高。HFHPC 在 800 ℃下的抗压、劈裂、抗折强度比 NC 的高 1.24、4.5、1.61 倍。

高超等[28]完成了素混凝土、钢纤维混凝土、聚丙烯纤维混凝土和钢-聚丙烯纤维混凝土高温后的力学性能试验；通过对四种不同类型的混凝土在不同温度下的力学性能与温度之间的关系进行线性回归，得到了它们之间的对应关系。

高丹盈等[29]完成了聚丙烯-钢纤维增强高强混凝土试块高温试验，结果表明：600 ℃时，高强混凝土发生了爆裂，而聚丙烯-钢纤维增强高强混凝土在常温至 800 ℃都没有爆裂，混杂纤维能有效地阻止混凝土在高温下的爆裂。随着温度的升高，聚丙烯-钢纤维增强高强混凝土的质量损耗增加，抗压强度和抗折强度随着温度的增加而下降，超过 400 ℃时，其性能损失显著。

张秀芝等[30]完成了 C35 和 C70 两种纤维混凝土试件高温试验，分析了其质量损失、力学性能、表观及显微性能。研究发现由于聚丙烯纤维在熔化过程中会吸收热量，并且其在熔化过程中会形成空隙，从而减轻混凝土内部的孔隙水压力，同时由于钢纤维的耐高温和阻碍裂缝发展的性能，使得混凝土在较高温度下仍然具有较好的稳定性和强度。

洪亚强等[31]分析了 C40 普通混凝土和威维纤维混凝土高温后的力学性能，结果表明威维纤维在高温后对混凝土抗压、抗折强度的强化效果并不显著，而威维纤维在高温后可显著改善混凝土劈裂抗拉强度；经过高温处理后，普通混凝土发生了爆裂，而威维纤维混凝土未发生爆裂，威维纤维具有良好的抗爆裂效果。

Ma Qianmin 等[32]研究了水胶比（W/B）、集料类型、补充胶凝物质（SCMS）及纤维对高温后混凝土力学性能的影响，结果表明：W/B 越小，混凝土残余抗压强度和弹性模量越大；加入粉煤灰和炉渣可以提高混凝土耐高温性能，但加入硅灰会降低混凝土耐高温性能。

郭瑞晋等[33]研究了纤维掺量、冷却方式和温度等级的变化对高温后钢纤维混凝土的抗压强度、抗拉强度、弹性模量的影响。研究发现,在高温条件下,钢纤维混凝土的抗压强度总体都会降低,但在降温过程中,自然冷却的钢纤维混凝土的抗压强度要比喷水冷却的钢纤维混凝土的抗压强度高一些;随着受热温度的升高,钢纤维混凝土力学性能和残余强度降低。

郭瑞晋等[34]研究了不同温度、冷却方式、纤维掺量、纤维长度和纤维直径对高温后聚丙烯纤维混凝土的抗压强度、抗拉强度和弹性模量的影响。结果表明:强度和弹性模量随温度升高而降低;在自然冷却条件下,混凝土的抗压强度比喷水冷却时的抗压强度要大;根据纤维掺量、长度和直径的变化,混凝土强度和弹性模量均随纤维掺量、长度和直径的增加而降低,而在不同高温作用后,强度和弹性模量的变化规律也不尽相同。

靳巍巍[35]对纤维混凝土在各种温度下的力学性能进行了定量分析,并对其进行了数值计算,得出了掺入混杂纤维能增强其安全性能。

Tanyildizi 等[36]通过对高温作用后聚乙烯醇纤维地聚合物混凝土抗压强度和抗弯强度进行试验,发现随着 PVA 纤维比的增加,地聚合物混凝土的抗压强度和抗弯强度均有所提高;地聚合物混凝土的力学性能随着温度的升高而降低。

Hou Xiaomeng 等[37]利用超声波脉冲速度(UPV)法和共振频率法对高温下活性粉末混凝土(RPC)残余力学性能进行检测,提出了残余力学性能与 NDT 值之间的关系。这些关系可用于 RPC 结构的火灾后强度评估。

Ivanka Netinger Grubeša 等[38]对一种不含任何纤维的参考混凝土混合物、一种含聚丙烯纤维的混凝土混合物和四种经过不同化学(不同浓度的 NaOH 和 Na$_2$SO$_3$)处理方式的大麻纤维混凝土混合物,在 400 ℃ 的高温作用下进行了抗压强度和静态弹性模量以及残余重量和超声波脉冲速度(UPV)等残余力学性能测试。

Varona 等[39]研究了混凝土强度、纤维种类和钢纤维长度对高温后混凝土的抗压强度、拉伸劈裂强度、动态弹性模量和自然冷却后的抗弯强度和延性的影响。试验发现聚丙烯纤维被证明适用于控制加热过程中的爆裂剥落;并且在试验结果的基础上,提出了预测高温冷却后抗压强度和抗弯强度的设计方程。

丁明冬等[40]研究了不同掺入纤维量对活性粉末混凝土在高温后的轴向抗拉、抗压、抗折强度,拉压比,折压比的影响,以及它们与温度的关系。结果表明:加入 2% 钢纤维和 0.3% 的聚丙烯纤维对高温后活性粉末混凝土的拉压比和折压比都有很大的改善,聚丙烯纤维与钢纤维的混杂具有良好的相辅相成作用。

贺晶晶等[41]采用六种不同的纤维打团模型,研究了纤维结团效应对纤维混凝土的抗拉性能的影响。研究发现,随着打团纤维根数的增加,纤维均分系数逐渐降低;由于纤维的结团作用,纤维的临界体积掺量有所增加,而纤维混凝土的抗拉强度有所下降。

Zhai Yue 等[42]研究了高温冷却损伤对 C35 混凝土试件(直径为 100 mm,高度为 50 mm 的圆柱体)力学性能的影响,试验发现:在一定温度下,应变速率越高,峰值应力越大,卸载过程越长;自然冷却试件在相同条件下的应变速率强化效果比水冷试件更明显,在较低的加热温度下比在较高的加热温度下更显著;400 ℃可作为高温水冷破坏的阈值。

滕晓丹等[43]对钢纤维与高强度、高模量聚乙烯纤维混凝土在常温、高温下的力学性能进行了试验,结果显示:常温下,二者比例为 50∶1 时,其抗压强度最大;在 550 ℃的高温条件下,混合纤维混凝土的抗压强度最大;温度在 550 ℃以上时,混杂纤维混凝土相对抗压强度显著降低。

肖建庄等[44]总结了近几年有关高性能混凝土在高温和火灾中发生爆裂的研究成果。研究发现,现有的爆裂机理还无法全面地说明混凝土爆裂原因,但主要原因是蒸气压、热应力与混凝土抗拉强度的相互影响。

张晓艺等[45]对不同温度下钢纤维与聚丙烯纤维混杂纤维混凝土的劈裂抗拉强度和超声波速性能进行试验研究。研究发现,随着加热温度的增加,C60HPC 的劈裂拉伸强度和超声速度都呈现出直线下降的规律;在同样的加热条件下,相较于普通水泥砂浆混凝土,掺杂钢纤维的 C60HPC 的劈裂强度和超声速度都得到了显著的提高;以 1.0%钢纤维和 0.2%聚丙烯纤维为最优混掺组合。

董玉洁等[46]研究了不同的玄武岩纤维长(6 mm、12 mm、30 mm)和在常温、200 ℃、400 ℃和 600 ℃条件下的纤维混凝土中的立方体抗压和劈裂抗拉性能。研究发现,在 200 ℃时,普通混凝土的抗压强度最大,而掺有纤维的混凝土在 400 ℃时抗压强度最大;随着加热温度的增加,普通混凝土和纤维混凝土的劈裂抗拉强度降低,600 ℃以后,其抗拉强度剩余率只有 64.9%;玄武岩纤维的长度为 12 mm时,纤维混凝土的抗高温性能最好,在 600 ℃时,纤维混凝土的残余抗压强度和残余劈裂抗拉强度分别为原有强度的 84.8%、68.6%。

赵燕茹等[47]研究了在高温下玄武岩纤维混凝土的受热特性、质量损失、弯曲和压缩强度、抗压缩极限变形。结果显示,随着温度的增加,玄武岩纤维混凝土的抗压和抗折强度均呈递减趋势;在 20～400 ℃时,玄武岩纤维混凝土的抗压性能得到了改善,其抗折强度则急剧降低,而在压力作用下的应变峰值没有显著的改变;在 400～800 ℃时,玄武岩纤维混凝土的抗压和抗折强度随着温度的升高而迅速降低,抗压峰值应变则迅速增大。

李长安[48]完成了不同掺量玄武岩纤维(0.05%、0.1%、0.15%、0.20%)混凝土在 100～600 ℃高温下抗压强度、劈裂抗拉强度和静弹性模量试验。

戎虎仁等[49]对玄武岩纤维混凝土在高温下的力学性能进行了分析,发现其质量损失率随温度的升高而增大;玄武岩纤维在混凝土温度较高时能有效地降低混凝土爆裂的发生概率;在同一温度下,玄武岩纤维混凝土的抗压强度一直比普通混凝土的抗压强度大,并且随玄武岩纤维掺量的增大,其抗压强度也增大。

吴振戌等[50]完成了C80高强高性能聚丙烯纤维混凝土高温爆裂试验和力学试验,试验发现C80HPC与C80PPHPC在加热后的轴压强度、弹性模量及劈裂抗拉强度都随着温度的增加而减小,在300～600 ℃时,C80PPHPC出现了一些裂纹,但并没有出现爆裂现象,说明加入聚丙烯纤维可以有效地抑制混凝土的爆裂。

李瞳等[51]完成了玄武岩纤维混凝土在高温处理后的抗压及抗折性能测试,试验结果表明,在200 ℃时,普通混凝土的抗压强度最大,而掺有玄武岩纤维的混凝土在400 ℃时抗压强度最大;玄武岩纤维在混凝土中的长度以12～18 mm为宜。

杨婷等[52]完成了超高性能的混凝土经高温处理后的立方体抗压强度试验,并对其在高温后的表观特性、质量损失及力学性能进行了分析。试验发现,1%钢纤维掺量与2%的聚丙烯纤维掺量能有效地阻止高温后的超高强度混凝土的爆裂,并使其在高温后仍能维持良好的外形;钢渣骨料混杂纤维超高性能混凝土在高温后表现出优良力学性能,经1000 ℃的高温处理后,其残余强度可维持67%;在高温后,超高性能混凝土的抗压强度总体上呈现出由上升到下降的趋势。

Wu Heyang等[53]探讨了FRC的抗火性能的影响因素,试验表明不同的温度、降温方式对纤维混凝土的力学特性也有一定的影响;采用具有较高拉伸性能的纤维,例如钢纤维,可以在加热、冷却时产生桥接作用,从而抑制微观裂缝的产生与发展;低熔点的聚丙烯纤维可以使水蒸气在较高的温度下逸出,降低因孔隙压力所造成的应力,从而提高其耐剥落性能;FRC的抗拉性能随温度的增加而下降。

Hussein Kareem Sultan等[54]研究不同类型的纤维混凝土在温度高达800 ℃时的初始和残余力学性能。结果表明当试件加热到200 ℃时,RPC混合物的抗压强度和拉伸强度以及RPC-Stf(钢纤维RPC)和RPC-Stf&PPf(钢纤维和PP纤维RPC)的抗弯强度逐渐增加。达到这个温度之后,随着温度的升高,所有混合物的强度开始下降;钢纤维能够提高混凝土拉伸强度以限制其开裂,而聚丙烯纤维则负责降低基体内的蒸气压,RPC-Stf&PPf在抗剥落性能和力学性能方面表现出最好的效果。

Li Ye等[55]研究了不同种类的纤维混合、集料尺寸、水胶比和不同温度对UHPFRC荷载-挠度曲线、韧性和韧性指标的影响。结果表明,0.5%聚乙烯(PE)与2.0%钢纤维的混合组合有效地提高了UHPFRC的比例极限、断裂模量、韧性和韧性指标。

N. Algourdin等[56]研究了混凝土的组织、热、水化和力学性能。PPF能提高混凝土的孔隙率和渗透性;SEM观察和MIP分析表明,钢纤维在加热过程中减少了裂纹的张开,在900 ℃时钢纤维对残余力学性能更有利。

Abdi Moghadam等[57]完成了不同纤维种类的纤维混凝土在常温及高温下的压缩、拉伸和剪切试验。研究发现将纤维加入混凝土可以提高其抗压强度;钢纤维的加入可提高混凝土在研究温度下0.94%～22.52%的剪切强度。

Sadrmomtazi Ali 等[58]研究了煤灰、钢纤维和固化条件对高温下自压混凝土的力学性能、断裂能量和微观结构的影响。通过探索和分析试验数据,得到开发模型,预测纤维增强自压混凝土的机械强度,并提出了简化的温度函数关系。

Guo Zhan 等[59]完成了碳纤维混凝土(CFRC)高温后的残余力学性能和微观结构试验,结果表明碳纤维的加入可以有效地提高CFRC的弯曲和劈裂强度,而抗压强度的增强幅度却相当有限;碳纤维长度对CFRC的压缩、弯曲和劈裂强度有显著的影响;扫描电镜结果表明,CFRC在负载下的失效模式主要是碳纤维的断裂和被拔出。

1.4　研究存在问题及不足之处

通过对大量相关高温作用后混杂纤维混凝土的研究进行归纳分析,可以发现在混杂纤维混凝土中加入钢纤维可以明显提高其高温后力学性能,PVA纤维在一定程度上可以提高其抗折强度。将钢纤维与PVA纤维掺入混凝土来探讨其在高温后的力学性能文献并不多,因而有必要深入研究其高温后抗压、抗折、弯曲韧性等方面的性能。

1.5　研究意义及研究内容

1.5.1　研究意义

高温后,混凝土的力学性能要比在常温下的更为复杂。由于周围温度的改变,混凝土会发生温度场、温度耦合、材料特性的改变,给定量研究混凝土的力学性能带来了极大的困难。针对高温后钢-PVA混杂纤维混凝土的抗折强度、弯曲韧性的研究表明纤维特性在室温下提高混凝土的弯曲强度、韧性和抗冲击性,高温后混凝土的抗爆裂性能和残余强度均有所提高。为在国内开展钢-PVA混杂纤维混凝土的应用,有必要对其进行更加深入的高温后力学性能分析,为钢-PVA混杂纤维混凝土的抗火设计和评估检测奠定基础。

1.5.2　研究内容

(1)观察高温试验现象,归纳分析出了温度对试件颜色、裂缝、外观损伤程度、试件烧失率的影响。

(2)完成高温后C30普通混凝土在自然降温条件下的抗压强度、抗折强度和弯曲韧性等性能试验,并对普通混凝土抗压强度、抗折强度、弯曲韧性与温度变化进行了探讨。

(3)分析C30钢-PVA混杂纤维混凝土在高温后自然降温条件下的抗压强度、

抗折强度和弯曲韧性,分析钢-PVA 混杂纤维混凝土抗压强度、抗折强度和弯曲韧性与温度的关系。

（4）比较 NC、P1S8 和 P1S14 试件的高温力学性能,分析不同温度（常温、200 ℃、400 ℃、600 ℃、800 ℃)时,钢-PVA 混杂纤维混凝土试件与普通混凝土试件抗压强度、抗折强度和弯曲韧性的差异。

第 2 章　试验概况

由于钢纤维与 PVA 纤维的正混杂效应在一定程度上提高了混凝土的力学性能,钢-PVA 混杂纤维混凝土与普通混凝土的力学性能存在一定差异。我们通过对高温后普通混凝土和钢-PVA 混杂纤维混凝土进行抗压、抗折和弯曲韧性试验,探讨了其在不同温度下抗折强度和弯曲韧性。本章着重阐述试验材料、试验方案、试验设备等。

2.1　试验材料

试验选用 P·O42.5 规格的普通硅酸盐水泥;细集料为一般的河砂(中砂);粗骨料采用粒径不超过 20 mm 的连续级配碎石;搅拌水采用自来水;钢纤维采用铣削波浪型钢纤维,如图 2-2-1 所示,其长度和等效直径分别为 30 mm 和 0.4 mm,主要参数见表 2-2-1。PVA 纤维是高强度、高模量聚乙烯醇类纤维,如图 2-2-2 所示。

表 2-2-1　纤维主要参数

名　称	纤维类型	长度 /mm	等效直径 /mm	长径比	密度 /(g/cm³)	抗拉强度 /MPa
钢纤维	铣削波浪型	30	0.4	75	7.8	865
PVA	束状单丝	12	0.031	387.1	1.3	1600

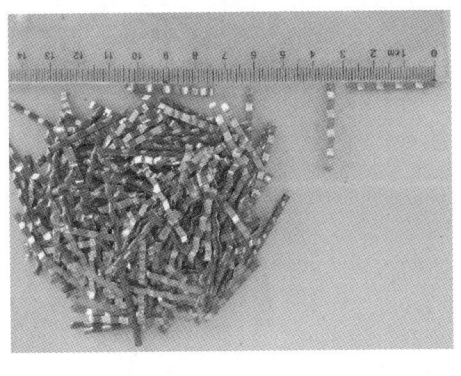

图 2-2-1　钢纤维

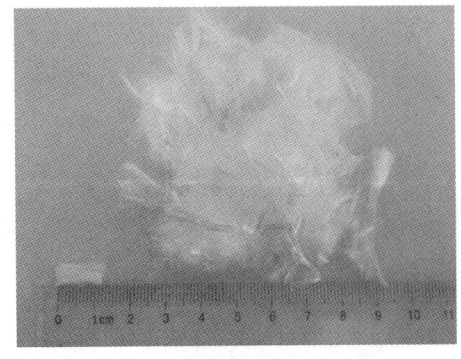

图 2-2-2　PVA 纤维

2.2　试　验　方　案

2.2.1　试件设计及混凝土配合比

按照《纤维混凝土试验方法标准》[60] CECS13：2009的规定，试件大小为 100 mm×100 mm×400 mm，并在进行抗折试件和弯曲试件浇筑时，应预留 100 mm×100 mm×100 mm的混杂纤维混凝土立方体试块，用于测定混凝土立方体抗压强度。

在笔者课题组前期常温下钢-PVA混杂纤维混凝土力学性能研究基础上，得出两种理想掺量：一种是PVA纤维体积率为0.1%和钢纤维体积率为0.8%；另一种是PVA纤维体积率为0.1%和钢纤维体积率为1.4%。因此研究高温后的钢-PVA混杂纤维混凝土抗压强度、抗折强度和弯曲韧性的试件纤维掺量也选取以上两种。

按照试验的设计温度（常温、200 ℃、400 ℃、600 ℃和800 ℃）以及不同混杂纤维体积掺量[NC、P1S8和P1S14（其中NC表示普通混凝土，P1S8表示PVA纤维体积率为0.1%和钢纤维体积率为0.8%的混杂纤维混凝土，P1S14表示PVA纤维体积率为0.1%和钢纤维体积率为1.4%的混杂纤维混凝土）]，抗折强度试验和弯曲韧性试验分别设计15组试件，每组3个，共90个。

试件选用C30普通混凝土，其配合比为水泥：水：砂：石子=1.0：0.54：1.73：3.05。表2-2-2、表2-2-3分别为抗折强度试验分组和弯曲韧性试验分组。

表 2-2-2　抗折强度试验分组

强 度 等 级	试 件 编 号	目 标 温 度	试 件 尺 寸	试 件 个 数
	NC-20	常温		3
	NC-200	200 ℃		3
C30	NC-400	400 ℃	100 mm×100 mm×400 mm	3
	NC-600	600 ℃		3
	NC-800	800 ℃		3
	P1S8-20	常温		3
	P1S8-200	200 ℃		3
C30	P1S8-400	400 ℃	100 mm×100 mm×400 mm	3
	P1S8-600	600 ℃		3
	P1S8-800	800 ℃		3

强度等级	试件编号	目标温度	试件尺寸	试件个数
	P1S14-20	常温		3
	P1S14-200	200 ℃		3
C30	P1S14-400	400 ℃	100 mm×100 mm×400 mm	3
	P1S14-600	600 ℃		3
	P1S14-800	800 ℃		3

表 2-2-3　弯曲韧性试验分组

强度等级	试件编号	目标温度	试件尺寸	试件个数
	NC-20	常温		3
	NC-200	200 ℃		3
C30	NC-400	400 ℃	100 mm×100 mm×400 mm	3
	NC-600	600 ℃		3
	NC-800	800 ℃		3
	P1S8-20	常温		3
	P1S8-200	200 ℃		3
C30	P1S8-400	400 ℃	100 mm×100 mm×400 mm	3
	P1S8-600	600 ℃		3
	P1S8-800	800 ℃		3
	P1S14-20	常温		3
	P1S14-200	200 ℃		3
C30	P1S14-400	400 ℃	100 mm×100 mm×400 mm	3
	P1S14-600	600 ℃		3
	P1S14-800	800 ℃		3

2.2.2　试件制作与养护

PVA纤维是一种较软的纤维,在搅动时会产生缠绕和结团。依据《纤维混凝土试验方法标准》(CECS 13:2009)[60],针对不同的纤维特性,采用了干拌工艺,调节投料的先后次序和增加各工序的搅拌时长。

在混合之前,先处理好原材料。在搅动过程中,考虑到PVA纤维在搅拌时出现缠绕和结团现象,首先将PVA纤维和水泥进行称量,并尽量将PVA纤维撕裂混合到水泥中,以减少对试验的干扰。所需水泥、砂子、石料,以150 kg的电子秤称取,精确至0.1 kg。使用3 kg的电子秤(分度值为0.1 g),称取所需要的钢纤维和 PVA 纤维。

　　具体制备流程为：(1)砂、石干拌 3 min；(2)先将混合好的 PVA 纤维和水泥全部掺入再搅拌 3 min，再将钢纤维尽可能地均匀加入，搅拌 3 min；(3)加水搅拌 3 min；(4)装模，用振动台振动密实，而后将表面抹平；(5)试件制作好以后标准养护 28 天，之后再进行高温试验。试件浇筑成形如图 2-2-3 所示，试件养护如图 2-2-4 所示，立方体试块养护如图 2-2-5 所示。

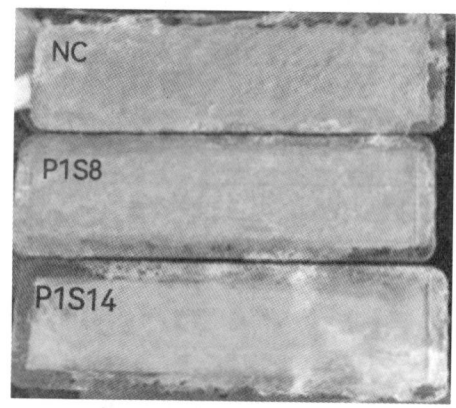

图 2-2-3　试件浇筑成形　　　　　　　图 2-2-4　试件养护

图 2-2-5　立方体试块养护

2.3　试 验 设 备

2.3.1　高温试验设备

　　试件的加温设备是一个箱形的工业电阻炉（又名马弗炉，图 2-2-6），试件四面都有火焰，试件的上、下表面则是用防火棉隔热，加热现场如图 2-2-7 所示。根据目前建筑的消防状况，确定了恒温时长为 60 min。加热到设定的温度后，维持恒温，达恒温段时间后，切断电源，然后立刻开启炉口，将试件移出，在炉外进行冷却。技术指标：SX2-15-10 系列，规格为 600 mm×400 mm×300 mm（长×宽×高），额定输出功率为 15 kW。

图 2-2-6　升温装置

图 2-2-7　加热现场

2.3.2　力学试验设备

采用 2000 kN 数显式压力试验机,如图 2-2-8 所示。采用电液伺服压力试验机进行试件抗折强度和弯曲韧性试验,如图 2-2-9 和图 2-2-10 所示。裂缝宽度观测仪为 PTS-C10 型裂缝监测系统,如图 2-2-11 所示。

图 2-2-8　数显式压力试验机

图 2-2-9　电液伺服压力试验机

图 2-2-10　数据接收装置

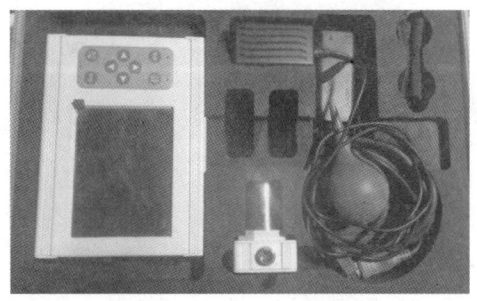

图 2-2-11　裂缝宽度观测仪

2.4　本章小结

　　本章详细介绍了试验材料的选择、试验方案的确定和试验所需的仪器,为以后的试验工作创造了有利的环境。

第3章 高温后钢-PVA混杂纤维混凝土抗折性能试验

本章主要对钢-PVA混杂纤维混凝土在不同高温条件下的抗折性能进行了试验研究,并分析了不同温度下的抗折性能。

3.1 试验方法

3.1.1 抗折强度试验方法

钢-PVA混杂纤维混凝土的抗折强度测试是按照《纤维混凝土试验方法标准》(CECS 13:2009)[60]和《混凝土物理力学性能试验方法标准》(GB/T 50081—2019)[61]进行的。采用1000 kN的电液伺服压力试验机,对试件进行均匀、连续的加载,加载速率为0.05 MPa/s;直至试件损坏,记录破坏荷载。试验中使用了三分点对称加载,如图2-3-1所示。

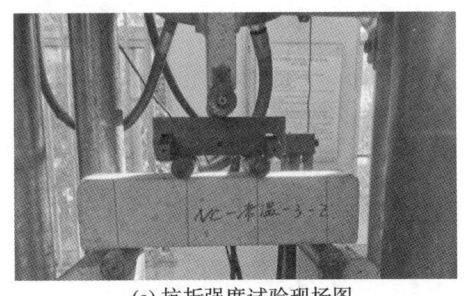

(a) 抗折强度试验现场图

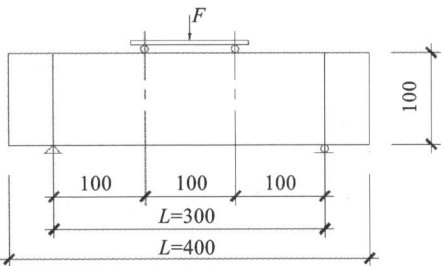

(b) 抗折强度试件尺寸及安装示意图

图 2-3-1 抗折强度试验图

3.2 钢-PVA混杂纤维混凝土抗折试验现象及破坏形态

3.2.1 钢-PVA混杂纤维混凝土试块高温现象

观察不同温度下的NC、P1S8和P1S14立方体试块高温试验现象。当温度在

160 ℃以下时,在马弗炉的炉口处未发现明显的水蒸气;当温度在200 ℃左右时,在马弗炉的炉口处开始可以见到少许的水蒸气;升温过程中逸出的水蒸气比较明显且能闻到焦糊味;当温度在380 ℃左右时,升温过程中水蒸气现象几乎消失,但是有稀疏带有刺激性气味的烟雾出现;当温度在480 ℃左右时,烟雾浓度加剧且气味非常刺鼻;当温度在580 ℃左右时,烟雾现象几乎消失且未闻到刺激性的气味。

分析原因:出现水蒸气的现象是由于马弗炉内部和试块本身逸出的水分先汽化再遇马弗炉的炉口和缝隙处液化;出现烟雾和产生刺激性的气体是由于试件内部PVA纤维熔化和防火棉燃烧。

NC、P1S8和P1S14试块在不同温度下的表面特性如表2-3-1和图2-3-2所示。

表 2-3-1　高温后试块外观特征

混凝土类型	目标温度	颜　色	裂　　　缝	剥落	疏松	爆裂
NC	200 ℃	青灰色	无	无	无	无
	400 ℃	淡黄色	细微裂缝,较少	无	无	无
	600 ℃	深灰色	宏观裂缝,较多	轻微	轻微	无
	800 ℃	灰白色	有许多宏观裂缝	严重	严重	轻微
P1S8	200 ℃	青灰色	无	无	无	无
	400 ℃	淡黄色	无	无	无	无
	600 ℃	深灰色	宏观裂缝,较少	轻微	轻微	无
	800 ℃	灰白色	有许多宏观裂缝	少量	严重	无
P1S14	200 ℃	青灰色	无	无	无	无
	400 ℃	淡黄色	无	无	无	无
	600 ℃	深灰色	宏观裂缝,较少	轻微	轻微	无
	800 ℃	灰白色	有许多宏观裂缝	少量	严重	无

3.2.2　钢-PVA混杂纤维混凝土抗折试件高温现象

根据NC,P1S8和P1S14试件在从常温升温至200 ℃、400 ℃、600 ℃和800 ℃时耗时长短绘制了炉膛的升温曲线,如图2-3-3所示,设计恒温时长60 min。

由图2-3-3可以看出,随着设定的目标温度T升高,加热时间t也相应地延长。NC、P1S8和P1S14试件加热到200 ℃和400 ℃时的升温速度较快,加热到200 ℃和400 ℃分别需要30 min和52 min。在600 ℃和800 ℃的目标温度下,马弗炉的升温时间也随之增加。

图2-3-4、图2-3-5和图2-3-6分别为NC、P1S8和P1S14试件受热且自然冷却后的试验现象图,不同温度下NC、P1S8和P1S14试件外观特征见表2-3-2。

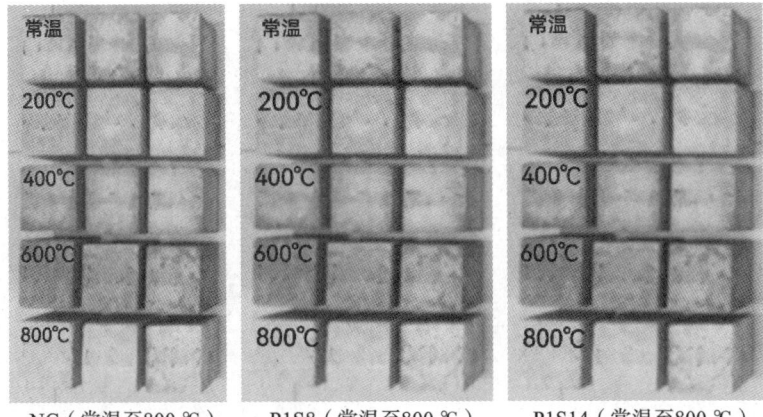

NC（常温至800 ℃）　　P1S8（常温至800 ℃）　　P1S14（常温至800 ℃）

图 2-3-2　试块高温后的颜色

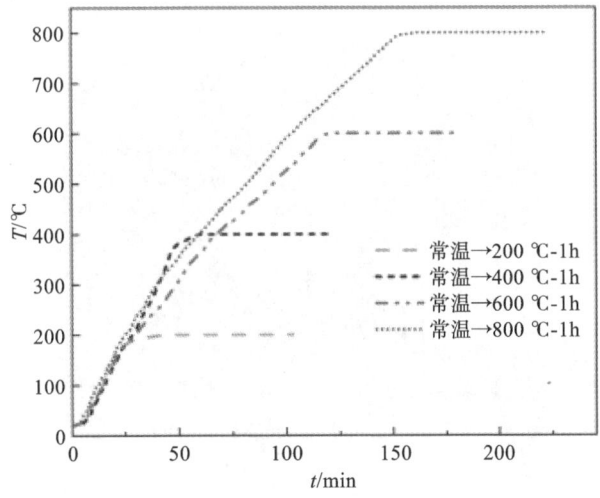

图例：
- —— 常温→200 ℃-1h
- ---- 常温→400 ℃-1h
- —·—· 常温→600 ℃-1h
- ········ 常温→800 ℃-1h

图 2-3-3　炉膛升温曲线

　　经过 200 ℃高温作用后，试件表面颜色呈青灰色，与常温无异，其中 P1S8 和 P1S14 试件四个角周边还能看见少量未熔化 PVA 纤维，表面无裂缝产生。经过 400 ℃高温作用后，试件开始变为淡黄色，NC 试件产生极少微裂纹，P1S8 和 P1S14 试件无裂纹产生。经过 600 ℃高温作用后，试件颜色变为深灰色，局部呈淡黄色，试件边角区域可见少量不规则细小微裂纹，表面可见黑色钢纤维斑点。试件在 800 ℃高温作用后，表面颜色呈现灰白色，边缘和中间部分有许多不规则的细小裂缝，其纹理非常清晰，在运输过程中容易破碎。图 2-3-7 为 P1S8 800 ℃试件表观图，图 2-3-8 为 P1S14 800 ℃试件中部区域大量微裂纹图，图 2-3-9 为 NC 800 ℃试件边角剥落图。

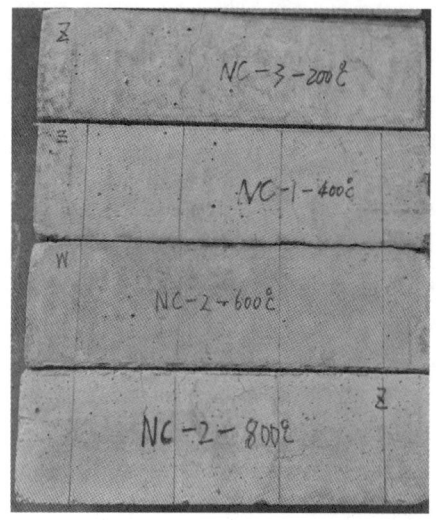

图 2-3-4 高温后的 NC 试件

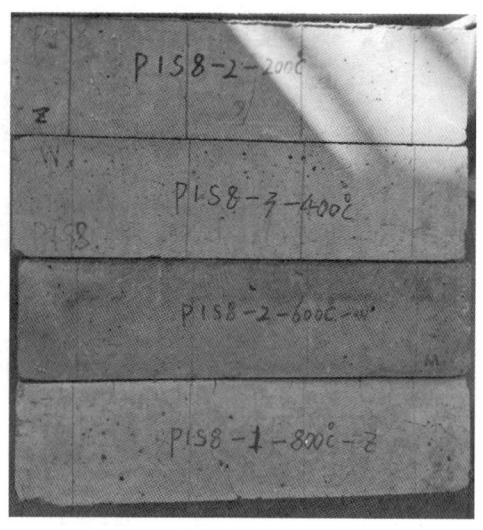

图 2-3-5 高温后的 P1S8 试件

图 2-3-6 高温后的 P1S14 试件

表 2-3-2 高温后试件外观特征

混凝土类型	目标温度	颜　色	裂　　　缝	剥落	疏松	爆裂
NC	200℃	青灰色	无	无	无	无
	400℃	淡黄色	细微裂缝,较少	无	无	无
	600℃	深灰色	宏观裂缝,较多	轻微	轻微	无
	800℃	灰白色	有许多宏观裂缝	严重	严重	轻微

续表

混凝土类型	目标温度	颜 色	裂 缝	剥落	疏松	爆裂
P1S8	200℃	青灰色	无	无	无	无
	400℃	淡黄色	无	无	无	无
	600℃	深灰色	宏观裂缝,较少	轻微	轻微	无
	800℃	灰白色	有许多宏观裂缝	少量	严重	无
P1S14	200℃	青灰色	无	无	无	无
	400℃	淡黄色	无	无	无	无
	600℃	深灰色	宏观裂缝,较少	轻微	轻微	无
	800℃	灰白色	有许多宏观裂缝	少量	严重	无

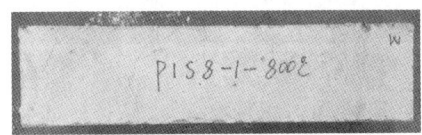

图 2-3-7 P1S8 800 ℃试件加热图

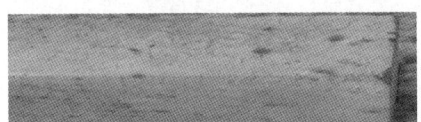

图 2-3-8 P1S14 800 ℃试件加热图

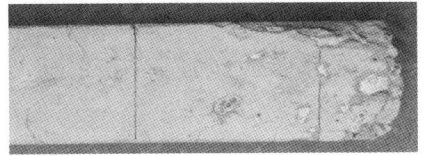

图 2-3-9 NC 800 ℃试件局部剥落图

3.2.4 高温后钢-PVA 混杂纤维混凝土试件抗折破坏形态

对常温条件下的 NC、P1S8 和 P1S14 试件进行抗折强度试验,它们的破坏形态如图 2-3-10 所示。图 2-3-11 是常温下混杂纤维混凝土抗折破坏时的微观裂缝图。

由图 2-3-10 的结果可以看出,NC 试件的破坏呈现出显著的脆性,在到达峰值荷载时可以听见一种清晰的声音,随后试件在一刹那一分为二;P1S8 和 P1S14 试

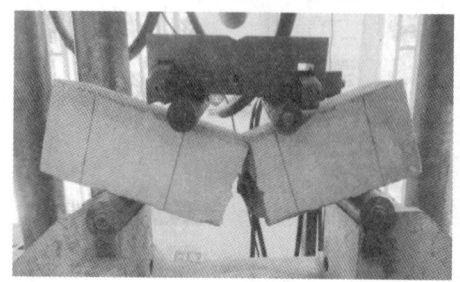

(a) NC-常温　　　　　　　　　　　　　　　(b) P1S8-常温

(c) P1S14-常温

图 2-3-10　试件常温抗折破坏形态

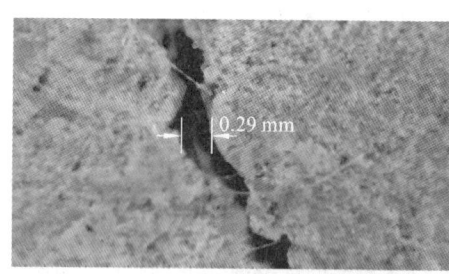
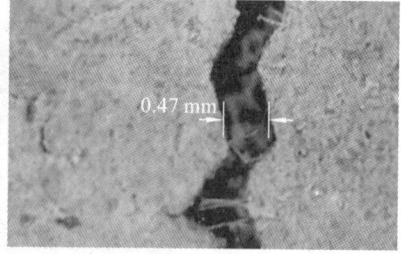

图 2-3-11　常温下混杂纤维混凝土试件微观裂缝图

件抗折破坏的形式跟 NC 试件抗折破坏的形式完全不一样,达到峰值荷载时未听到响声,同时试件也没有断裂成两部分。对比 NC 试件可知,P1S8 和 P1S14 试件抗折破坏表现出延性破坏特征。利用裂缝观测仪对试件微观裂缝进行观察,可以清晰地观测到 PVA 纤维被拉断的现象,表明 PVA 纤维对混凝土开裂具有明显的抑制作用,从而提高混凝土的抗折强度。

　　对 200～800 ℃条件下的 NC、P1S8 和 P1S14 试件进行抗折强度试验,它们的破坏形态分别如图 2-3-12、图 2-3-13 和图 2-3-14 所示。图 2-3-15 是混杂纤维混凝土抗折破坏时的微观裂缝图。

　　由图 2-3-12 可知,普通混凝土在高温后的抗折强度试验现象与常温下的试验

图 2-3-12　200 ℃后 NC 试件
抗折破坏形态

图 2-3-13　400 ℃后 P1S8 试件
抗折破坏形态

图 2-3-14　800 ℃后 P1S14 试件抗折破坏形态

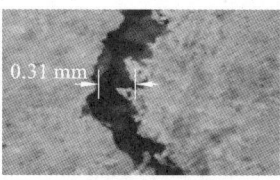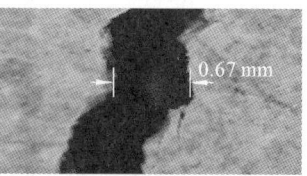

(a) 200℃时裂缝图　　　　(b) 400℃时裂缝图　　　　(c) 800℃时裂缝图

图 2-3-15　高温后混杂纤维混凝土试件微观裂缝图

现象存在差异,到达峰值荷载时没有出现破裂的声音,说明普通混凝土经高温后,其韧性有所改善。

　　与常温下的 P1S8 和 P1S14 试件抗折破坏形态相比,高温后的 P1S8 和 P1S14 试件裂缝宽度都有所增加,但裂缝发展速度却迟缓了许多,说明掺入钢-PVA 混杂纤维的混凝土试件的韧性有所增强。通过裂缝观测仪观测高温后试件破坏的微观裂缝,200 ℃时还可以发现许多 PVA 纤维;在 400 ℃时,基本上观测不到 PVA 纤维,原因是温度过高,PVA 纤维基本熔化;在 600 ℃和 800 ℃时,已经观测不到 PVA 纤维,说明在此温度区间只有钢纤维在发挥作用。因而,可得出钢-PVA 混杂纤维混凝土的微裂纹宽度随温度的升高而增大。

3.3　高温后钢-PVA混杂纤维混凝土烧失率

以 100 mm×100 mm×400 mm 抗折试件为研究对象,对经过200 ℃、400 ℃、600 ℃和800 ℃高温处理后的抗折试件进行称重,并统计每个目标温度时试件的质量损耗,绘制出了试件质量损失与温度变化的关系曲线,如图2-3-16所示。试件的质量损失主要来源于混凝土中自由水与结合水的蒸发。

由图2-3-16可以看出,经高温作用后,试件的烧失率随加热温度的升高而增大;掺入纤维的量越大,试件的烧失率越高。在200 ℃高温条件下,NC、P1S8和P1S14试件的平均烧失率约为0.53%,原因在于混凝土中的水分持续挥发;在400 ℃高温条件下,NC、P1S8和P1S14试件的平均烧失率约为3.48%,原因在于混凝土中的自由水和结合水持续挥发,PVA纤维熔化;在600 ℃高温作用后,P1S14试件的烧失率＞P1S8试件的烧失率＞NC试件的烧失率;在800 ℃高温作用后,试件的烧失率增长很慢,水化物和钙化物几乎完全分解,水分蒸发完全,NC、P1S8和P1S14试件的烧失率分别为6.90%、7.20%和7.62%。

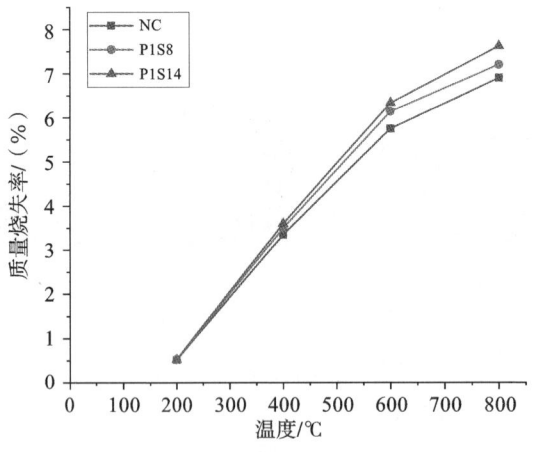

图2-3-16　试件烧失率随温度变化曲线

3.4　高温后钢-PVA混杂纤维混凝土抗折强度结果及分析

3.4.1　抗折强度计算公式

按照《混凝土物理力学性能试验方法标准》(GB/T 50081—2019)[61]中所规定

的公式,本次试验的试件抗折强度试验结果按式(2-3-1)计算:

$$f_f = \frac{FL}{bh^2} \qquad (2\text{-}3\text{-}1)$$

式中:f_f——抗折强度(MPa);

　　　F——试件破坏荷载(N);

　　　L——支座跨度(mm);

　　　b——试件截面宽度(mm);

　　　h——试件截面高度(mm)。

3.4.2　高温后钢-PVA 混杂纤维混凝土抗折强度结果

根据高温后混杂纤维混凝土抗折强度试验得到的试验数据,利用公式(2-3-1)计算出抗折强度 f_f,NC、P1S8 和 P1S14 试件在不同目标温度自然冷却后的抗折强度及抗折强度剩余率见表 2-3-3。

表 2-3-3　高温后试件抗折强度及剩余率

试件类型	抗折强度/MPa			抗折强度平均值/MPa	抗折强度剩余率
	试件 1	试件 2	试件 3		
NC-常温	6.7	6.8	6.6	6.7	1.0
NC-200	6.4	6.5	6.3	6.4	0.96
NC-400	5.36	5.44	5.28	5.36	0.8
NC-600	4.02	4.1	4.0	4.04	0.6
NC-800	2.55	2.58	2.51	2.55	0.38
P1S8-常温	7.0	7.1	7.2	7.1	1.0
P1S8-200	6.79	6.89	7.0	6.89	0.97
P1S8-400	5.88	5.96	6.05	5.96	0.84
P1S8-600	4.55	4.62	4.68	4.62	0.65
P1S8-800	2.87	2.91	2.95	2.91	0.41
P1S14-常温	7.3	7.4	7.5	7.4	1.0
P1S14-200	7.2	7.2	7.1	7.17	0.97
P1S14-400	6.28	6.36	6.45	6.36	0.86
P1S14-600	4.96	5.03	5.1	5.03	0.68
P1S14-800	3.21	3.26	3.3	3.26	0.44

3.4.3　抗折强度与温度变化的关系

根据表 2-3-3 绘制了温度对 NC、P1S8 和 P1S14 试件抗折强度及抗折强度剩余率的变化曲线,如图 2-3-17 所示。

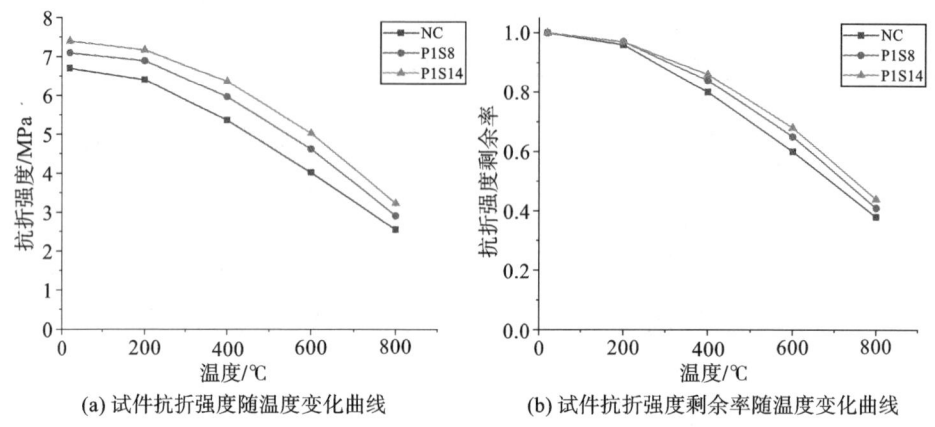

(a) 试件抗折强度随温度变化曲线　　　(b) 试件抗折强度剩余率随温度变化曲线

图 2-3-17　温度对试件抗折强度及抗折强度剩余率的变化曲线

由图 2-3-17 可以发现,随着温度的升高,NC、P1S8 和 P1S14 试件的抗折强度逐步变小,抗折强度剩余率也逐渐变小。

在 200 ℃时,NC、P1S8 和 P1S14 试件抗折强度下降幅度比较小;在 400～800 ℃区间内,NC 试件抗折强度基本上是直线下降;而 P1S8 试件和 P1S14 试件抗折强度随温度变化的损失幅度下降要缓慢一些。

分析其原因:在加热至 200 ℃时,PVA 纤维与混凝土基体的黏结作用越来越小,持续高温下混凝土/纤维混凝土内部自由水、结合水蒸发,水化硅酸钙脱水分解以及碳酸钙分解,从而使得抗折强度大幅下降;而纤维混凝土中 PVA 纤维熔化创造出的通道有助于水蒸气散出,减小混凝土内部损失从而改善其性能。因此,随着受热温度的升高,钢-PVA 混杂纤维混凝土抗折强度下降的速率比普通混凝土的要慢。

当 NC 试件加热到 400 ℃时,水化硅酸钙和水化铝酸钙在基体中均出现了脱水现象,并有大量的水蒸气逸出,使得基体内部受到的孔隙水压力增大,导致裂缝和孔隙变大,微观裂缝增加,进一步使得混凝土的抗折强度下降。而 P1S8 试件和 P1S14 试件在加热到 400 ℃时,抗折强度下降的幅度要低于 NC 试件。由于在加热到 400 ℃时,PVA 纤维基本上完全熔化,其熔化后留下了微观通道,使得基体内部的水蒸气快速排出,减小了水蒸气带来的水压力对混凝土强度造成的损失,因此 P1S8 试件和 P1S14 试件抗折强度的下降幅度要比 NC 试件小许多。

当加热到 600 ℃时,混凝土中的自由水和结合水几乎全部蒸发,混凝土宏观破坏开始,因此混凝土抗折强度进一步大幅下降。P1S8 试件抗折强度的下降幅度要比 P1S14 试件大,分析原因可能是 P1S14 试件的钢纤维掺量多于 P1S8 试件,从根本上提升了混凝土的强度,因此使得 P1S8 试件抗折强度的下降幅度大于 P1S14 试件。

由图 2-3-17 可以看出,从 600 ℃ 加热到 800 ℃ 时,三种试件抗折强度的下降幅度基本上都差不多。

3.4.4 抗折强度与纤维掺量变化的关系

在前述研究基础上,通过分析高温后钢-PVA 混杂纤维混凝土的抗折强度试验结果,得出了在同一温度下钢-PVA 混杂纤维混凝土与普通混凝土之间的相对抗折强度,见表 2-3-4,绘制出了钢-PVA 混杂纤维混凝土相对抗折强度与纤维掺量变化曲线,如图 2-3-18 所示。

表 2-3-4 高温后试件相对抗折强度

试 件 类 型	抗折强度/MPa	相对抗折强度
NC-20	6.7	1.0
NC-200	6.4	1.0
NC-400	5.36	1.0
NC-600	4.04	1.0
NC-800	2.55	1.0
P1S8-常温	7.1	1.06
P1S8-200	6.89	1.08
P1S8-400	5.96	1.11
P1S8-600	4.62	1.14
P1S8-800	2.91	1.14
P1S14-常温	7.4	1.1
P1S14-200	7.17	1.12
P1S14-400	6.36	1.19
P1S14-600	5.03	1.25
P1S14-800	3.26	1.28

由图 2-3-18 可以发现,随着纤维总体积的增大,在相同温度下,混凝土的相对抗折强度都呈上升趋势。在常温下,纤维总体积为 0.9% 的钢-PVA 混杂纤维混凝土的抗折强度相较普通混凝土提升了 6% 左右;纤维掺量为 0.9% 的试件与普通混凝土相比,相对抗折强度随温度的升高而增大,在常温至 600 ℃ 区间内,基本上呈直线上升。

分析原因:在常温和 200 ℃ 之间,PVA 纤维能有效抑制混凝土裂缝的扩散和延展,从而提升混凝土的抗折强度,其次钢纤维的掺入极大地改善了混凝土的抗折性能。

在 400～600 ℃ 区间内,此时的 PVA 纤维完全熔化,失去了纤维与混凝土的桥接

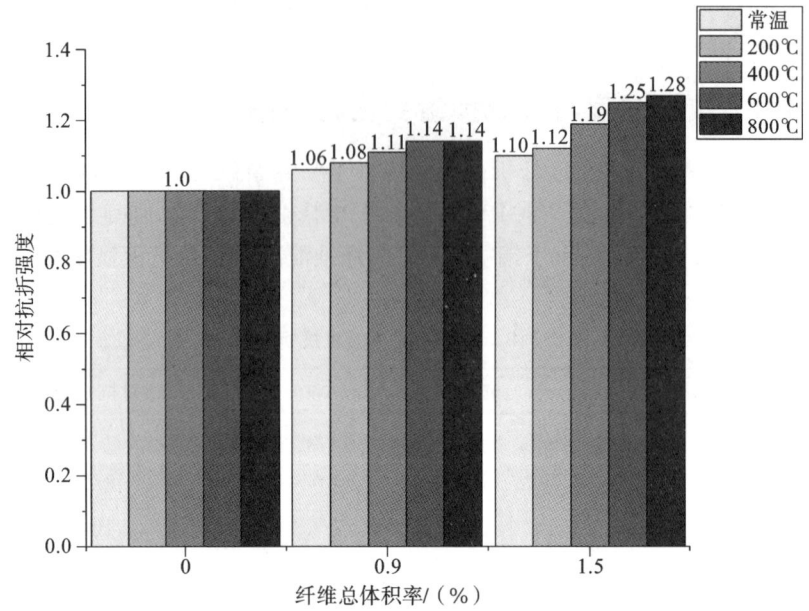

图 2-3-18　纤维总体积率与相对抗折强度关系曲线

作用,但提供了便于水蒸气逸出混凝土内部的通道,减小了混凝土内部水压力对抗折强度的影响。PVA 纤维熔化留下的微小通道降低了混凝土的抗折性能,此时由钢纤维的桥接作用弥补其影响,发挥混杂纤维的正混杂效应,改善混凝土的抗折性能。

在 600 ℃和 800 ℃时,相较普通混凝土,1.5%纤维掺量的钢-PVA 混杂纤维混凝土的抗折强度分别提升了 25%和 28%。其机理与 0.9%纤维掺量试件的机理相似。

综合上述分析可知,钢-PVA 混杂纤维混凝土能提升高温后混凝土的抗折强度,且纤维总体积率为 1.5%时效果最佳。

3.4.5　抗折强度关系式

目前已有不少专家和学者建立了混凝土在高温后抗折强度与温度变化的数学模型。根据数理统计学的基本理论,利用二次多项式法,对高温后混凝土抗折强度与温度进行了二次多项式的回归分析,见式(2-3-2)

$$f_f^T = P_1 + P_2 T + P_3 T^2 \tag{2-3-2}$$

式中:f_f^T——混凝土高温后抗折强度(MPa);

T——温度(常温≤T≤800 ℃);

P_1, P_2, P_3——关系式系数。

根据试验结果得到 NC、P1S8 和 P1S14 试件的抗折强度和抗折强度剩余率与温度的回归关系式系数,见表 2-3-5;由拟合关系式可得各试验温度时的拟合结果,试验值与拟合结果见表 2-3-6、表 2-3-7 和表 2-3-8,混凝土抗折强度及抗折强度剩余率随温度变化拟合曲线如图 2-3-19 所示。

表 2-3-5　抗折强度和抗折强度剩余率与温度的回归关系式系数

混凝土类型	类型	拟合参数			相关系数 (R^2)
		P_1	P_2	P_3	
NC		6.80	-0.00175	-4.54×10^{-6}	0.994
P1S8	强度-温度	7.15	-5.28×10^{-4}	-6.01×10^{-6}	0.997
P1S14		7.41	-3.09×10^{-5}	-6.52×10^{-6}	0.999
NC		1.02	-2.56×10^{-4}	-6.87×10^{-7}	0.993
P1S8	剩余率-温度	1.01	-7.48×10^{-5}	-8.47×10^{-7}	0.997
P1S14		1.00	-8.26×10^{-6}	-8.72×10^{-7}	0.999

表 2-3-6　NC 抗折强度试验值与拟合值

温度/℃	常温	200	400	600	800
试验值/MPa	6.70	6.40	5.36	4.04	2.55
拟合值/MPa	6.76	6.27	5.38	4.12	2.50

表 2-3-7　P1S8 抗折强度试验值与拟合值

温度/℃	常温	200	400	600	800
试验值/MPa	7.10	6.89	5.96	4.62	2.91
拟合值/MPa	7.14	6.81	5.98	4.67	2.88

表 2-3-8　P1S14 抗折强度试验值与拟合值

温度/℃	常温	200	400	600	800
试验值/MPa	7.40	7.17	6.36	5.03	3.26
拟合值/MPa	7.41	7.15	6.36	5.05	3.22

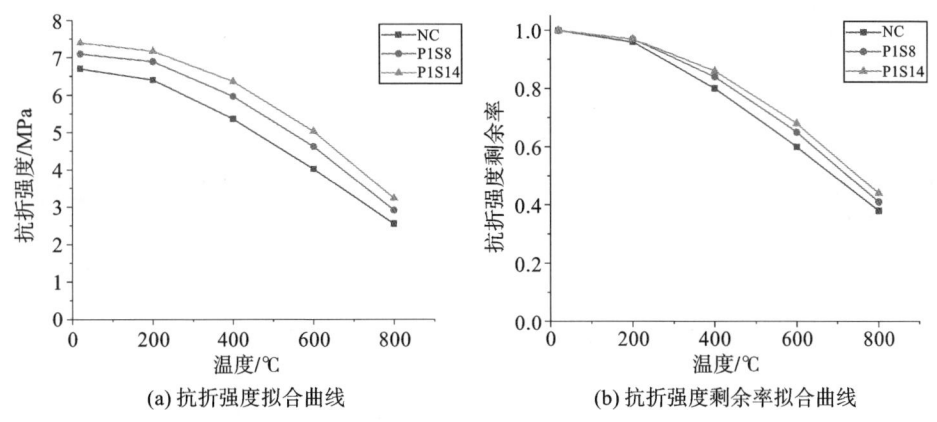

(a) 抗折强度拟合曲线　　　　　　(b) 抗折强度剩余率拟合曲线

图 2-3-19　混凝土抗折强度及抗折强度剩余率随温度变化拟合曲线

3.5　本章小结

本章研究了高温后的钢-PVA 混杂纤维混凝土抗折强度,并分析了试件的烧失率、抗折强度与纤维的总体积、温度的变化规律,得到了如下结果。

(1) 经过常温至 800 ℃高温作用后,NC、P1S8 和 P1S14 混凝土试件的表面呈现青灰—淡黄—深灰—灰白色的转变,并产生裂缝;在不同温度条件下,钢-PVA 混杂纤维混凝土的整体稳定性优于普通混凝土;PVA 纤维掺入后,其抗爆裂能力得到了提高。试件的烧失率随受热温度的升高而增大,P1S14 试件>P1S8 试件>NC 试件。

(2) 温度越高,试件的抗折强度越低,温度大于 200 ℃后抗折强度衰减速度加快,且在相同温度下,P1S14 试件的抗折强度>P1S8 试件的抗折强度>NC 试件的抗折强度;与普通混凝土相比,掺入 PVA 纤维的混凝土的 PVA 纤维在高温熔化后,能为高温下的水蒸气逃逸提供一个通道,减少内部孔隙压力对试件内部强度的损耗;钢纤维掺量的增加不仅能提高常温下试件的抗折强度,而且也能提高高温后试件的剩余抗折强度。在 600 ℃和 800 ℃时,1.5%纤维掺量的 P1S14 试件相较普通混凝土,其抗折强度分别提升了 25%和 28%。

第4章 高温后钢-PVA混杂纤维 混凝土弯曲韧性试验

4.1 弯曲韧性试验方法

纤维混凝土韧性是指从开始加载到试件破坏,这个过程中吸收能量的能力,通常利用荷载-挠度曲线或者应力-应变曲线所围成面积的多少来描述。由此可以看出,材料的韧性主要由材料的强度和材料破坏时的变形决定,所以当材料的强度和延性都处于最佳状态时,它的韧性就会得到最大程度的提高。

根据《混凝土物理力学性能试验方法标准》(GB/T 50081—2019)[61]的有关规定,进行弯曲韧性试验的试件尺寸为 100 mm×100 mm×400 mm。试验使用 1000 kN 的电液伺服压力试验机,并采用三分点对称加载的方法,如图 2-4-1 所示,连续均匀加载,加载速度为 0.1 mm/min,一次加载时间不少于 15 min。

图 2-4-1 弯曲韧性试验装置图

4.2 钢-PVA混杂纤维混凝土荷载-挠度曲线结果与分析

通过对 NC、P1S8 和 P1S14 试件进行弯曲韧性试验,得到不同温度下的荷载-

挠度曲线。图 2-4-2、图 2-4-3 和图 2-4-4 分别为 NC 试件、P1S8 试件和 P1S14 试件在不同温度条件下的荷载-挠度曲线。

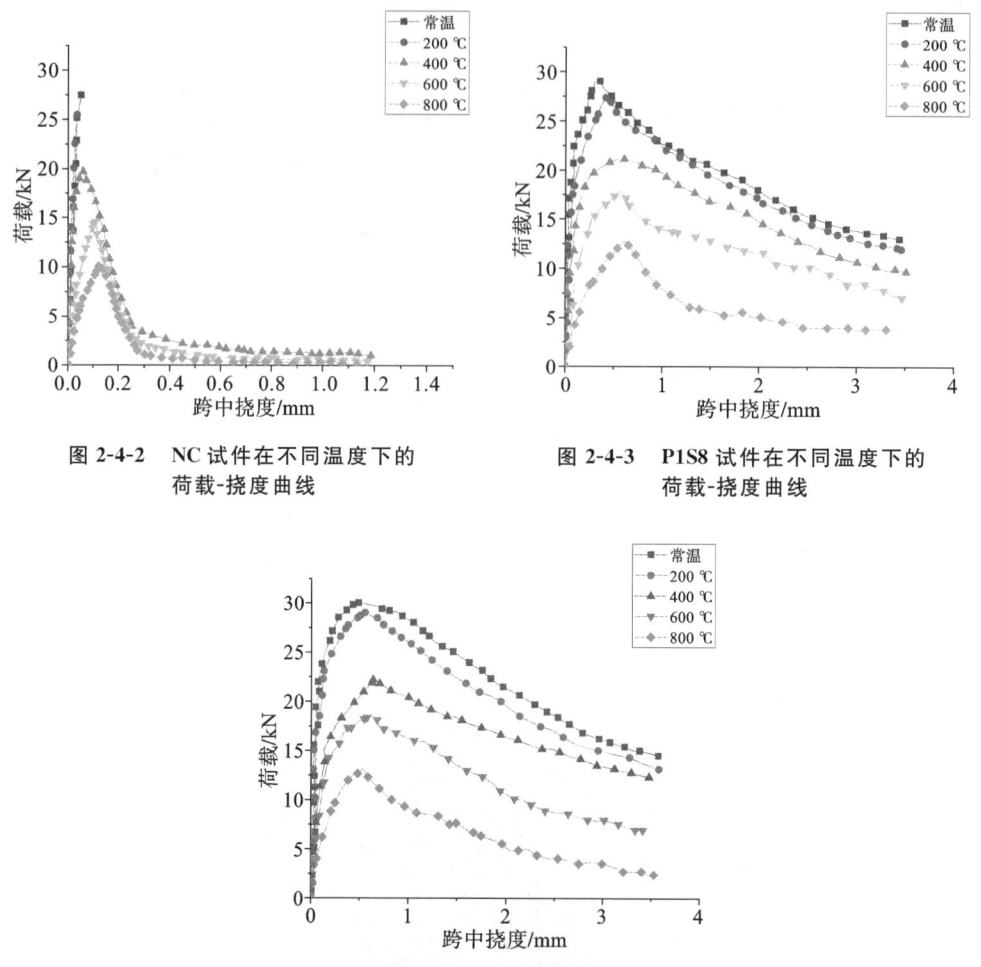

图 2-4-2　NC 试件在不同温度下的荷载-挠度曲线

图 2-4-3　P1S8 试件在不同温度下的荷载-挠度曲线

图 2-4-4　P1S14 试件在不同温度下的荷载-挠度曲线

4.2.1　温度对试件荷载-挠度的影响

由图 2-4-2 分析可知,在常温和 200 ℃条件下,由于普通混凝土在荷载作用下会发生脆性破坏,因此普通混凝土试件的荷载-挠度曲线没有下降段;在常温和 200 ℃条件下,曲线上升基本上呈线性趋势,200 ℃条件下试件的峰值荷载较常温条件下降了 6％左右;在 400 ℃和 600 ℃高温条件下,试件的峰值荷载下降幅度比较大,与常温相比较分别下降了 29％和 48％左右。普通混凝土试件经过高温作用后,胶凝材料和主要骨料发生了物理化学变化,使得其材料和内部结构发生严重的损伤,此条件下混凝土表面的微观裂缝逐渐发展和延伸,使得混凝土的力学性能进一步降低;在 800 ℃高温条件下,试件的峰值荷载与常温状态下相比下降了 64％左右。

在 400～600 ℃ 的温度范围内,试件的峰值荷载降低幅度最大;与 P1S8 和 P1S14 试件相同,NC 试件的荷载-挠度曲线也呈现出明显的下降段,表明 NC 试件在一定的温度条件下,其延性会增加,从而产生延性破坏。

由图 2-4-3 可以看出,当试件受热,温度上升时,峰值荷载也会随温度的增加而减小;在 200 ℃ 条件下,其峰值荷载与常温时相差不大;而在 600 ℃ 和 800 ℃ 时,其峰值荷载仅为常温下的 61.5% 和 44.2%。在常温和 200 ℃ 条件下,钢纤维与混凝土的黏合性能基本一致,可以看作一个整体,荷载-挠度曲线基本上呈直线;随着荷载的增加,混凝土中的微观裂纹不断往外延伸与发展,最终形成肉眼可见的裂缝,使荷载-挠度曲线逐渐向非线性方向发展。

由图 2-4-4 可以发现,随着温度升高,曲线的峰值荷载不断下降且峰值荷载对应的挠度基本上也在增大。在 200 ℃ 高温下,与常温相比峰值荷载下降得不明显;在 400 ℃ 高温下,峰值荷载下降了 27% 左右,在 600 ℃ 高温下,峰值荷载下降了 38% 左右,在 800 ℃ 高温下,峰值荷载只有常温状态下的 43% 左右。

P1S14 试件的荷载-挠度曲线的上升段分别为一段直线上升段和一段非线性上升段,其原因与 P1S8 试件分析的原因类似。荷载-挠度曲线随着温度的升高,逐渐扁平化发展。

4.2.2 纤维掺量对试件荷载-挠度的影响

由图 2-4-2、图 2-4-3 和图 2-4-4 对比分析可以发现,在相同温度下,P1S14 试件的峰值荷载大于 P1S8 试件的峰值荷载,P1S8 试件的峰值荷载要大于普通混凝土的峰值荷载,也就是说钢纤维能增强混凝土的弯曲韧性。普通混凝土在荷载作用下呈现脆性破坏,而钢-PVA 混杂纤维混凝土在荷载作用下呈现延性破坏,表明掺入纤维能够提高其韧性。

在 200 ℃ 至 400 ℃ 之间,PVA 纤维逐渐熔化,形成微观通道,有利于释放由自由水和结合水蒸发形成的蒸气压,降低混凝土爆裂的可能性,但是不能和钢纤维一样通过纤维的桥接作用提高混凝土的力学性能,因此在 400 ℃ 时峰值荷载下降的幅度较大。

在常温、200 ℃、400 ℃、600 ℃ 和 800 ℃ 五种条件下,与普通混凝土的峰值荷载相比,P1S8 试件的峰值荷载分别增加了 5%、8%、11%、20% 和 25%,P1S14 试件的峰值荷载分别增加了 8%、12%、13%、25% 和 29%。在 PVA 纤维掺量为 0.1% 恒定的条件下,随着钢纤维掺量的增大,试件能承受的最大荷载也逐渐增大。

4.3 钢-PVA 混杂纤维混凝土弯曲韧性评价

4.3.1 纤维混凝土弯曲韧性评价方法

通过对国内外关于纤维混凝土弯曲韧性的研究,总结出常用的几个评价标准:

美国的 ASTM C1018 标准[62]、日本的 JSCE-SF4 标准[64] 和中国的 CECS 13:2009 标准[60] 等。

1. ASTM C1018 标准[62] 评价方法

弯曲韧性指数法是采用理想弹塑性体作为评价材料韧性的基准。ASTM C1018 标准中定义的 I_5、I_{10} 和 I_{20} 代表纤维混凝土的弯曲韧性，I_5、I_{10} 和 I_{20} 的计算公式如式(2-4-1)～式(2-4-3)所示：

$$I_5 = \frac{\Omega_{3.0\delta}}{\Omega_\delta} \qquad (2\text{-}4\text{-}1)$$

$$I_{10} = \frac{\Omega_{5.5\delta}}{\Omega_\delta} \qquad (2\text{-}4\text{-}2)$$

$$I_{20} = \frac{\Omega_{10.5\delta}}{\Omega_\delta} \qquad (2\text{-}4\text{-}3)$$

式中：δ——试件初裂点所对应的跨中挠度；

Ω_δ、$\Omega_{3.0\delta}$、$\Omega_{5.5\delta}$、$\Omega_{10.5\delta}$——跨中挠度为 δ、3.0δ、5.5δ 和 10.5δ 时荷载-挠度曲线下的面积(N·mm)。

关于残余强度指标 R，引入了两个系数——$R_{5,10}$ 和 $R_{10,20}$，见式（2-4-4）和式(2-4-5)。

$$R_{5,10} = 20(I_{10} - I_5) \qquad (2\text{-}4\text{-}4)$$

$$R_{10,20} = 20(I_{20} - I_{10}) \qquad (2\text{-}4\text{-}5)$$

以理想的弹塑性材料为例，$R=100$，R 值越小，那么塑性越低，理想的塑性材料 $R=0$。残余强度指标就是 R 值越大，增韧效果更加显著。但是此方法有一个很大的不足之处，就是初裂点的确定有很大的人为随机性，即初裂出现时试件的跨中挠度值比较小，人的肉眼通常很难分辨，很容易出现误差，但所有的韧性指标都取决于初始裂纹的位置，初始裂纹的细微变化对弯曲韧性指数的计算有很大的影响[63]。

2. JSCE-SF4 标准[64] 评价方法

JSCE-SF4 标准使用等效弯曲强度 f_e（单位为 MPa）对纤维混凝土的弯曲韧性进行评价。等效弯曲强度计算式为：

$$f_e = \frac{\Omega_k L}{bh^2 \delta_k} \qquad (2\text{-}4\text{-}6)$$

式中：Ω_k——跨中计算挠度为 L/k 时，荷载-挠度曲线下的面积(N·mm)；

L——支座间距(mm)；

b——试件截面宽度(mm)；

h——试件截面高度(mm)。

与 ASTM C1018 标准的评价方法相比，该方法具有不受初裂点影响的优点，缺点是对不同大小的试件弯曲韧性进行对比分析有一定难度。

3. CECS 13:2009 标准[60]评价方法

CECS 13:2009 标准[60]评价方法是在 JSCE-SF4 标准[64]评价方法的基础上进行了优化,引进了弯曲韧度比指标 R_e。

$$R_e = \frac{f_e}{f_{cr}} \qquad (2\text{-}4\text{-}7)$$

$$f_{cr} = \frac{F_{cr}L}{bh^2} \qquad (2\text{-}4\text{-}8)$$

式中:f_{cr}——纤维混凝土的抗折初裂强度(MPa);

F_{cr}——纤维混凝土初裂荷载(kN)。

与 JSCE-SF4 标准[64]的评价方法相比,此方法可以有效地解决不同尺寸试件弯曲韧性对比分析的问题,但由于此评价方法引入了 F_{cr},会出现同 ASTM C1018 标准[62]评价方法一样的难题,就是初裂点位置的确定。

4. 高丹盈等[65]建立的评价方法

高丹盈等[65]用初始弯曲韧度比 $R_{e,p}$ 来表示纤维混凝土在达到峰值挠度前的韧性,用残余弯曲韧度比 $R_{e,k}$ 来表示峰值后的弯曲韧性。$R_{e,p}$ 和 $R_{e,k}$ 的计算方法如式 (2-4-9)~式(2-4-13)所示。

$$R_{e,p} = \frac{f_{e,p}}{f_{ftm}} \qquad (2\text{-}4\text{-}9)$$

$$f_{e,p} = \frac{\Omega_p L}{bh^2 \delta_p} \qquad (2\text{-}4\text{-}10)$$

$$f_{ftm} = \frac{F_m L}{bh^2} \qquad (2\text{-}4\text{-}11)$$

$$R_{e,k} = \frac{f_{e,k}}{f_{ftm}} \qquad (2\text{-}4\text{-}12)$$

$$f_{e,k} = \frac{\Omega_{p,k} L}{bh^2 \delta_{p,k}} \qquad (2\text{-}4\text{-}13)$$

式中:$R_{e,p}$——初始弯曲韧度比;

f_{ftm}——纤维混凝土弯曲强度(MPa);

F_m——纤维混凝土峰值荷载(kN);

$f_{e,p}$——纤维混凝土等效初始弯曲强度(MPa);

Ω_p——峰值挠度 δ_p 前荷载-挠度曲线下的面积(N·mm);

L——支座间距(mm);

b——试件截面宽度(mm);

h——试件截面高度(mm);

$R_{e,k}$——残余弯曲韧度比;

$f_{e,k}$——等效残余弯曲强度(MPa);

$\Omega_{p,k}$——峰值挠度 δ_p 至 δ_k 段对应的荷载-挠度曲线下的面积(N·mm);

$\delta_{p,k}$——峰值挠度 δ_p 至 δ_k 段的跨中计算挠度（mm），即 $\delta_{p,k}=\delta_k-\delta_p$；

δ_k——给定的跨中计算挠度 L/k，分别取 $k=500,300,250,200,150$。

ASTM C1018 标准[62]评价方法的缺点是初裂点位置难以确定，JSCE-SF4 标准[64]评价方法的缺点是对不同大小的试件弯曲韧性进行对比分析有一定难度，CECS 13：2009 标准[60]评价方法可以对不同尺寸的试件进行弯曲韧性分析，但出现了初裂点确定问题。

高丹盈等提出了一种新的评估方法，其优点是无须考虑初始裂缝点的确定；可应用于较低的纤维体积率；$R_{e,k}$能够对不同位置的挠度进行计算，从而更加准确、真实地反映纤维混凝土的弯曲韧度，同时满足实际工程应用的需要。$R_{e,p}$表示纤维混凝土在达到最大荷载前的弯曲韧性，$R_{e,p}$值越大，纤维对混凝土弯曲韧性的强化效果最好；$R_{e,k}$表示纤维混凝土的残余弯曲韧性，$R_{e,k}$值越大，纤维对混凝土残余弯曲强度及后续承载能力的影响也随之增大。

4.3.2　钢-PVA 混杂纤维混凝土弯曲韧性评价

采用高丹盈等[65]提出的弯曲韧性评价方法，基于试验，对常温和 200 ℃、400 ℃、600 ℃、800 ℃条件下的钢-PVA 混杂纤维混凝土的荷载-挠度曲线进行了计算。利用式(2-4-9)～式(2-4-13)计算出各组试件的等效初始弯曲强度、初始弯曲韧度比、等效残余弯曲强度和残余弯曲韧度比。

根据图 2-4-2 NC 试件在不同温度下的荷载-挠度曲线，利用式(2-4-9)～式(2-4-13)计算出试件的等效初始弯曲强度、初始弯曲韧度比、等效残余弯曲强度和残余弯曲韧度比。计算结果见表 2-4-1。

表 2-4-1　等效初始弯曲强度、初始弯曲韧度比、等效残余弯曲强度和残余弯曲韧度比

试件编号	$f_{e,p}$/MPa	$R_{e,p}$	$f_{e,500}$/MPa	$R_{e,500}$	$f_{e,300}$/MPa	$R_{e,300}$	$f_{e,250}$/MPa	$R_{e,250}$	$f_{e,200}$/MPa	$R_{e,200}$	$f_{e,150}$/MPa	$R_{e,150}$
NC-常温	4.94	0.59	—	—	—	—	—	—	—	—	—	—
NC-200	4.81	0.61	—	—	—	—	—	—	—	—	—	—
NC-400	4.30	0.63	1.79	0.30	1.18	0.20	1.07	0.18				
NC-600	2.81	0.64	1.04	0.24	0.66	0.15	0.57	0.13				
NC-800	1.88	0.61	0.68	0.19	0.41	0.13	0.36	0.12				

根据表 2-4-1 绘制了等效初始弯曲强度及初始弯曲韧度比与温度变化关系曲线，如图 2-4-5 所示。结合表 2-4-1 和图 2-4-5 可知，普通混凝土试件的等效初始弯曲强度随着温度的升高而降低，与常温相比，200 ℃高温下等效初始弯曲强度变化不大，在 400 ℃高温下等效初始弯曲强度下降了 13％，600 ℃和 800 ℃高温条件下的等效初始弯曲强度只有常温下的 56.9％和 38％。在常温至 600 ℃时，初始弯曲韧度比随着温度的升高而增大；在 600 ℃至 800 ℃时，初始弯曲韧度比随温度升高

而降低;这表明,在一定的温度下,混凝土的韧度得到了加强,从脆性破坏变为延性破坏。常温和200 ℃条件下,混凝土试件没有等效残余弯曲强度和残余弯曲韧度比,是由于在加载过程中达到峰值荷载点就突然直接断裂。在400 ℃至800 ℃高温条件下,虽然它们的初始弯曲韧度比增强,但是等效残余弯曲强度和等效残余弯曲韧度比均是随着温度的升高逐渐降低。以400 ℃高温条件下的试件为对照组,600 ℃高温下的$f_{e,500}$、$f_{e,300}$和$f_{e,250}$分别下降了42%、44%和47%,$R_{e,500}$、$R_{e,300}$和$R_{e,250}$只有80%、75%和72%。800 ℃高温下的$f_{e,500}$、$f_{e,300}$和$f_{e,250}$剩余38%、35%和34%,$R_{e,500}$、$R_{e,300}$和$R_{e,250}$下降了37%、35%和33%。

分析原因:在400 ℃高温下基体中的胶凝材料发生化学反应和基体中的自由水蒸发产生的蒸气压,两者都使混凝土内部的微观裂缝不断延伸和发展,因此混凝土的力学性能降低。在600 ℃至800 ℃条件下时,不仅胶凝材料发生化学反应使得材料强度降低,而且骨料也受热分解,体积增大,进而增大骨料与胶凝材料的间隙,使得它们之间的黏结能力减弱,因此混凝土的等效残余弯曲强度进一步降低。

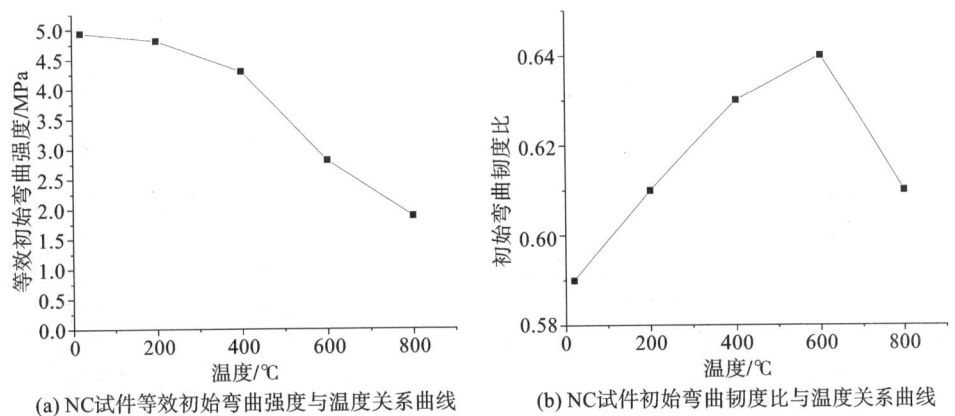

(a) NC试件等效初始弯曲强度与温度关系曲线　(b) NC试件初始弯曲韧度比与温度关系曲线

图 2-4-5　NC 试件等效初始弯曲强度及初始弯曲韧度比与温度变化关系曲线

根据图 2-4-3 P1S8 试件在不同温度下的荷载-挠度曲线,利用式(2-4-9)~式(2-4-13)计算出试件的等效初始弯曲强度、初始弯曲韧度比、等效残余弯曲强度和残余弯曲韧度比。计算结果见表 2-4-2。并绘制了等效初始弯曲强度及初始弯曲韧度比与温度变化关系曲线,如图 2-4-6 所示。

表 2-4-2　等效初始弯曲强度、初始弯曲韧度比、等效残余弯曲强度和残余弯曲韧度比

试件编号	$f_{e,p}$ /MPa	$R_{e,p}$	$f_{e,500}$ /MPa	$R_{e,500}$	$f_{e,300}$ /MPa	$R_{e,300}$	$f_{e,250}$ /MPa	$R_{e,250}$	$f_{e,200}$ /MPa	$R_{e,200}$	$f_{e,150}$ /MPa	$R_{e,150}$
P1S8-常温	6.97	0.80	8.23	0.94	7.67	0.88	7.38	0.85	7.01	0.80	6.73	0.77
P1S8-200	6.22	0.72	7.21	0.88	7.31	0.89	7.09	0.86	6.79	0.83	6.38	0.78

试件编号	$f_{e,p}$/MPa	$R_{e,p}$	$f_{e,500}$/MPa	$R_{e,500}$	$f_{e,300}$/MPa	$R_{e,300}$	$f_{e,250}$/MPa	$R_{e,250}$	$f_{e,200}$/MPa	$R_{e,200}$	$f_{e,150}$/MPa	$R_{e,150}$
P1S8-400	5.01	0.81	6.31	0.99	6.17	0.97	6.0	0.94	5.79	0.91	5.42	0.85
P1S8-600	3.84	0.72	5.24	0.97	4.66	0.87	4.41	0.82	4.30	0.80	4.05	0.76
P1S8-800	2.46	0.63	3.64	0.94	3.04	0.79	2.67	0.69	2.46	0.64	2.14	0.56

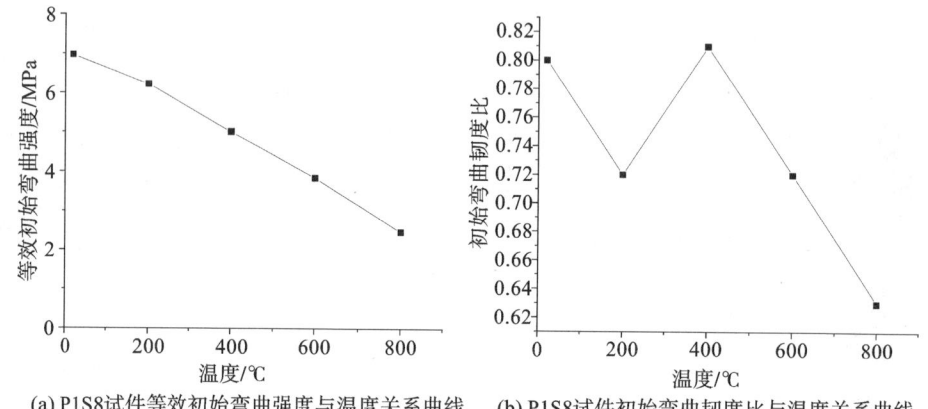

(a) P1S8试件等效初始弯曲强度与温度关系曲线　(b) P1S8试件初始弯曲韧度比与温度关系曲线

图 2-4-6　P1S8 试件等效初始弯曲强度及初始弯曲韧度比与温度变化关系曲线

由表 2-4-2 和图 2-4-6 可知,当温度升高时,P1S8 试件的等效初始弯曲强度随温度的增加而减小,其等效初始弯曲强度在 200 ℃时几乎没有明显的变化,400 ℃时其等效初始弯曲强度下降 28%,而在 600 ℃和 800 ℃高温条件下的等效初始弯曲强度只有常温下的 55% 和 35%。在 400～800 ℃时,初始弯曲韧度比随温度的增加而降低,但 P1S8 试件的初始弯曲韧度比均大于 NC 试件,表明在达到最大荷载之前,钢纤维增强韧性的效果得到了显著的体现。

分析原因:在 200 ℃时,钢纤维与混凝土的黏结性能仍然很好,它们可以形成一个整体,共同承受荷载,因此具有较高的等效初始弯曲强度。当温度逐渐升高时,钢纤维与混凝土的黏结界面发生了破坏使得黏着作用降低,也就是在裂缝处钢纤维通过桥接作用传递应力,使得混凝土的韧性增强。随着温度逐渐升高,钢纤维发生氧化反应使得钢纤维与混凝土界面的黏结性能降低,从而使得等效弯曲强度不断降低,但是破坏现象是裂而不断,这可以说明钢纤维的增韧效果良好。

与普通混凝土相比,常温状态下的 $f_{e,p}$ 和 $R_{e,p}$ 分别提升了 41% 和 36%,这说明钢纤维和 PVA 纤维在达到峰值荷载之前的增韧效果良好。在相同温度下,P1S8 试件的初始弯曲强度、初始弯曲韧度比、残余弯曲强度和残余弯曲韧度比均比普通混凝土的大,这可以进一步说明在受弯的全过程中,钢纤维的增韧效果比较显著。

根据图 2-4-4 P1S14 试件在不同温度下荷载-挠度曲线,利用式(2-4-9)~式(2-4-13)计算出试件的等效初始弯曲强度、初始弯曲韧度比、等效残余弯曲强度和残余弯曲韧度比。计算结果见表 2-4-3。并绘制了等效初始弯曲强度及初始弯曲韧度比与温度变化关系曲线,如图 2-4-7 所示。

表 2-4-3 等效初始弯曲强度、初始弯曲韧度比、等效残余弯曲强度和残余弯曲韧度比

试件编号	$f_{e,p}$/MPa	$R_{e,p}$	$f_{e,500}$/MPa	$R_{e,500}$	$f_{e,300}$/MPa	$R_{e,300}$	$f_{e,250}$/MPa	$R_{e,250}$	$f_{e,200}$/MPa	$R_{e,200}$	$f_{e,150}$/MPa	$R_{e,150}$
P1S14-常温	7.44	0.82	8.95	0.99	8.80	0.97	8.65	0.95	8.34	0.92	7.92	0.87
P1S14-200	7.13	0.82	8.61	0.98	8.25	0.94	8.02	0.92	7.73	0.88	7.22	0.83
P1S14-400	5.16	0.75	6.60	0.98	6.36	0.95	6.19	0.92	5.70	0.85	5.98	0.89
P1S14-600	4.31	0.77	5.38	0.96	5.19	0.92	5.00	0.89	4.81	0.86	4.45	0.79
P1S14-800	2.68	0.68	3.74	0.94	3.18	0.80	3.02	0.77	2.85	0.72	2.50	0.63

由表 2-4-3 和图 2-4-7 可知,当温度升高时,P1S14 试件的等效初始弯曲强度随温度的增加而减小,其等效初始弯曲强度在 200 ℃ 时几乎没有明显的变化,400 ℃ 时其等效初始弯曲强度下降 31%,而在 600 ℃ 和 800 ℃ 高温条件下的等效初始弯曲强度只有常温下的 58% 和 36%。当温度升高时,P1S14 试件的初始弯曲韧度比整体上随着温度的增加而减小,这说明随着温度升高,钢纤维在达到峰值荷载之前增韧作用逐步减弱;弯曲韧度比在相同温度下整体呈先增大后减小的趋势,也就是说在峰值荷载的后半部分钢纤维发挥的作用是先增强后减弱。

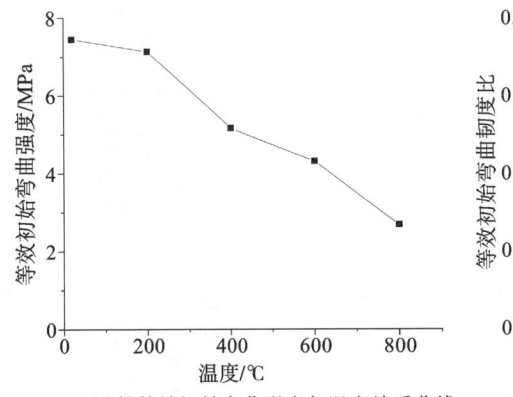

(a) P1S14试件等效初始弯曲强度与温度关系曲线

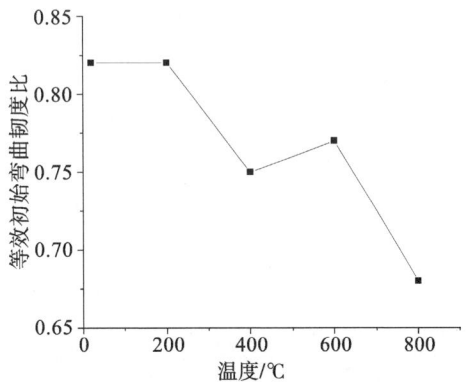

(b) P1S14试件初始弯曲韧度比与温度关系曲线

图 2-4-7 P1S14 试件等效初始弯曲强度及初始弯曲韧度比与温度变化关系曲线

与普通混凝土相比,常温条件下钢-PVA 混杂纤维混凝土的初始弯曲强度和初始弯曲韧度比增大了 50% 和 39%;200 ℃、400 ℃、600 ℃ 和 800 ℃ 高温作用后的 $f_{e,p}$ 分别提升了 48%、20%、53% 和 42%,200 ℃、400 ℃、600 ℃ 和 800 ℃ 高温作

用后的 $R_{e,p}$ 分别提高了 34%、19%、20% 和 11%，可以说明钢纤维的增强韧性效果呈现先增后减的趋势。

P1S14 试件与 P1S8 试件相比，常温、200 ℃、400 ℃、600 ℃ 和 800 ℃ 下的 $f_{e,p}$ 提升了 6.7%、14.6%、3%、12% 和 9%，常温、200 ℃、400 ℃、600 ℃ 和 800 ℃ 下的 $R_{e,p}$ 相差不大。说明随着掺量的增大，钢纤维增强韧性的效果更明显。

4.4 本章小结

本章对钢-PVA 混杂纤维混凝土在常温和高温后的弯曲韧性进行了试验，并对其在不同的温度、纤维体积率下的弯曲韧性进行了分析，得出以下结论。

（1）与普通混凝土试件相比，掺入钢纤维和 PVA 纤维的混凝土试件的峰值荷载及其对应跨中挠度增加，钢-PVA 混杂纤维混凝土的荷载-挠度曲线显得更加饱满，且具有较好的韧性。P1S14 试件在高温下的荷载-挠度曲线饱满程度是比较好的。

（2）当掺入的钢纤维体积率为 1.4% 和 PVA 纤维体积率为 0.1% 时，钢-PVA 混杂纤维混凝土的等效初始弯曲强度随温度的增加而持续降低，降低趋势与抗折强度的降低趋势基本一致；混凝土本身也由常温下的脆性破坏向延性破坏发展。

（3）在常温、200 ℃、400 ℃、600 ℃ 和 800 ℃ 高温作用后，加入钢纤维和 PVA 纤维可使混凝土的弯曲韧性得到改善；当加入 PVA 纤维体积率恒为 0.1% 时，混凝土的韧性随着钢纤维体积率的增大而增强。

第5章 结论与展望

5.1 结 论

本试验对高温后钢-PVA混杂纤维混凝土试块的抗压性能和高温后钢-PVA混杂纤维混凝土试件的抗折强度及弯曲韧性进行了研究。对高温下试块、试件的受热现象进行了观测,并对抗折试件的烧失率进行了分析;以温度和纤维总积掺量作为变量,对高温后钢-PVA混杂纤维混凝土的抗压强度、抗折强度和弯曲韧性的影响进行了研究。研究的主要结论如下。

5.1.1 试件高温过程的试验现象

NC、P1S8和P1S14混凝土试件经过常温至800 ℃温度作用后,试件表面颜色都经历了从青灰色-淡黄色-深灰色-灰白色的变化过程,试件表面会有裂纹出现;所有试件都未发生明显爆裂现象,且与普通混凝土相比,经过高温后的钢-PVA混杂纤维混凝土试件完整性更好,掺有PVA纤维能改善混凝土的抗爆裂性能;相较于混杂纤维混凝土,600 ℃高温后的普通混凝土表面微裂缝更多;试件烧失率随着温度的升高而逐渐增大,整体上随着掺入纤维量的增大而增大。

5.1.2 高温后钢-PVA混杂纤维混凝土试件抗折强度试验

加热温度越高,试件的抗折强度越低,温度大于200 ℃后抗折强度衰减速度加快,且在相同温度下,P1S14试件的抗折强度＞P1S8试件的抗折强度＞NC试件的抗折强度;与普通混凝土相比,钢-PVA混杂纤维混凝土掺入的PVA纤维在高温熔化后,可以为水蒸气在高温下逸出提供通道,降低内部孔隙压力对试件内部的损失;钢纤维掺量的增加不仅能在常温下提高试件的抗折强度,而且也能提升高温后试件的残余抗折强度。在600 ℃和800 ℃时,相较普通混凝土,1.5%纤维掺量的P1S14试件的抗折强度分别提升了25%和28%。

5.1.3 高温后钢-PVA混杂纤维混凝土试件弯曲韧性试验

当掺入的钢纤维体积率为1.4%和PVA纤维为0.1%时,随着温度的升高,钢-PVA纤维混凝土的等效初始弯曲强度不断下降,下降趋势与抗折强度的下降趋势基本相似;混凝土自身也从常温的脆性破坏逐渐变成延性破坏;在常温、200

℃、400 ℃、600 ℃和800 ℃高温作用后,钢纤维和PVA纤维的掺入提高了混凝土的弯曲韧性,并随着钢纤维体积率的增加,混凝土的韧性也逐渐增强。与普通混凝土相比,P1S14试件的$f_{e,p}$在常温、200 ℃、400 ℃、600 ℃和800 ℃分别提升了50%、48%、20%、53%和42%;P1S14试件的$R_{e,p}$在常温、200 ℃、400 ℃、600 ℃和800 ℃分别提升了39%、34%、19%、20%和11%。

5.2　展　　望

本试验初步探讨了高温后钢-PVA混杂纤维混凝土力学性能,取得了一定的进展,但仍有以下几个方面需要进行深入的研究分析。

(1) 关于高温后混杂纤维混凝土试件的抗弯性能影响因素,本试验只涉及温度和纤维体积掺量,后期可继续研究恒温时间、混凝土强度、纤维长度等因素对其力学性能的影响。

(2) 对于混杂纤维混凝土的纤维掺量上选择不完全,应选取更多掺量。常温下掺量梯度的细化对于混杂纤维混凝土的理论计算公式推导有至关重要的作用,高温后混杂纤维对试件的增强作用需要通过细化的掺量定性地体现。

(3) 所用的NC、P1S8和P1S14试件,高温后未见明显混凝土爆裂现象。针对钢-PVA混杂纤维与高温下高强混凝土的抗爆裂性的关系,可在后期进行针对性研究,探讨钢-PVA混杂纤维抗爆裂性的详细机理。

(4) 本试验只对钢-PVA混杂纤维混凝土高温后的抗弯性能进行了研究,还应对高温下的钢-PVA混杂纤维混凝土的其他性能进行研究。

参 考 文 献

[1] 袁杰.火灾后高强混凝土结构的剩余抗力研究[D].哈尔滨:哈尔滨工业大学,2001.

[2] 韩家庆.高温后玄武岩纤维混凝土抗弯性能试验研究[D].郑州:郑州大学,2016.

[3] 中华人民共和国住房和城乡建设部.建筑设计防火规范:GB50016-2014[S].北京:中国计划出版社,2015.

[4] 中国工程建设标准化协会.火灾后工程结构鉴定标准:T/CECS 252-2019[S].北京:中国建筑工业出版社,2020.

[5] 刘彩平,鞠杨,周宏伟.钢纤维高强混凝土力学性能的研究与应用[J].混凝土与水泥制品,2000(z1):16-19.

[6] 叶艳霞,王宗彬,谢夫林,等.钢纤维增强高强轻骨料混凝土的力学性能[J].建筑材料学报,2021,24(1):63-70.

[7] 朱柏衡,刘华新.高温后混杂纤维再生混凝土力学性能试验研究[J].铁道科

学与工程学报,2021,18(6):1479-1485.

[8] 邵莲芬,刘华伟.高温后纤维混凝土力学性能研究[J].新型建筑材料,2016, 43(7):38-41.

[9] 权长青,焦楚杰,杨云英,等.混杂纤维混凝土力学性能的正交试验研究[J]. 建筑材料学报,2019,22(3):363-370.

[10] 贺鹏飞,刘书,柳献,等.纤维混凝土力学性能分析的随机双尺度模型[J].同 济大学学报(自然科学版),2013,41(10):1536-1541.

[11] 姜飞龙,张国朋,许佩敏,等.不锈钢纤维力学性能及表面形貌的影响研究 [J].中国铸造装备与技术,2021,56(2):44-48.

[12] 马恺泽,刘亮,刘超,等.高强混合钢纤维混凝土的力学性能[J].建筑材料学 报,2017,20(2):261-265.

[13] 王海涛,王立成.钢纤维高强轻骨料混凝土弯曲韧性与抗冲击性能[J].建筑 材料学报,2013,16(6):1082-1086.

[14] 贺正波,王辉明.结合均匀化理论对钢纤维混凝土梁的疲劳性能分析[J].硅 酸盐通报,2021,40(8):2574-2583.

[15] 祝云华.钢纤维喷射混凝土抗渗及抗冻性能试验研究[J].新型建筑材料, 2011,38(3):55-58.

[16] 吕兴栋,高志扬,董芸,等.防渗抗裂剂和PVA纤维对混凝土性能及微观结 构的影响研究[J].水力发电,2019,45(4):116-119.

[17] 童伟光,范银波.钢纤维及混杂纤维混凝土力学性能试验研究[J].江西建 材,2022,(2):13-15.

[18] 钟晨,王颖,朱旭峰.PVA-钢纤维混凝土材料力学与抗震性能研究综述[J]. 山东农业工程学院学报,2020,37(9):55-63.

[19] 王宇涛,刘殿书,李胜林,等.高温后混凝土静动态力学性能试验研究[J].振 动与冲击,2014(20):16-19,39.

[20] 刘利先,吕龙,刘铮,等.高温下及高温后混凝土的力学性能研究[J].建筑科 学,2005,21(3):16-20.

[21] 郭强,吴守军,张博.高温后混凝土力学性能及微观特性研究[J].中国农村 水利水电,2016(7):168-170,174.

[22] 薛晨曦,胡景惠,杨戈,等.高温后混凝土力学性能和耐火能力研究现状及展 望[J].河南建材,2020(11):48-50.

[23] 高超.混凝土及纤维混凝土高温后力学性能试验研究[D].扬州:扬州大 学,2013.

[24] 赖建中,徐升,杨春梅,等.聚乙烯醇纤维对超高性能混凝土高温性能的影响 [J].南京理工大学学报(自然科学版),2013,37(4):633-639.

[25] 鞠丽艳,张雄.混杂纤维对高性能混凝土高温性能的影响[J].同济大学学报

（自然科学版），2006，34(1)：89-92,101.

[26] 刘沐宇,程龙,丁庆军,等.不同混杂纤维掺量混凝土高温后的力学性能[J].
华中科技大学学报(自然科学版)，2008，36(4)：123-125.

[27] 燕兰,邢永明,郝贠洪.混杂纤维增强高性能混凝土(HFHPC)高温力学性能
及微观分析[J].混凝土,2012(1)：24-28.

[28] 高超,杨鼎宜,俞君宝,等.纤维混凝土高温后力学性能的研究[J].混凝土,
2013(1)：33-36.

[29] 高丹盈,李晗,杨帆.聚丙烯-钢纤维增强高强混凝土高温性能[J].复合材料
学报,2013,30(1)：187-193.

[30] 张秀芝,董青,刘辉,等.钢纤维-聚丙烯纤维混杂混凝土耐高温性能研究
[J].河北工业大学学报,2015,44(4)：101-105.

[31] 洪亚强,杨鼎宜,朱静.威维纤维混凝土的高温后力学性能研究[J].混凝土,
2015(7)：40-43,48.

[32] MA Q M,GUO R X,ZHAO Z M,et al. Mechanical properties of concrete
at high temperature-A review[J]. Construction and Building Materials,
2015,93(15)：371-383.

[33] 郭瑞晋,毕重,王涪,等.高温后钢纤维混凝土力学性能研究进展[J].黑龙江
科技信息,2016(21)：205.

[34] 郭瑞晋,毕重,王涪,等.高温后聚丙烯纤维混凝土力学性能研究进展[J].民
营科技,2016(8)：177.

[35] 靳巍巍.碳纤维混杂纤维混凝土高温后力学性能试验研究[J].山西建筑,
2016,42(13)：125-126,127.

[36] TANYILDIZI H,YONAR Y. Mechanical properties of geopolymer
concrete containing polyvinyl alcohol fiber exposed to high temperature
[J].Construction and Building Materials,2016,126(15)：381-387.

[37] HOU X M,ABID M,ZHENG W Z,et al. Evaluation of residual mechanical
properties of steel fiber-reinforced reactive powder concrete after exposure to
high temperature using nondestructive testing[J]. Procedia Engineering,2017,
210：588-596.

[38] GRUBEGA I N,MARKOVIC B,GOJEVIC A,et al. Effect of hemp fibers
on fire resistance of concrete[J]. Construction and Building Materials,
2018,184：473-484.

[39] VARONA F B,BAEZA F J,BRU D,et al. Influence of high temperature
on the mechanical properties of hybrid fibre reinforced normal and high
strength concrete[J]. Construction and Building Materials, 2018, 159：
73-82.

[40] 丁明冬,杜红秀.混杂纤维对活性粉末混凝土高温后力学性能的影响[J].科学技术与工程,2018,18(2):340-344.

[41] 贺晶晶,师俊平,王玮,等.纤维打团效应对纤维混凝土抗拉性能的影响[J].玻璃钢/复合材料,2018(3):38-44.

[42] ZHAI Y,LI Y,LI Y B,et al. Impact of high-temperature-water cooling damage on the mechanical properties of concrete[J]. Construction and Building Materials,2019,215:233-243.

[43] 滕晓丹,谭又文,李朋原,等.钢-高强高模量聚乙烯纤维混凝土高温后力学性能研究[J].硅酸盐通报,2019,38(4):996-1001.

[44] 肖建庄,刘良林,董毓利,等.高性能混凝土高温爆裂研究进展[J].建筑科学与工程学报,2019,36(3):1-15.

[45] 张晓艺,杜红秀,陈尧.混杂纤维对C60HPC高温后劈拉强度及超声声速的影响[J].消防科学与技术,2019,38(11):1506-1509.

[46] 董玉洁,刘华新,李庆文,等.混杂纤维混凝土高温后力学性能研究[J].玻璃钢/复合材料,2019(5):62-65,70.

[47] 赵燕茹,刘道宽,王磊,等.玄武岩纤维混凝土高温后力学性能试验研究[J].混凝土,2019(10):72-75.

[48] 李长安.玄武岩纤维混凝土耐高温性能分析[J].粉煤灰综合利用,2020,34(2):96-100.

[49] 戎虎仁,王海龙,褚少辉,等.高温作用下不同掺量玄武岩纤维混凝土力学性能研究[J].粉煤灰综合利用,2020,34(1):56-60.

[50] 吴振戌,杜红秀,陈尧.聚丙烯纤维对C80HPC高温后力学性能的影响[J].消防科学与技术,2020,39(3):325-327.

[51] 李曈,张晓东,刘华新,等.高温后混杂纤维混凝土力学性能试验研究[J].铁道科学与工程学报,2020,17(5):1171-1177.

[52] 杨婷,刘中宪,杨烨凯,等.超高性能混凝土高温后性能试验研究[J].土木与环境工程学报(中英文),2020,42(3):115-126.

[53] WU H Y,LIN X S,ZHOU A N. A review of mechanical properties of fibre reinforced concrete at elevated temperatures[J]. Cement and Concrete Research,2020,135:106117.

[54] SULTAN H K,ALYASERI I. Effects of elevated temperatures on mechanical properties of reactive powder concrete elements[J]. Construction and Building Materials,2020,261(20):120555.1-120555.14.

[55] LI Y,YANG E H,TAN K H. Flexural behavior of ultra-high performance hybrid fiber reinforced concrete at the ambient and elevated temperature [J]. Construction and Building Materials,2020,250:118487.1-118487.11.

[56] ALGOURDIN N，PLIYA P，BEAUCOUR A-L，et al. Influence of polypropylene and steel fibres on thermal spalling and physical-mechanical properties of concrete under different heating rates[J]. Construction and Building Materials，2020，259：119690. 1-119690. 15.

[57] MOGHADAM M A，IZADIFARD R A. Effects of steel and glass fibers on mechanical and durability properties of concrete exposed to high temperatures[J]. Fire Safety Journal，2020，113：102978.

[58] SADRMOMTAZI A，GASHTI S H，TAHMOURESI B. Residual strength and microstructure of fiber reinforced self-compacting concrete exposed to high temperatures[J]. Construction and Building Materials，2020，230：116969. 1-116969. 15.

[59] GUO Z，ZHUANG C L，LI Z H，et al. Mechanical properties of carbon fiber reinforced concrete(CFRC)after exposure to high temperatures[J]. Composite Structures，2021，256：113072. 1-113072. 12.

[60] 中国工程建设标准化协会. 纤维混凝土试验方法标准：CECS 13：2009[S]. 北京：中国计划出版社，2010.

[61] 中华人民共和国住房和城乡建设部，国家市场监督管理总局.普通混凝土力学性能试验方法标准：GB/T 50081-2019[S]. 北京：中国建筑工业出版社，2003.

[62] ASTM. ASTM C 1018 Standard Test Method for Flexural Toughness and First-Crack Strength of Fiber-Reinforced Concrete (Using Beam with Third-Point Loading)[S]. West Conshohocken：ASTM Internation，1997：544-551.

[63] 丁一宁，董香军，王岳华.钢纤维混凝土弯曲韧性测试方法与评价标准[J].建筑材料学报，2005，8(6)：660-664.

[64] JCI. JSCE-SF4，Method of test for flexural strength and flexural toughness of fiber reinforced concrete[S]. Tokyo：Japan Concrete Institute，1984：45-51.

[65] 高丹盈，赵亮平，冯虎，等.钢纤维混凝土弯曲韧性及其评价方法[J].建筑材料学报，2014，17(5)：783-789.

第三篇　高温后钢-PVA混杂纤维钢筋混凝土短柱轴心受压力学性能研究

第1章 绪论

1.1 研 究 背 景

1.1.1 火灾的危害及灾后评估

火灾损失统计表明,发生次数最多、损失最严重者当属建筑火灾[1]。据相关统计,建筑火灾占各类火灾总和 80% 左右,为主要防治对象。在此列举最近国内部分重大火灾:2019 年 12 月 30 日,重庆涪陵区马鞍街道踏水桥小区一居民楼发生火灾,事故造成 6 人死亡;2018 年 8 月 25 日,哈尔滨市松北区北龙温泉酒店发生火灾,共造成 20 人死亡,23 人受伤;2015 年 8 月 31 日,山东滨源化学有限公司新建年产 2 万吨改性型胶黏新材料联产项目发生重大爆炸事故,造成 13 人死亡,25 人受伤,直接经济损失 4326 万元;2014 年 1 月 14 日,温岭市台州大东鞋业有限公司发生火灾,事故共造成 16 人死亡,5 人受伤。图 3-1-1 为火灾致建筑物倒塌与损坏,因此建筑结构抗火及灾后评估越来越受到重视。

图 3-1-1 大型建筑火灾现场

我国由此颁布实施《建筑设计防火规范》(GB 50016—2014)[2]以及针对上海调整优化的《火灾后工程结构鉴定标准》(T/CECS 252-2019)[3]。由于建筑结构火灾后的复杂性,目前尚无统一、有效的检测方法,检测侧重于定性而非定量,具有一定的主观性,因此火灾后建筑结构的研究尤为重要。

1.1.2　高温后钢筋混凝土结构

钢筋混凝土结构是目前建筑工程中应用最广泛的结构,具有原材料丰富、价格低廉、可塑性好、承载能力高以及耐久性强等特点,但随着使用时间的增加,钢筋的锈蚀、混凝土的开裂等一系列问题严重影响结构的耐久性、安全性,使结构寿命缩短[4-5]。由于钢材的导热系数较高,在遭遇火灾时,材料温度将迅速升高,其力学性能大大减弱。混凝土作为一种热惰性材料,不仅在高温作用后可以保持较高承载力,并且可以有效减弱内部钢筋受高温作用的影响,大大提高了建筑抗火性能,但如果受高温作用时间较长,钢筋混凝土结构也将产生不同程度的损伤和破坏现象,例如混凝土表面龟裂、疏松,保护层爆裂和脱落,甚至发生局部穿孔和倒塌等,如图3-1-2所示,同时其材料的力学性能发生巨大变化,主要表现为几个方面:①材料力学性能严重降低;②截面不均匀温度场;③结构和构件的内力重分布;④应力-应变-温度-时间耦合作用[6]。

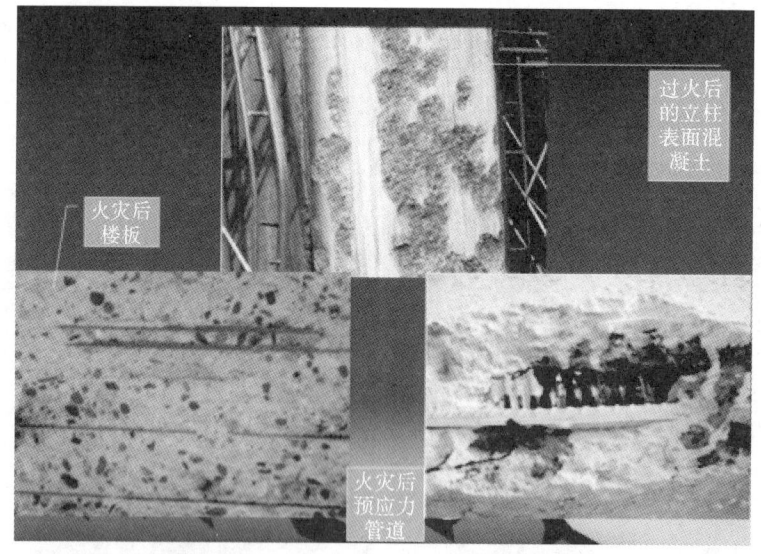

图 3-1-2　火灾后建筑结构不同程度损伤

1.1.3　高温后纤维混凝土结构

钢-聚乙烯醇(polyvinyl alcohol,简称 PVA)混杂纤维混凝土是以水泥浆、砂浆或混凝土作为基材,钢纤维和 PVA 纤维作为增强材料掺入基材中组成的复合材料。纤维与混凝土在工作中发挥材料各自的性能。钢纤维能够显著提高混凝土的抗拉强度和延性,对阻止混凝土裂缝的扩展具有很好的效果[7]。PVA纤维是一种高弹性、高模量纤维,在混凝土中加入一定量的PVA纤维能够控制混凝土因温度和塑性收缩产生的裂缝,有效地改善混凝土的抗渗性和抗冲击性能[8]。钢-PVA混杂纤维也克服了单掺纤维的缺陷,使混凝土的性能进一步提高。常温下,钢-PVA混杂纤维使混凝土的弯曲强度、弯曲韧性以及抗冲击性能明显提高,产生协同增强效应[9];高温下,钢-PVA混杂纤维也能很好地改善混凝土的高温爆裂性。PVA纤维熔点低,熔化后会在混凝土内部形成众多小空隙,为混凝土内部水分的分解蒸发提供了通道,也缓解了由于水分膨胀所形成的压力,从而降低了爆裂的可能性,但由于其增加了混凝土内部的空隙,因此削弱了混凝土的强度,而钢纤维在一定程度上可以使混凝土在高温下强度降低的幅度减小[10],故钢-PVA混杂纤维不仅能提高混凝土的高温抗爆裂性,同时可使高温后的结构构件仍保持良好的形态,拥有一定的承载能力。

1.2　研　究　现　状

1.2.1　高温后纤维混凝土和钢筋力学性能

1. 高温后钢筋的力学性能

钢筋作为钢筋混凝土结构中主要的材料,其与混凝土的力学性能在高温后均有不同程度的降低,导致由其组成的钢筋混凝土结构构件整体抗力降低,进而影响结构在火灾后的安全。为了确保结构构件的火灾后安全以及为损伤评估与修复提供科学依据,必须展开高温后钢筋和混凝土力学性能研究。

顾轶颋[11]通过试验发现,对于热轧钢筋,600 ℃以前其屈服强度下降平缓,降低幅度在10%以内;600 ℃以后下降幅度明显加快。这主要是因为600 ℃以后,珠光体中的渗碳体被球化,随温度升高球化速度加快,得到的球化组织越粗、越软,强度就越低。此外,在600 ℃以上钢筋表面脱碳形成脱碳层,含碳量下降,珠光体减少,也使强度有所降低。

公伟等[12]对HTRB600级热处理高强钢筋进行高温后的拉伸试验。试验结果表明:HTRB600级高强钢筋经历温度小于600 ℃时,其高温后的应力-应变曲线与常温下相比无明显变化;当经历温度达到700 ℃时,其高温后屈服强度与极限强度均下降为常温下的80%左右;当经历温度达到800 ℃时,其高温后屈服强度下降为常温下的60%左右,但极限强度与700 ℃时相差不多。高温对HTRB600级高强钢筋高温后弹性模量无明显影响。

Raj H等[13]通过研究高温对TMT筋力学性能的影响,发现大约500 ℃是TMT筋的临界值,超过此温度TMT筋会发生严重损坏。除温度外,加热时间还可能导致 TMT 筋强度增加 6%～8%。暴露于高温下还显示出显微组织的不可逆变化,硬马氏体转变为软铁素体-珠光体,这些变化也可以解释 TMT 筋力学性能的变化。

王孔藩等[14]进行了圆钢、螺纹钢、冷拔和冷轧扭 4 种钢筋高温下力学性能的试验研究,结果表明高温下不同钢筋均具有随温度升高而抗拉强度降低的趋势。当温度大于 400 ℃时,钢筋抗拉强度的下降更加明显;当温度小于 300 ℃时,各种钢筋的延伸率变化不大;但当温度大于 500 ℃时 4 种钢筋的延伸率均明显增加。

张茂林等[15]测试了 HRB400 钢筋在不同受火温度下及采用喷水、自然和炉内 3 种冷却方式冷却后的屈服强度、抗拉强度、断后伸长率、断面收缩率等参数的变化情况,并采用无损红外热像检测技术对高温后采用不同冷却方式冷却的钢筋进行了红外图谱分析。结果表明:高温后钢筋的力学性能变化规律与钢筋的受火温度和冷却方式有关,其中炉内冷却和自然冷却下的钢筋的力学性能变化规律相近,而喷水冷却下的钢筋的力学性能变动较为剧烈;随着钢筋受火温度的升高,红外平均温升提高,受火温度低于 700 ℃时,冷却方式对受火钢筋的红外平均温升影响不大,受火温度高于 700 ℃时,喷水冷却对红外平均温升影响较大。

Chen Li-gang 等[16]对高温冷却后恒定应力下结构工程常用的 II、III 级钢筋进行强度试验,研究了温度变化后在不同应力下各种钢筋的极限应力和屈服强度,分析了从 400 ℃到 600 ℃的温度,同时还分析了两种钢筋在不同条件下的强度差异。

成龙等[17]对轧后余热处理热轧带肋钢筋用恒温加载试验方法进行了高温力学性能研究,分析得出:轧后余热处理热轧带肋钢筋在 400 ℃之前屈服强度、抗拉强度、断后伸长率和断面收缩率变化较小;在 200～400 ℃范围内,有"蓝脆"现象,超过 400 ℃,材料高温热强度随温度升高而降低;具有良好的热塑性,断后伸长率和断面收缩率表现出相似的变化规律,800 ℃后断后伸长率和断面收缩率开始急速下降。

2. 高温后纤维混凝土的力学性能

相比于普通混凝土,纤维混凝土的抗裂性、抗渗性以及延性得到了很大提高。国内外许多学者对纤维混凝土展开大量研究,由于混凝土是一种非均质、多相材料,加入某种纤维只能改善某一项性能,为了得到更好的增强效果,考虑两种和多种纤维混杂来增强混凝土性能。国内外对纤维混凝土高温后的研究现状总结如下。

李丹等[18]对 PVA 纤维增强水泥基复合材料的高温性能进行研究,结果表明:相比于普通水泥基材料,PVA 纤维增强水泥基复合材料的抗压强度高,变形能力大,抗折强度高,弯曲韧性优越,高温处理后掺有 PVA 纤维的试块完整性良好,没有出现破坏性断裂,只表现为微小裂纹;随着温度的升高,不同纤维掺量砂浆试块的质量损失增大,抗压强度和抗折强度以一定的速率下降,但经 800 ℃高温处理后试块仍具有一定的抗压强度和弯曲韧性。随着温度的升高,纤维缓慢熔化,使试块内部出现相互交错的孔隙通道,可有效防止试块高温爆裂。

赵昕等[19]采用了 φ80 的分离式 Hopkinson 压杆对经历不同温度(常温、200 ℃、400 ℃、500 ℃、600 ℃、800 ℃)后的混杂纤维 UHTCC 材料进行了三组冲击气压下(0.35 MPa、0.45 MPa、0.55 MPa)的动态压缩试验,结果表明:UHTCC 中 PVA 和钢纤维的协同阻裂作用改变了裂纹的发展路径,造成断裂面粗糙度增加;随着温度的增大,纤维桥接作用的弱化、温度裂纹的出现以及水化产物的分解导致材料断裂面粗糙度降低,分形维数逐渐接近于混凝土。

Kalifa P 等[20]发现将聚丙烯纤维添加到高性能混凝土(HPC)中是避免混凝土在火灾情况下剥落的一种有效方法。在高温加热的试件上进行孔压测量,结果表明:纤维的存在可大大降低高温过程中内部孔道累积的压力场的强度。

Grubeša I N 等[21]对不含纤维的混凝土、具有聚丙烯纤维的混凝土、四种具有麻纤维的混凝土在试验炉 400 ℃的高温下进行升温再冷却的试验,研究发现:就残余性能而言,纤维的添加不会显著影响混凝土的耐火性。对于有纤维(M2~M5)和无纤维(M1)的混凝土,其抗压强度、弹性模量和 UPV 的剩余值以及重量损失几乎相同。根据视觉观察(SEM 图像和显微图像),得出在暴露于 400 ℃的温度下,大麻纤维在混凝土中部分分解,未熔化的大麻纤维可用于防止较高温度下的裂纹扩展,从而在总体上提高混凝土的耐火性。

李晗[22]通过混杂纤维混凝土试块的高温后抗压试验,分析了温度纤维类别和纤维体积率、混凝土基体强度等级对混凝土高温后抗压强度的影响。结果表明:随着经历温度的升高,混杂纤维混凝土高温后的抗压强度及高温后与常温下抗压强度比在 400 ℃之后下降幅度较大;适宜掺量的钢纤维(1%纤维体积率)和聚丙烯纤维(0.1%纤维体积率)能较好地提高混杂纤维混凝土高温后的抗压强度。

董玉洁等[23]对不同玄武岩纤维长度(6 mm、12 mm、30 mm)及不同温度(常温、200 ℃、400 ℃、600 ℃)下的混杂纤维混凝土进行了立方体抗压及劈裂抗拉试验,研究表明:普通混凝土在 200 ℃下抗压强度达到峰值,而混杂纤维混凝土的抗压强度在 400 ℃时达到峰值,随后逐渐减小;普通混凝土与纤维混凝土的劈裂抗拉强度均随温度升高而下降,600 ℃后,混凝土的劈裂抗拉强度剩余率仅剩 64.9%;当玄武岩纤维长度为 12 mm 时,混杂纤维混凝土的耐高温能力最强,在 600 ℃时,其抗压强度、劈裂抗拉强度剩余率分别为 84.8%、68.6%。

Jalasutram 等[24]研究了玄武岩纤维掺量对混凝土工作性能和基本力学性能的影响,研究发现:掺入玄武岩纤维可以使混凝土由脆性破坏变为延性破坏,且随着纤维掺量的增加,其抗拉强度也相应提高。

Liu 等[25]在应变硬化水泥复合材料(SHCC)中,用钢纤维代替了 0.5%体积的 PVA 纤维,以减轻 PVA 纤维在火中熔化的负面影响,所得的 SHCC 在高温下抗压强度降低方面优于普通混凝土试件。与高温下含有 PVA 纤维的 SHCC 试件表现为受压破坏相比,掺有混杂纤维的 SHCC 试件表现出延性破坏。添加两种类型的纤维还可以有效防止 SHCC 在高温下爆炸性剥落。

程龙[26]针对长江隧道管片的混杂纤维混凝土材料进行了高温后的力学性能试验研究,研究表明掺有混杂纤维的混凝土高温后的力学性能上明显要优于聚丙烯纤维混凝土和普通混凝土,具体表现在:普通混凝土在 400 ℃时发生爆裂,而高温后混杂纤维混凝土抗爆裂性能好,能保持良好的完整性,裂缝明显少于聚丙烯混凝土;混杂纤维混凝土 800 ℃后残余抗压强度为 51%、残余劈裂抗拉强度为 32%,均高于聚丙烯混凝土的 36% 和 16.2%。

滕晓丹等[27]制作了 6 组 C35 混凝土试件,利用钢纤维与高强度、高模量聚乙烯纤维结合,研发了新型的混杂纤维增强混凝土,对其在常温、高温条件下的力学性能展开试验研究,并得到了纤维掺量对其力学性能的影响规律。结果表明:在常温下当两者掺量比为 50:1 时,混凝土抗压强度达到最大值;当温度为 550 ℃时,混杂纤维混凝土相对抗压强度达到峰值;温度高于 550 ℃后,混杂纤维混凝土相对抗压强度明显下降。

黄加圣等[28]通过基准混凝土和聚乙烯醇(PVA)纤维混凝土高温后单轴压缩试验,研究聚乙烯醇纤维混凝土在高温后力学性能的变化规律以及利用声发射(AE)技术对试验全过程进行了动态监测。结果表明:聚乙烯醇纤维的掺入使混凝土的耐高温性能得到了增强;高温后混凝土声发射能量累计数变化大致分为压密、线弹性、塑性、破坏四个阶段;聚乙烯醇纤维混凝土的能量计数率分布较基准混凝土更广,峰值能量计数率相对较小,聚乙烯醇纤维的掺入提高了混凝土高温后的延性。

赖建中等[29]对含有聚乙烯醇(PVA)纤维的超高性能混凝土进行高温试验,从质量损失、超声波波速、抗压强度三个方面分析高温作用后混凝土的性能变化规律。研究表明,随着加热温度的升高,质量损失增大,超声波波速下降,混凝土抗压强度在 300 ℃之前逐渐上升,400 ℃之后逐渐下降;混掺 PVA 纤维和钢纤维既可以改善高温下超高性能混凝土的抗爆裂性能,又具有很高的残余强度。

综上所述,混凝土本身就是一个多相体系,掺入不同类型的纤维会产生不同的效应,高温下及高温后掺入混杂纤维可以同时提高混凝土各方面的性能,但要把握各纤维的掺量,使纤维之间产生正混杂效应,最大限度地发挥混杂纤维混凝土的性能。

1.2.2　高温后纤维混凝土结构构件的力学性能

为了解建筑结构的火灾行为和灾后性能,国内外学者对各种构件和结构进行了大量的研究,如钢筋混凝土构件(梁、柱、板、墙)、钢结构构件(梁、柱)、组合构件(钢管混凝土柱、组合楼板)、预应力混凝土构件、钢筋混凝土框架、钢框架等,并取得了大量成果。就钢筋混凝土构件和结构而言,关于混凝土构件和结构的研究较多。

Chen Yih-Houng 等[30]研究了关于火灾持续时间对火灾后钢筋混凝土柱性能的影响，为此对 9 根钢筋混凝土柱和 2 个纵筋配筋率（1.4% 和 2.3%）柱按照 ISO834 标准升温曲线分别进行 2 小时和 4 小时的标准升温。冷却后，将试件在轴向荷载下进行单轴、双轴力学试验。试验结果表明剩余承载力随着火灾持续时间的增加而降低，剩余刚度的降低幅度大于极限荷载。此外，应特别注意火灾后地震引起的钢筋混凝土建筑的应力和变形的重分配问题。

徐玉野等[31]进行了火灾后混凝土短柱抗震加固试验研究，考察了 CFRP 的加固量和加固方式对加固效果的影响情况，试验结果表明该加固方法可有效提高火灾后混凝土短柱的抗剪承载力、极限变形能力和累积滞回耗能。

陈俊等[32]为了考察轴压比和受火时间对按 ISO834 标准升、降温曲线作用后的钢筋混凝土力学性能的影响规律，进行了 7 个钢筋混凝土短柱火灾全过程作用后轴压力学性能试验。试验结果表明：随着升温时间延长，剩余承载力、刚度、延性呈减小趋势；随着轴压比增大，剩余承载力、刚度、延性基本呈增大趋势。

陈俊等[33]为研究钢筋混凝土短柱在相邻构件约束条件下，并经荷载和火灾共同作用后的力学性能，开展了 18 根受不同约束方式作用的钢筋混凝土短柱火灾后（下）力学性能的试验研究。研究结果表明，火灾下和火灾后钢筋混凝土柱试件的破坏模式类似，但后者的混凝土表面裂纹以及剥落较前者严重；不论是火灾下还是火灾后，恒刚度约束的试件破坏较恒荷载约束严重；且恒荷载约束条件下得到的试件耐火极限大于恒刚度约束条件下得到的试件耐火极限。

Jau 等[34]对 6 根钢筋混凝土角柱在经历标准火灾全过程后的剩余承载力进行了试验研究。试验过程保持荷载不变，经历升温过程和试件冷处理后，再施加轴压，试验结果表明，减小保护层厚度和增加配筋率均能提高试件的剩余承载力，但高温作用时间的增加会降低试件的剩余承载力。

Lin Chien-Hung 等[35]对两根足尺钢筋混凝土短柱在有初始荷载情况下的剩余承载力进行了试验研究，试验结果表明，在不考虑初始荷载和热徐变的影响时，计算承载力比试验承载力要小，但差距不明显，说明混凝土构件内部历经的最大温度可以预测火灾后构件的剩余承载力。

昌永红[36]对钢筋混凝土短柱按 ISO834 标准升、降温曲线进行了高温全过程试验，分析了轴压比、升温时间和体积配箍率等因素对剩余承载力的影响。试验结果表明，当轴压比 $n<0.6$ 时，剩余承载力随轴压比增大而增大；当升温时间 $t<3$ h，剩余承载力随时间增大而减小；当体积配箍率 ρ 在 0.68%～1.06% 范围内时，剩余承载力随体积配箍率的增加而增大，且效果显著。通过对试验结果的拟合，得到了钢筋混凝土短柱高温后剩余承载力的计算公式。

吴波等[37]通过 5 根高强混凝土柱和 2 根普通混凝土柱的明火试验，考察了不同受火方式对混凝土柱破坏形态、轴向变形和耐火极限的影响。非四面受火柱的耐火极限较四面受火柱有很大提高,同时三面受火柱的耐火极限小于两面受火柱;相同受火方式和相同轴压比下高强混凝土柱的耐火极限远低于普通混凝土柱;相同受火方式下大轴压比普通混凝土柱的耐火极限可能小于中等轴压比的高强混凝土柱。

陈宗平等[38]为了研究高温后钢筋再生混凝土轴压短柱的受力性能,以再生粗骨料取代率、温度、最高温度持时、混凝土强度和箍筋间距为变化参数,设计 40 个试件进行静力加载试验。研究结果表明:常温、200 ℃、400 ℃下试件破坏表现为脆性破坏;而 600 ℃、800 ℃下试件破坏均为塑性破坏。再生粗骨料取代率对高温后试件的力学性能影响不显著。随着温度的升高,峰值荷载和初始刚度逐渐降低;经历 600 ℃作用后,试件的延性和耗能为最优;混凝土强度等级越高,则遭受高温后试件的峰值荷载越高、刚度越大、延性和耗能能力越好。基于试验结果,考虑再生粗骨料取代率和温度的影响,对规范关于钢筋混凝土柱承载力计算公式进行修正,计算结果与试验结果吻合良好。

Chen 等[39]为了分析火灾后钢筋混凝土柱剩余承载力的力学性能,在试验基础上采用有限元分析软件对钢骨混凝土柱截面温度场进行了数值模拟分析,得到了不均匀受火情况下柱截面的温度分布规律,计算结果和试验数据之间有着很好的一致性,验证了有限元模拟的有效性。

Kodur V K R 等[40]通过对五种类型的钢筋混凝土柱做耐火性试验,研究普通混凝土(NSC)和高强度混凝土(HSC)、集料类型(硅酸盐和碳酸盐集料)和纤维增强材料(钢和聚丙烯纤维)对钢筋混凝土柱耐火性的影响。对比发现,NSC 柱的耐火性高于 HSC 柱。同时,添加聚丙烯纤维和碳酸盐集料能提高柱的耐火性能。

1.2.3　高温后纤维混凝土结构构件的损伤评估

通过查阅文献发现,火灾后混杂纤维混凝土结构及构件的损伤评估方法的研究较少,普通混凝土结构火灾后的性能评估及加固也欠缺足够的认识。对于结构及构件因火灾的发生(高温作用)而同时发生的物理、化学、晶格和细观物理化学等变化[41],常温下的检测评估方法已不适用。火灾后混凝土结构的评估,应先确定火灾温度的大小和分布,再确定结构曾经历的温度场,由此可得出混凝土的衰减状况和结构剩余承载力。现有的检测评估方法主观性较大,多通过物理变化来反映曾经遭受火灾温度的大小以及通过对常规混凝土的强度检测修正来反映灾后的强度。常用的检测火灾后强度的方法有非破损法和局部破损法,包括回弹法、超声回弹综合法、取芯法、超声法和电化学检测方法。对于火灾温度的推定可通过观察结构变化、可燃物的多少和火烧时间来判断,也可通过扫描电镜和 X-射线衍射对材料进行物理化学分析、红外热像分析。

1.3　研　究　内　容

1.3.1　研究意义

近年来,国内外有关混杂纤维混凝土和钢筋混凝土结构的抗火性能研究颇多[9-10],但对钢-PVA混杂纤维混凝土柱火灾后性能研究的相关文献较少。房屋建筑中将净高与截面宽度之比不大于4、剪跨比不大于2的柱定义为短柱,笔者课题组前期通过对常温下钢-PVA混杂纤维混凝土短柱受压性能进行试验研究,得出在一定混杂纤维掺量下,钢-PVA混杂纤维混凝土短柱的受力性能明显优于未掺纤维的钢筋混凝土柱。在此基础上,展开高温后钢-PVA混杂纤维混凝土短柱的相关试验研究,该研究将丰富高温后钢-PVA混杂纤维混凝土构件力学性能数据,为该类型试验提供参考,同时也为灾后评估方法提供新思路,对于钢-PVA混杂纤维混凝土的广泛应用也起到推动作用。

1.3.2　研究内容

(1)研究高温后钢-PVA混杂纤维混凝土短柱的轴心抗压性能,对普通钢筋混凝土短柱、两种不同纤维体积掺量的纤维混凝土短柱进行高温试验。温度工况设有常温、200 ℃、400 ℃、600 ℃、800 ℃几种,观察高温试验时可能出现的现象以及高温后试件的颜色变化、烧失规律。

(2)对经历四面受火、不同温度工况下的混杂纤维混凝土短柱和普通钢筋混凝土短柱进行轴压静力加载试验,观察其弹性阶段、带裂缝阶段和破坏阶段特点,获取试件荷载-位移曲线、峰值荷载、峰值位移等参数,以研究其经历不同温度工况后的剩余受压承载力、变形能力、破坏形态以及性能退化规律。

(3)通过改变温度及纤维总体积掺量试验参数,分析经历最高温度、不同纤维掺量对试件高温后的力学性能影响规律。根据试验数据,对比分析高温后普通钢筋混凝土短柱与钢-PVA混杂纤维混凝土短柱在剩余受压承载力、变形能力、破坏模式等上的异同,探讨混杂纤维对试件剩余受压承载力、延性等力学性能增强作用机理;对比升温过程中普通钢筋混凝土短柱、混杂纤维混凝土短柱的爆裂情况;通过对比高温后试件表层混凝土爆裂、剥落的程度来分析混杂纤维对高温后混凝土爆裂性的增强作用以及机理。

(4)根据试验研究结果,参考《混凝土结构设计标准》(GB/T 50010—2010)、《纤维混凝土结构技术规程》(CECS 38:2004),基于标准规范公式和函数拟合等手段,探讨高温后混杂纤维混凝土短柱抗压承载力的计算方法。

第 2 章 高温后混杂纤维混凝土和钢筋的力学性能试验

混杂纤维的正混杂效应在一定程度上提高了混杂纤维钢筋混凝土的力学性能,使其与普通混凝土的力学性能存在一定差异。而混杂纤维钢筋混凝土结构的力学性能由钢筋和混杂纤维混凝土的力学性能及它们相互之间的黏结力决定,想要研究其高温后的力学性能变化,就有必要对高温后钢筋和混杂纤维混凝土的残余力学性能进行研究。本章通过对钢筋和混杂纤维混凝土进行高温后的静载试验研究,探讨两者力学性能变化情况。

2.1 高温后混杂纤维混凝土力学性能

2.1.1 试验概况

参照《混凝土物理力学性能试验方法标准》(GB/T 50081—2019)[42]、《纤维混凝土试验方法标准》(CECS 13:2009)[43]等相关规范,在浇筑试件时预留边长为 100 mm×100 mm×100 mm 的普通混凝土和混杂纤维混凝土试块,根据试块的设计温度(常温、200 ℃、400 ℃、600 ℃和 800 ℃)以及不同混杂纤维体积掺量[NC、NCP1S8、NCP1S14(其中 NC 代表普通混凝土,NCP1S8 代表 PVA 纤维 0.1%、钢纤维 0.8%的混杂纤维混凝土,NCP1S14 代表 PVA 纤维 0.1%、钢纤维 1.4%的混杂纤维混凝土)],共设计 15 组试块,每组 3 个,共 45 个试块,用于测量立方体抗压强度。水泥采用 P·O42.5 普通硅酸盐水泥,中砂为细骨料以及粒径不大于 20 mm 的粗骨料,参照 CSA[49]相关的设计标准,按照水泥:水:砂:石子＝1.0:0.54:1.73:3.05 的配合比配置标号为 C30 的普通混凝土,配置的纤维混凝土除掺入的纤维体积率不同之外,其余组分均与普通混凝土相同。钢纤维采用铣削波浪型钢纤维,如图 3-2-1 所示,其长度为 30 mm,等效直径 2 mm。PVA 纤维采用高强度、高模量聚乙烯醇纤维,成束状单丝长度约 12 mm 且纤维符合相应的检测指标要求,如图 3-2-2 所示,纤维主要参数见表 3-2-1。

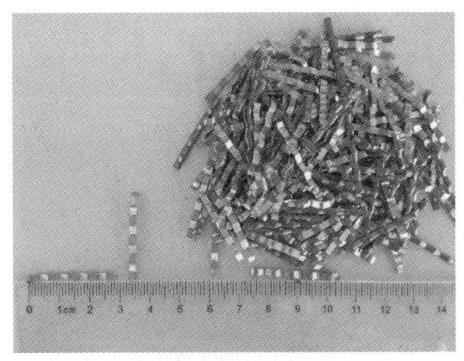

图 3-2-1　钢纤维
图 3-2-2　PVA 纤维 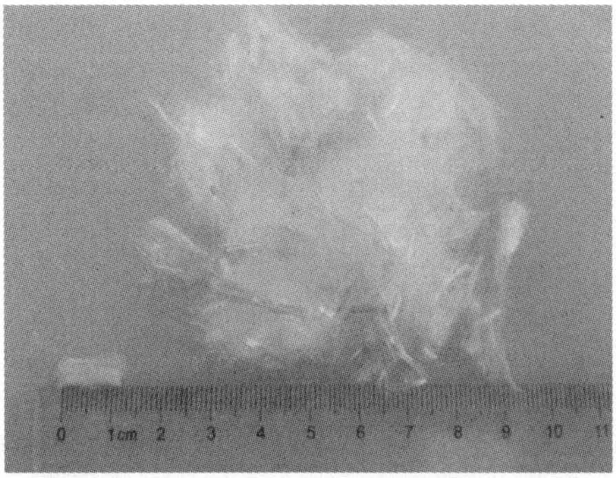

表 3-2-1　纤维主要参数

名　称	纤维类型	长度 /mm	等效直径 /mm	长径比	密度 /(g·cm⁻³)	抗拉强度 /MPa
钢纤维	铣削波浪型	30	2	15	7.80	865
PVA	束状单丝	12	0.031	387.1	1.3	1600

　　试块的设计温度为常温、200 ℃、400 ℃、600 ℃和 800 ℃。将试块与试件在现场同条件下养护 28 天以上,混凝土试块如图 3-2-3 所示,放入马弗炉中加热。高温加热至设计温度并恒温 60 min,然后打开炉门并取出试块,待其冷却至室温。马弗炉如图 3-2-4 所示,其型号为 SX2-15-10。试块的抗压强度试验仪器采用 2000 kN 数显式压力试验机,试块加载图如图 3-2-5 所示。常温及高温后试块力学立方体抗压强度见表 3-2-2。

图 3-2-3　混凝土试块

图 3-2-4　马弗炉 　　　　　　　　　图 3-2-5　试块加载图

表 3-2-2　常温及高温后试块力学立方体抗压强度

试 件 编 号	$T/℃$	PVA 纤维体积掺量 /(%)	钢纤维体积掺量 /(%)	立方体抗压强度 f_{cu}/MPa
NC-20	常温			31.15
NC-200	200			29.06
NC-400	400	0	0	24.30
NC-600	600			19.68
NC-800	800			15.20
NCP1S8-20	常温			33.21
NCP1S8-200	200			30.99
NCP1S8-400	400	0.1	0.8	27.85
NCP1S8-600	600			22.98
NCP1S8-800	800			16.85
NCP1S14-20	常温			35.81
NCP1S14-200	200			32.86
NCP1S14-400	400	0.1	1.4	28.86
NCP1S14-600	600			26.36
NCP1S14-800	800			20.04

2.1.2　高温现象

高温后，NC、NCP1S8、NCP1S14 试块均经历了青灰色-鹅黄色-深灰色-灰白色的变化过程,试验过程及现象相似。其颜色如图 3-2-6 所示,图 3-2-7 为常温~800 ℃ NC 试块断面图(温度从左至右依次增大)。

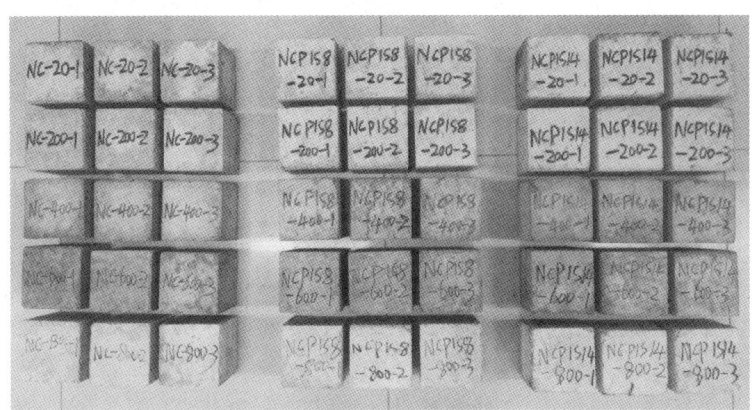

图 3-2-6 试块高温后的颜色

图 3-2-7 常温~800 ℃ NC 试块断面图

200 ℃后试块颜色呈青灰色,与常温下的颜色无异,其中 NCP1S8、NCP1S14 试块边角仍可见少量未熔化的 PVA 纤维,表面无裂缝产生,升温过程中未见明显试验现象,恒温至 23 min 时马弗炉炉后开孔见少量水雾,用手触摸有少量水珠渗出;400 ℃后试块由青灰色逐渐转化为鹅黄色,无裂纹产生,敲击质地较硬,升温至 315 ℃时伴随大量刺鼻性烟雾,是由防火棉及 PVA 纤维燃烧所致,且炉后开孔有水珠泌出;600 ℃试块高温后颜色呈深灰色,表面可见少量不规则微裂纹,敲击质地清脆,升温至 285 ℃时炉后开孔开始出现少量水雾,随着温度升高刺激性烟雾增加,340 ℃时炉后开孔见少量水珠,400 ℃时水珠蒸发消失不见;800 ℃试块高温后颜色呈灰白色,表面出现大量不规则微裂纹,质地较脆,边角易磕碎,敲击表面易呈粉状。图 3-2-8 为试块高温后裂纹图。

由图 3-2-6~图 3-2-8 可知,所有试块均未发生爆裂现象。与普通混凝土相比,混杂纤维混凝土经历高温后试块完整性更好,原因是掺有 PVA 纤维的试块具有一定的抗爆裂性。当混凝土内部温度上升到 200 ℃左右时,纤维熔化,在其内部形成连通的孔道以供蒸汽从混凝土内部排出,有效地避免了高温条件下混凝土的爆裂[44]。相较于混杂纤维混凝土,普通混凝土 600 ℃后表面微裂纹更多,搬运时边

(a) NCP1S8-600裂纹图　　　　(b) NC-800裂纹图　　　　(c) NCP1S8-800裂纹图

图 3-2-8　试块高温后裂纹图

角更易碰碎,由此可知高温后钢纤维起到一定阻裂和提高承载力的作用。

2.1.3　试验结果及分析

试块的质量损失包括水分的蒸发、PVA 纤维的熔化、水化硅酸钙脱水分解以及碳酸钙分解等[45],试块的烧失率变化如图 3-2-9 所示,试块烧失率 I 随着温度 T 的升高逐渐增大,整体上随着纤维掺量的增大而增大。200 ℃温度较低时,主要是自由水的蒸发,同时混杂纤维混凝土内部 PVA 纤维并未完全熔解,钢纤维与混凝土的热膨胀变形相当,由 PVA 纤维熔解而形成有利于混凝土内部水汽蒸发逸出的孔洞较少,此时 NC-200、NCP1S8-200、NCP1S14-200 试块的质量损失率相当,分别为 1.26%、1.20% 和 1.36%。400~800 ℃试块内的结晶水散失,水化物分解,质量损失率明显增大,在 5%~7% 之间,且整体上 NCP1S14 试块的质量损失率＞NCP1S8 试块的质量损失率＞NC 试块的质量损失。这是因为当温度超过 PVA纤维熔点后,PVA 纤维在混凝土中留下无数细小孔道,又由于钢纤维的热膨胀变形小于混凝土,因此在钢纤维和混凝土之间产生微观间隙,为水汽的蒸发提供通

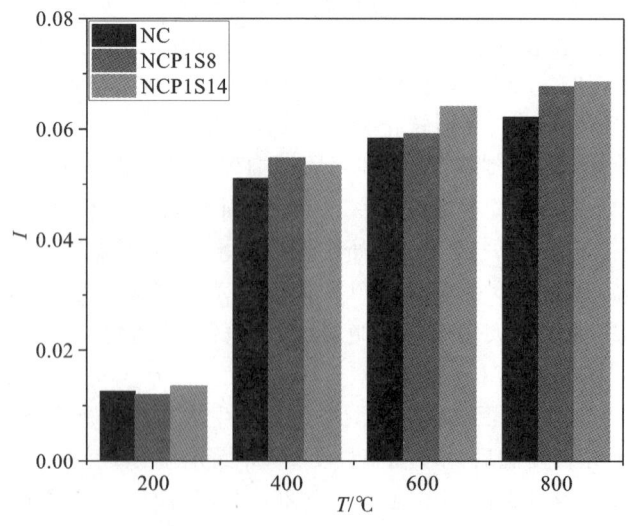

图 3-2-9　试块的烧失率变化

道[46]，从而导致混杂纤维混凝土的质量损失率略微大于无纤维的普通混凝土；随着钢纤维掺量的增加，钢纤维和混凝土之间产生的微观间隙更多，有利于水汽的蒸发，故 NCP1S14 试块的质量损失率略大于 NCP1S8 试块。

高温至 800 ℃后试块的破坏形态与常温试块有明显的区别。常温、200 ℃、400 ℃后试块抗压试验的端部约束效应明显，破坏后最终呈正倒相接的四角锥状，混杂纤维混凝土试块由于钢纤维的桥接阻裂作用，四角锥状更明显。高温 600 ℃时，初始裂缝使普通混凝土试块核心区外混凝土大面积压碎，端部约束效应不明显，而混杂纤维混凝土试块由于钢纤维的桥接作用，依然能维持四角锥状。高温800 ℃时，NC、NCP1S8、NCP1S14 端部效应不明显，NCP1S8、NCP1S14 压碎时呈塑性破坏，且钢纤维掺量越大，形态完整性、阻裂效果更佳。高温后混杂纤维/普通混凝土抗压试验破坏形态如图 3-2-10 所示。

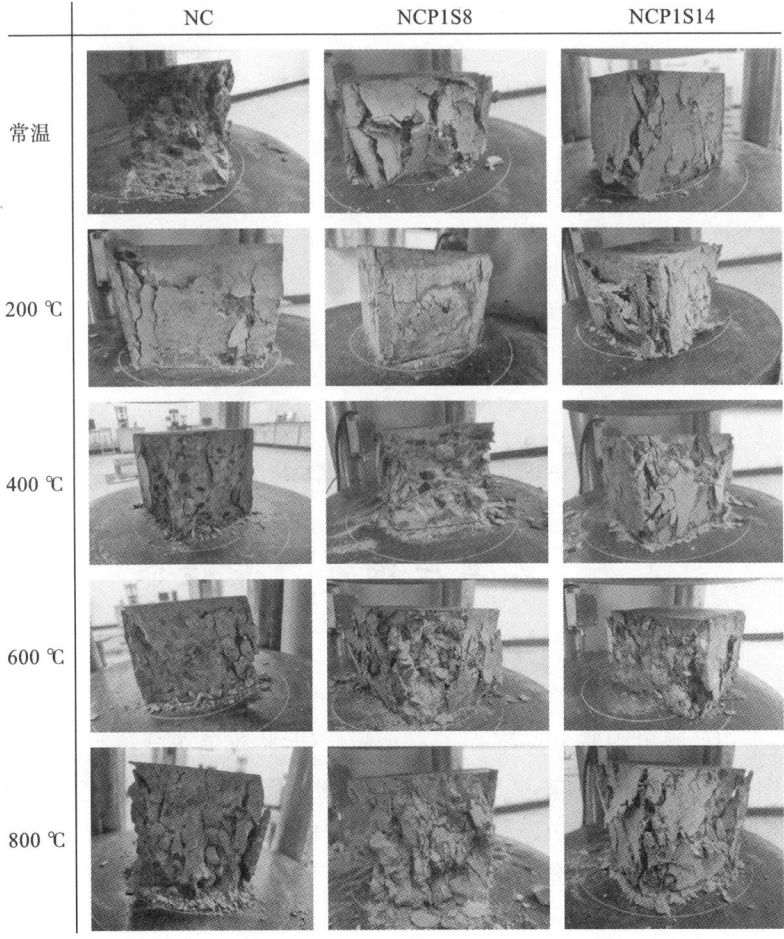

图 3-2-10　高温后混杂纤维/普通混凝土抗压试验破坏形态

通过抗压试验获取高温后试块承载力 f_{cu}^T，如图 3-2-11 所示，温度越高，抗压强度越低，且温度大于 200 ℃后抗压强度衰减速度加快，且在相同温度下，NC 试块的抗压强度＜NCP1S8 试块的抗压强度＜NCP1S14 试块的抗压强度。常温下 P1S8（PVA 纤维 0.1%，钢纤维 0.8%）与 P1S14（PVA 纤维 0.1%，钢纤维 1.4%）试块的抗压强度分别提高了 6.61%和 14.96%。在 200～800 ℃范围内，由于 PVA 纤维逐渐熔化，PVA 纤维桥接作用越来越小，持续高温下混凝土/纤维混凝土内部自由水、结合水蒸发，水化硅酸钙脱水分解以及碳酸钙分解，三种不同纤维掺量试块的抗压强度大幅降低。800 ℃后，NC、NCP1S8、NCP1S14 试块残余抗压强度仅为常温下的 48.8%、50.7%、56%。由图 3-2-11 可知，与普通混凝土相比，混杂纤维混凝土钢纤维掺量的增加不仅在常温下能提高试块的抗压强度，高温后也能提高试块的抗压强度。

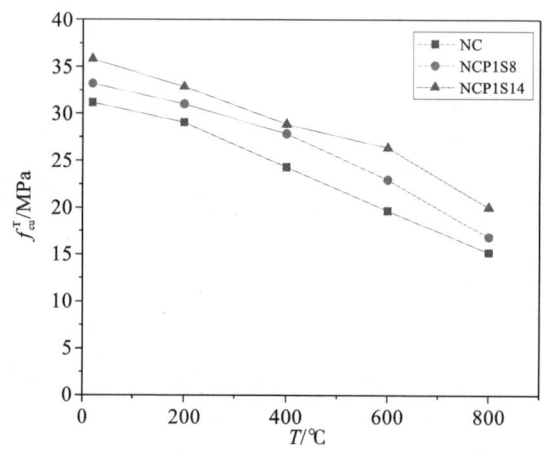

图 3-2-11　高温后混凝土试块抗压强度

2.2　高温后钢筋力学性能

2.2.1　试验概况

试验采用的受力钢筋为直径 10 mm 的螺纹钢，将钢筋单独放入高温炉内高温处理，如图 3-2-12 为钢筋加热装置图。高温后的钢筋按《金属材料　拉伸试验　第 1 部分：室温试验方法》(GB/T 228.1—2021)[47] 的规定，利用微机控制电液伺服万能试验机进行拉伸，测试钢筋的强度，钢筋强度测试试验装置如图 3-2-13 所示。同时按《金属材料　弹性模量和泊松比试验方法》(GB/T 22315—2008) 的规定，在筋体中部区域沿拉伸方向和沿垂直拉伸方向粘贴电阻应变片，通过导线连接静态电阻应变仪，对钢筋进行应力、应变检测，测定筋体在受拉状态下的弹性模量。

图 3-2-12　钢筋加热装置图　　　　　图 3-2-13　钢筋强度测试试验装置

2.2.2　试验结果及分析

高温作用能加速钢筋表面碳化,当加热至 200 ℃和 400 ℃时,钢筋呈灰褐色,极少局部区域呈小块状浅红色;600 ℃时,颜色呈铁锈红,少量区域出现碳化、剥落、掉皮现象,钢筋两端头截面碳化严重;高温 800 ℃后,钢筋呈红褐色、铁青色,由于受热不均匀,钢筋碳化一侧碳化现象加剧,脱皮后钢筋呈黑色,铁青色一侧温度偏高,且变形较为严重,如图 3-2-14 所示。高温后钢筋状况如图 3-2-15 所示。

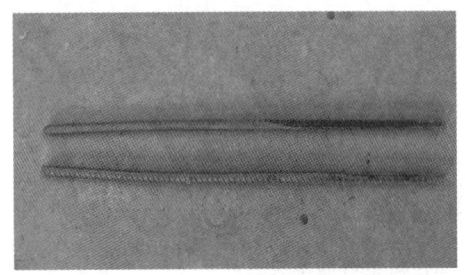 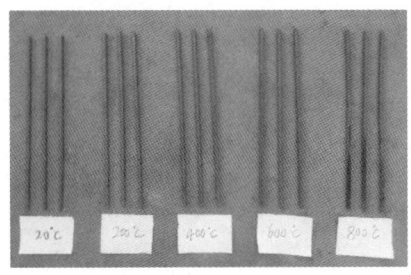

图 3-2-14　高温 800 ℃后钢筋碳化现象　　　图 3-2-15　高温后钢筋状况

高温后钢筋实测强度稍有变化,高温后钢筋强度与温度 T 的关系如图 3-2-16 所示。由图可知,高温后钢筋的屈服强度和抗拉强度变化规律一致,升温至 200 ℃和 400 ℃时,钢筋的抗拉强度略有降低,变化不大;600 ℃和 800 ℃后钢筋的强度大幅降低,极限抗拉强度降幅达到 12.3% 和 16.7%。这是由于 600 ℃和 800 ℃后,存在渗碳体被球化现象,温度升高,球化速度加快,导致钢筋强度降低。此外,温度高于 600 ℃时,钢筋表面形成脱碳层,珠光体减少,导致钢筋抗拉强度降低[48]。

图 3-2-17 给出了不同高温后钢筋的弹性模量变化情况,其中纵坐标表示高温后与常温钢材的弹性模量比,钢筋的弹性模量随着温度的升高逐渐降低。常温至 200 ℃钢筋弹性模量降幅较大,经历高温 200 ℃以上的钢筋弹性模量降低速度减缓。

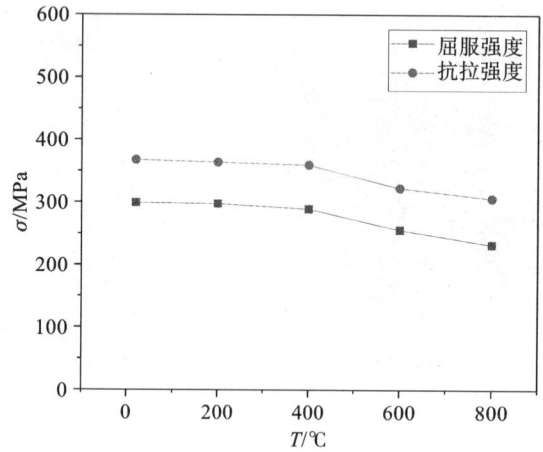

图 3-2-16 高温后钢筋强度与温度关系

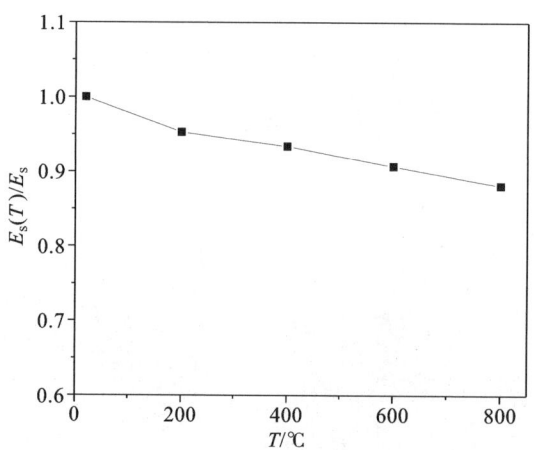

图 3-2-17 高温后钢筋弹性模量与温度关系

2.3 本 章 小 结

本章主要对试验材料性能进行研究,以反映混杂纤维混凝土、普通混凝土以及钢筋等的相关性能及其高温后的力学性能特点,得出以下结论。

(1) NC、NCP1S8、NCP1S14 试块经历一定温度作用后表观颜色均经历了青灰色-鹅黄色-深灰色-灰白色的变化过程,表面会出现裂纹。所有试块均未发生爆裂现象,且与普通混凝土相比,混杂纤维混凝土经历高温后的试块完整性更好,表明掺有 PVA 纤维的试块具有一定的抗爆裂性;相较于混杂纤维混凝土,普通混凝土经历高温 600 ℃后表面微裂纹更多,搬运时边角更易磕碎,可知高温后钢纤维起到一定桥接阻裂和提高承载力的作用。

（2）试块烧失率随着温度的升高逐渐增大，整体上随着纤维掺量的增大而增大。温度越高，混凝土抗压强度越低，温度大于 200 ℃后抗压强度衰减速度加快，且在相同温度下，NC 试块的抗压强度＜NCP1S8 试块的抗压强度＜NCP1S14 试块的抗压强度，与普通混凝土相比，混杂纤维混凝土钢纤维掺量的增加不仅在常温下能提高试块的抗压强度，高温后也能提高试块残余抗压强度。

（3）高温后钢筋的屈服强度和抗拉强度变化规律一致，升温至 200 ℃和 400 ℃时，钢筋的强度略有降低，变化不大，高温 600 ℃和 800 ℃后钢筋的强度大幅降低，而钢筋的弹性模量随着温度的升高逐渐降低。

第3章 高温后混杂纤维混凝土短柱轴心受压试验

轴心受压是指试件承受的荷载作用线沿试件的纵向,且与试件的重心和几何形心重合。通过受力、变形和破坏的全过程形态揭示轴心受压的力学特性。本章通过混杂纤维钢筋混凝土短柱的高温试验和高温后的受力性能试验,着重考察短柱高温后的物理特性和力学特性,通过对试验参数的控制拟获取不同因素对试件高温后力学性能的影响,分析各影响因素的贡献度大小及变化规律,以期为(火灾)高温后混杂纤维钢筋混凝土柱构件的评估提供试验参考。

3.1 试 验 概 况

3.1.1 试验材料

试件采用 P·O42.5 普通硅酸盐水泥,中砂为细骨料以及粒径不大于 20 mm 的粗骨料,参照 CSA[49] 相关的设计标准,按照水泥∶水∶砂∶石子＝1.0∶0.54∶1.73∶3.05 配合比配置标号为 C30 普通混凝土。钢纤维采用铣削波浪型钢纤维如图 3-2-1 所示,其长度为 30 mm,等效直径为 2 mm,参数见表 3-2-1。PVA 纤维采用高强度、高模量聚乙烯醇纤维,成束状单丝长度约 12 mm 且纤维符合相应的检测指标要求。

试件采用直径为 10 mm 的 HRB335 螺纹钢作为纵向钢筋,直径为 6 mm 的 HRB335 螺纹钢作为箍筋,按《金属材料　拉伸试验　第 1 部分:室温试验方法》(GB/T 228.1—2021)测得 ϕ10 钢筋的屈服强度为 299.0 MPa;抗拉强度为 367.6 MPa,试件浇筑时预留边长 100 mm 的混凝土立方体试块,实测立方体抗压强度 f_{cu} 见表 3-2-2。

3.1.2 试验设计及制作

试验共设计 15 个混凝土短柱试件,其中普通钢筋混凝土短柱 5 个,混杂纤维钢筋混凝土短柱 10 个。短柱的截面尺寸为 $b \times h = 200$ mm×200 mm,纵筋配筋率为 0.79%,试件尺寸及配筋图如图 3-3-1 所示。试件的高温处理考虑常温、200 ℃、400 ℃、600 ℃和 800 ℃五种工况,探讨不同纤维体积掺量(P1S8 和 P1S14)的影响,其中P代表PVA纤维,S代表钢纤维,其后数值分别表示0.1%、0.8%和1.4%的纤维体积掺量。各试件的设计参数详见表3-3-1。

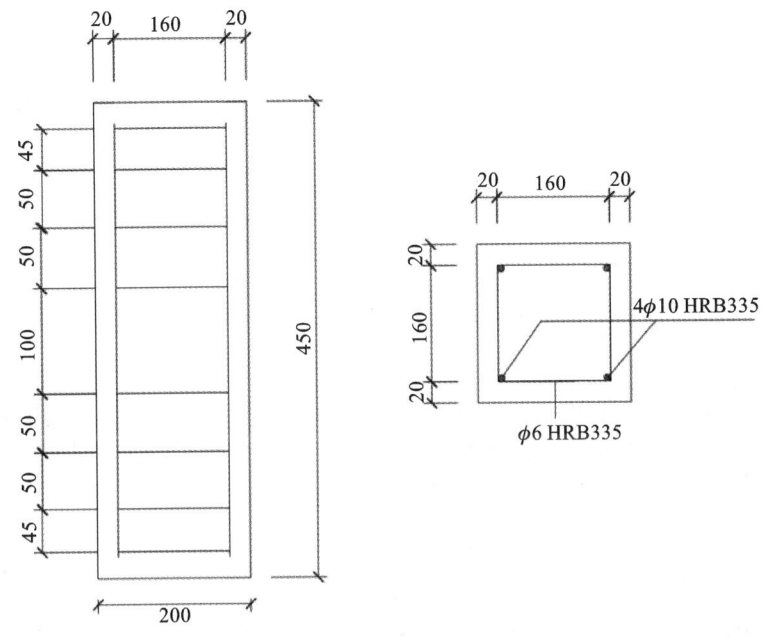

图 3-3-1　试件尺寸及配筋图

表 3-3-1　试件设计参数及烧失率试验结果

试 件 编 号	$T/℃$	PVA 纤维体积掺量 /(%)	钢纤维体积掺量 /(%)	$I/(\%)$
NC-1	常温			—
NC-2	200			0.20
NC-3	400	0	0	3.58
NC-4	600			6.46
NC-5	800			7.25
NCP1S8-1	常温			—
NCP1S8-2	200			0.27
NCP1S8-3	400	0.1	0.8	3.76
NCP1S8-4	600			7.30
NCP1S8-5	800			8.11

续表

试 件 编 号	$T/℃$	PVA 纤维体积掺量 /(%)	钢纤维体积掺量 /(%)	$I/(\%)$
NCP1S14-1	常温			—
NCP1S14-2	200			0.23
NCP1S14-3	400	0.1	1.4	3.61
NCP1S14-4	600			6.69
NCP1S14-5	800			7.89

注：NC 表示普通钢筋混凝土柱，NCP1S8 表示 PVA 纤维含量 0.1%、钢纤维含量 0.8% 的混杂纤维钢筋混凝土柱，NCP1S14 表示 PVA 纤维含量 0.1%、钢纤维含量 1.4% 的混杂纤维钢筋混凝土柱。T 为温度，I 为试件高温烧失率。

在绑扎钢筋笼过程中，扎丝采用十字交叉绑法。模板采用木模板，为重复利用木模，节约成本，在模板内侧刷上脱模剂。钢筋骨架及支模图如图 3-3-2 所示。浇筑采用立式浇筑，在浇筑时充分振捣混凝土至密实，直到混凝土不再显著下沉，不再出现气泡，表面泛出水泥浆为止。同条件养护下试件及立方体试块如图 3-3-3 所示。

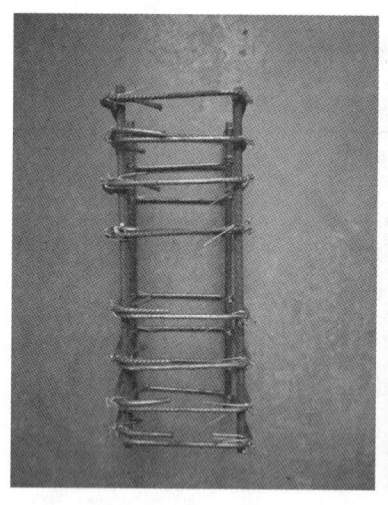

图 3-3-2　钢筋骨架及支模图

3.1.3　升温装置

采用马弗炉给试件升温(图 3-3-4)，试件四面受火，柱顶和柱底面采用防火棉隔热。结合建筑火灾消防现状[50]，设计恒温时长 60 min。升温至设计温度后恒温保持，达恒温时长后关闭电源，立即打开炉门取出试件，在炉外降温。炉膛实测升温曲线如图 3-3-5 所示。

图 3-3-3　同条件养护下试件及立方体试块

图 3-3-4　升温设备

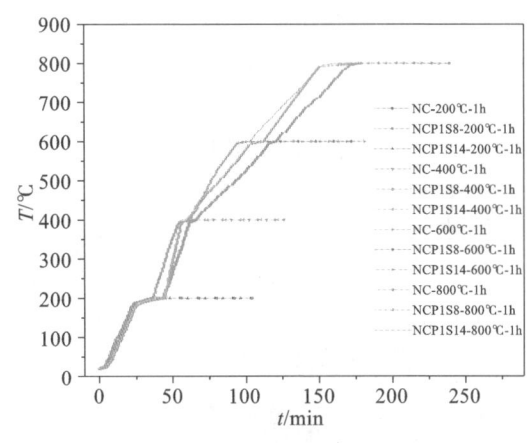

图 3-3-5　炉膛实测升温曲线

3.1.4　高温后试件应变测试

高温试件经马弗炉高温加热冷却后,在混凝土表面粘贴应变片,采用程控静态电阻应变仪进行数据采集,用于测量混凝土应变。混凝土应变片布置图如图 3-3-6 所示,现场应变片连接图如图 3-3-7 所示。应变片粘贴步骤:首先用电动砂轮机对粘贴应变片的混凝土表面位置进行打磨平整,然后将贴片部位擦拭干净,再在混凝土表面上涂抹 502 胶水,接着迅速贴上应变片,用手挤压,以确保应变片与混凝土之间没有小气泡,最后在应变片上涂一层 AB 胶并缠上医用胶布。

扫码看彩图

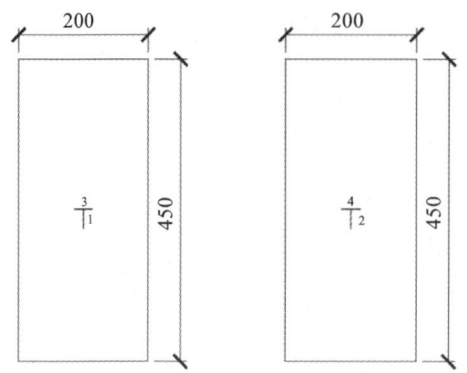

图 3-3-6　混凝土应变片布置图　　　　　图 3-3-7　现场应变片连接图

3.1.5　加载制度和加载方式

试验采用微机控制电液伺服压力试验机进行加载,设备型号为 YAW-1000,如图 3-3-8 所示。加载前先进行几何对中,并在加载端钢板上抹上润滑油,以减小接触面上的侧向约束力。通过控制软件的自动试验实现分级加载,并按照《混凝土结构试验方法标准》[51](GB/T 50152—2012)中的相关规定执行。初始保持值为 20 kN,待油压稳定后,按预算极限荷载的 10％进行预加载,按估算的破坏荷载的 5％分级加载,加载速度为 0.5 kN/s;超过极限荷载 80％时,按破坏荷载的 2％分级加载,加载速度为 0.1 kN/s。每级加载完成后,读取数据和进行裂缝观测。裂缝观测采用 PTS-C10 智能裂缝宽度仪,如图 3-3-9 所示。加载设备上部为球形铰支座,下端为固定支座。极限承载力由压力试验机读取。当超过极限荷载并下降到极限荷载的 85％时压力试验机判定为构件破坏,加载结束。

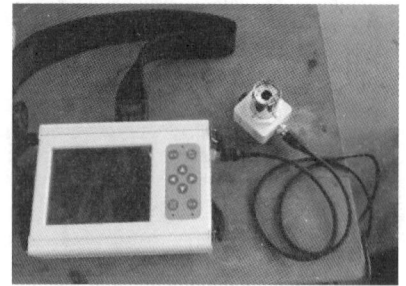

图 3-3-8　加载装置　　　　　　　　　图 3-3-9　裂缝宽度仪

3.1.6　高温现象

图 3-3-5 给出了炉膛的升温曲线。目标温度越高,升温过程耗时越长。NC、NCP1S8、NCP1S14 试件升温至目标温度 200 ℃和 400 ℃时速度较快,升温至 200

℃和 400 ℃所用时间分别为 43 min、44 min、36 min 以及 66 min、60 min、62 min，相差不大。目标温度为 600 ℃和 800 ℃的升温过程曲线斜率逐渐减小，升温过程耗时变长，且 NCP1S14 试件所耗时间＜NCP1S8 试件所耗时间＜NC 试件所耗时间，这主要是因为 PVA 纤维经历 400 ℃高温后完全熔化，在混凝土内部形成细小孔道，同时钢纤维掺量增大，而钢纤维的热膨胀变形小于混凝土，在钢纤维和混凝土之间产生微观间隙，为水汽的蒸发以及升温吸热提供了通道[46]。

NC、NCP1S8、NCP1S14 试件升温至 200 ℃耗时短，试验中无任何现象。350～380 ℃时炉后开孔见少量水雾冒出，塑料味，400 ℃后烟雾增多，刺激性气味浓烈，因防火棉燃烧及水化物分解所致。600 ℃后烟雾减少并随着温度升高逐渐消失，此时炉膛呈暗红色，继续升温至 800 ℃并恒温 1 h，炉膛颜色转化为红色。所有试件升温过程均未见爆裂声，且与 NC 试件相比，NCP1S8、NCP1S14 试件完整性更好，说明混杂纤维能提高混凝土的高温抗爆裂性。

3.2　试　验　结　果

3.2.1　高温试验结果分析

1. 高温后试件的外观变化

高温后试件试验现象如图 3-3-10 所示。常温下 NC、NCP1S8、NCP1S14 试件表面呈青灰色，高温后三类试件表观颜色及现象相似。高温 200 ℃后试件颜色呈青灰色，与常温无异，其中 NCP1S8、NCP1S14 试件边角仍可见少量未熔化 PVA 纤维，表面无裂缝产生。400 ℃时试件开始变为鹅黄色，NC-3 试件产生极少微裂纹，NCP1S8、NCP1S14 试件无裂纹产生，敲击质地较硬。升温至 600 ℃，试件颜色变为深灰色，局部呈鹅黄色，柱边角区域可见少量不规则细小微裂纹，表面可见黑色钢纤维斑点，敲击质地清脆，图 3-3-11 所示为 600 ℃高温后试件边角裂纹。800 ℃高温后试件颜色呈灰白色，在柱顶、柱底区域由于防火棉隔热，温度相对较低，颜色近似鹅黄色，柱边角及柱中等表面出现大量不规则微裂纹，质地极为清脆，搬运时边角易磕碎掉渣，敲击表面易呈粉状。图 3-3-12 所示为 800 ℃试件柱顶表观颜色及裂缝，图 3-3-13 所示为 800 ℃试件柱中区域大量微裂纹。

(a) NC(200～800 ℃)　　　　(b) NCP1S8(200～800 ℃)　　　　(c) NCP1S14(200～800 ℃)

图 3-3-10　高温后试件试验现象

NC-3 试件呈鹅黄色，NCP1S8-3、NCP1S14-3 试件主要呈青灰色，局部为鹅黄

图 3-3-11　600 ℃高温后试件边角裂纹

图 3-3-12　800 ℃试件柱顶表观颜色及裂缝

色,相较于 NC-3 试件,NCP1S8-3、NCP1S14-3 试件颜色更浅,说明 PVA 纤维熔化后形成的孔道提供了蒸气压通道,散热更佳,表面更易耐高温,故而颜色较浅,600 ℃时具有相似趋势。600～800 ℃时与掺有纤维的混凝土相比,普通混凝土柱边角区域裂缝更多,且边角混凝土局部出现剥落,由此可得:混杂纤维能在高温下抑制裂缝的产生,提高混凝土的强度。由图 3-3-14 可见 NC-5 试件高温后混凝土剥落。

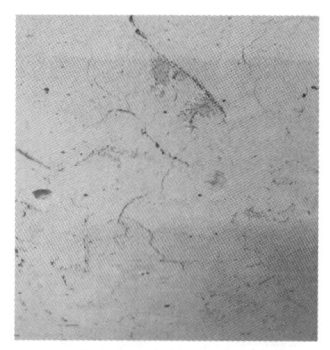

图 3-3-13　800 ℃试件柱中区域
出现大量微裂纹

图 3-3-14　NC-5 试件高温后
混凝土剥落

2. 高温后试件的烧失率

对遭受高温前后试件进行称量,获取了不同高温后试件的烧失率。图 3-3-15 给出了不同纤维体积掺量下各试件的温度 T 与烧失率 I 的关系曲线,由图可知,随着温度升高,试件的烧失率逐渐增大,并且呈现出先快后慢的趋势,相较于普通混凝土短柱,混杂纤维混凝土短柱纤维掺量的提高能增大短柱的烧失率,且 NCP1S8 试件的烧失率>NCP1S14 试件的烧失率,即低掺量的混凝土短柱质量损失更大。NC、NCP1S8、NCP1S14 试件经历 200 ℃与 400 ℃高温后平均烧失率相差不大,这是因为结构内的连续相不易失水形成分散相;经历 600 ℃高温后三类试件的烧失率顺序为 NCP1S8>NCP1S14>NC;经历 800 ℃高温后烧失率增加缓慢,此时大部分水化物、钙化物即将分解完成,试件水分蒸发殆尽,曲线较为平缓,NC、NCP1S8、NCP1S14 试件的烧失率达到 7.25%、8.11%、7.89%。

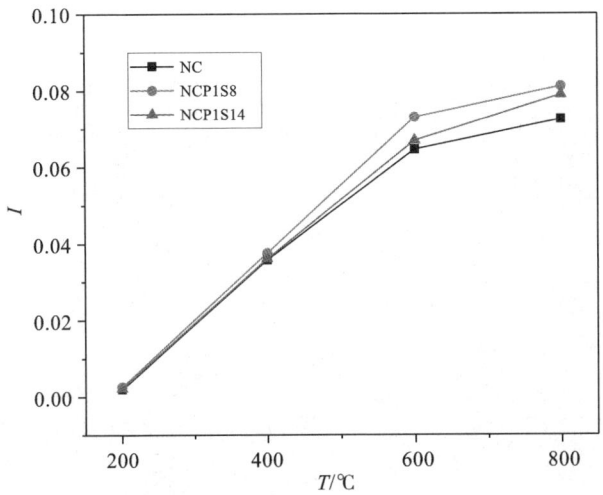

图 3-3-15　不同纤维体积掺量下温度对烧失率的影响

3.2.2　试件的受力破坏过程及形态

经历不同温度后,混杂纤维钢筋混凝土轴压短柱的破坏过程及形态大致如下。

1. NC 试件

常温试件 NC-1,荷载约为 79 kN 时,首先在南面柱顶边角纵筋附近出现竖向裂缝,裂缝宽度 0.36 mm,最大裂缝宽度 0.8 mm,开展高度约 80 mm。随着荷载的增加,柱东部区域柱顶边角出现裂缝并伴随大量掉渣现象,分析原因可能是存在偏心受压状况导致短柱东高西低,故柱顶东部区域混凝土受力挤压局部破坏。继续加载,柱中上部原有裂缝延伸、扩展。700 kN 时,中部区域新增大量细小竖向微裂缝。到达峰值荷载 1130 kN 后,竖向裂缝贯通形成多条主裂缝,混凝土被压碎、剥落,北面及东面区域表面混凝土大面积剥落,且纵筋鼓曲呈灯笼状,试件呈现典型脆性破坏。NC 试件破坏形态全图如图 3-3-16 所示。

试件经历 200 ℃高温后静力加载至 100 kN 时在柱顶边角出现首条竖向微裂缝,开展高度约 48 mm。随着荷载继续加大,柱顶边角局部混凝土鼓包并剥落掉渣,同时在短柱各方向柱顶竖向裂缝增多、变宽。荷载加至 740 kN 时,原有两条竖向裂缝斜向下延伸、扩展,中部细小裂缝增多。到达峰值荷载 1024 kN 后,混凝土构件最终沿两条斜主裂缝破坏,南面、北面区域混凝土大面积剥落。

试件经历 400 ℃高温后静力加载至 140 kN 时在柱顶边角出现两条斜向微裂缝,裂缝宽度 1.2 mm,开展高度约 76 mm。随着荷载持续加大,柱顶边角裂缝变宽出现掉渣现象,同时柱顶中上区域各方向竖向裂缝增多、延伸。荷载加至 700 kN 后,混凝土内部发出"吱吱"声响,中上区域竖向裂缝延伸至短柱底部,到达峰值荷载 800 kN 后混凝土被压碎、破坏,呈现脆性破坏,纵筋鼓曲。

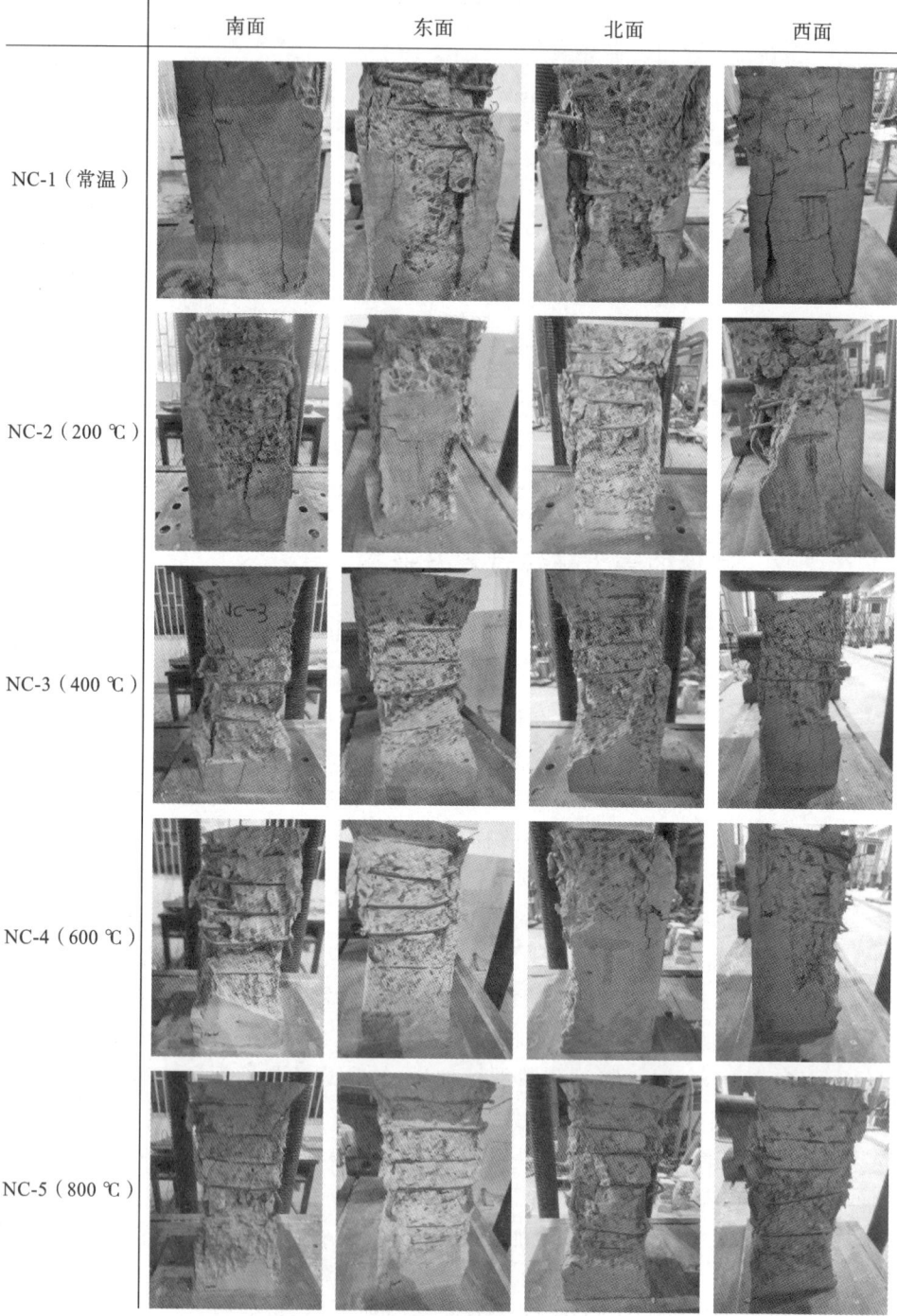

图 3-3-16　NC 试件破坏形态全图

试件经历600 ℃和800 ℃后由于高温后表面初始裂缝的存在,分别施加较小荷载60 kN和54 kN时,在柱顶边角开始出现竖向裂缝。随着荷载增加,原有竖向裂缝延伸、扩展至中部区域,裂缝发展较快、较多,并最终在短柱柱底出现多条竖向裂缝。达到峰值荷载742 kN和700 kN后,混凝土迅速被压碎、破坏,大面积剥落。

2. NCP1S8试件

常温试件NCP1S8-1,荷载约为140 kN时,首先在北面柱顶边角纵筋附近出现第一条竖向斜裂缝,裂缝宽度0.06 mm,开展高度约62 mm。随着荷载的增加,柱北面顶部边角混凝土挤压膨胀,出现掉皮现象,其余面中上部竖向裂缝增多,可见大量短小微裂缝。加载至700 kN,南面柱底开始出现细小微裂缝。持续加载,竖向裂缝增多、变宽,原有裂缝延伸扩展,逐渐向柱中区域蔓延。加载至1140 kN,可听到轻微响声。到达峰值荷载1252 kN后,荷载不再增加,出现下降趋势,竖向裂缝开始逐渐贯通,位移持续增大,最终混凝土被压碎。南面和西面沿主裂缝方向混凝土大面积剥落,敲开混凝土保护层,纵筋屈服鼓曲,试件呈延性破坏。NCP1S8试件破坏形态全图如图3-3-17所示。

试件经历200 ℃高温后静力加载至92 kN时在柱顶边角出现首条竖向微裂缝,裂缝宽度1.8 mm,开展高度约14 mm。加载至100 kN时,柱顶边角局部混凝土鼓包并剥落。随着荷载增加,短柱各方向柱顶竖向短小裂缝增多、变宽。荷载加至940 kN时,竖向裂缝逐渐延伸至柱中区域,荷载加至1100 kN后,裂缝向中下区域斜向发展,长度达到162 mm,宽度1.8 mm。到达峰值荷载1174 kN后,混凝土内部发出"吱吱"声响,荷载迅速降低,试件最终沿斜主裂缝破坏,未见混凝土大面积剥落现象,试件延性破坏,整体性较好。敲开混凝土保护层,局部可见未完全熔化的PVA纤维,钢纤维桥接作用明显,纵筋鼓曲屈服。

试件经历400 ℃高温后,静力加载至60 kN时在多面柱顶出现多条竖向微裂缝,随着荷载增加,柱顶边角混凝土出现鼓包掉渣现象,同时柱顶中上区域竖向短小裂缝增多、延伸。荷载加至660 kN后,西面左侧边角竖向裂缝宽度达到3.4 mm,严重鼓包。到达峰值荷载819.6 kN后,中部区域竖向裂缝迅速向下延伸、扩展,混凝土逐渐被压碎,最终破坏时南面沿竖向主裂缝破坏,其余各面混凝土大面积剥落,试件延性较好,呈现典型塑性破坏。敲开混凝土保护层,PVA纤维已完全熔化。

试件经历600 ℃和800 ℃后由于高温后表面初始裂缝的存在,分别施加较小荷载58 kN和20 kN时,在柱顶边角开始出现竖向裂缝。继续施加较小荷载,短柱柱顶边角混凝土剥落掉渣,呈粉状,同时多面柱顶相继出现竖向裂缝。随着荷载增加,原有竖向裂缝延伸、扩展至中下部区域,裂缝发展较快、较多,形成多条小柱,局部混凝土大面积剥落。达到峰值荷载780.2 kN和738.8 kN后,混凝土缓慢被压碎、破坏,大面积剥落,表现出良好延性。敲开保护层,混凝土易碎裂成粉状,钢纤维桥接作用明显,纵筋鼓曲屈服。

	南面	东面	北面	西面

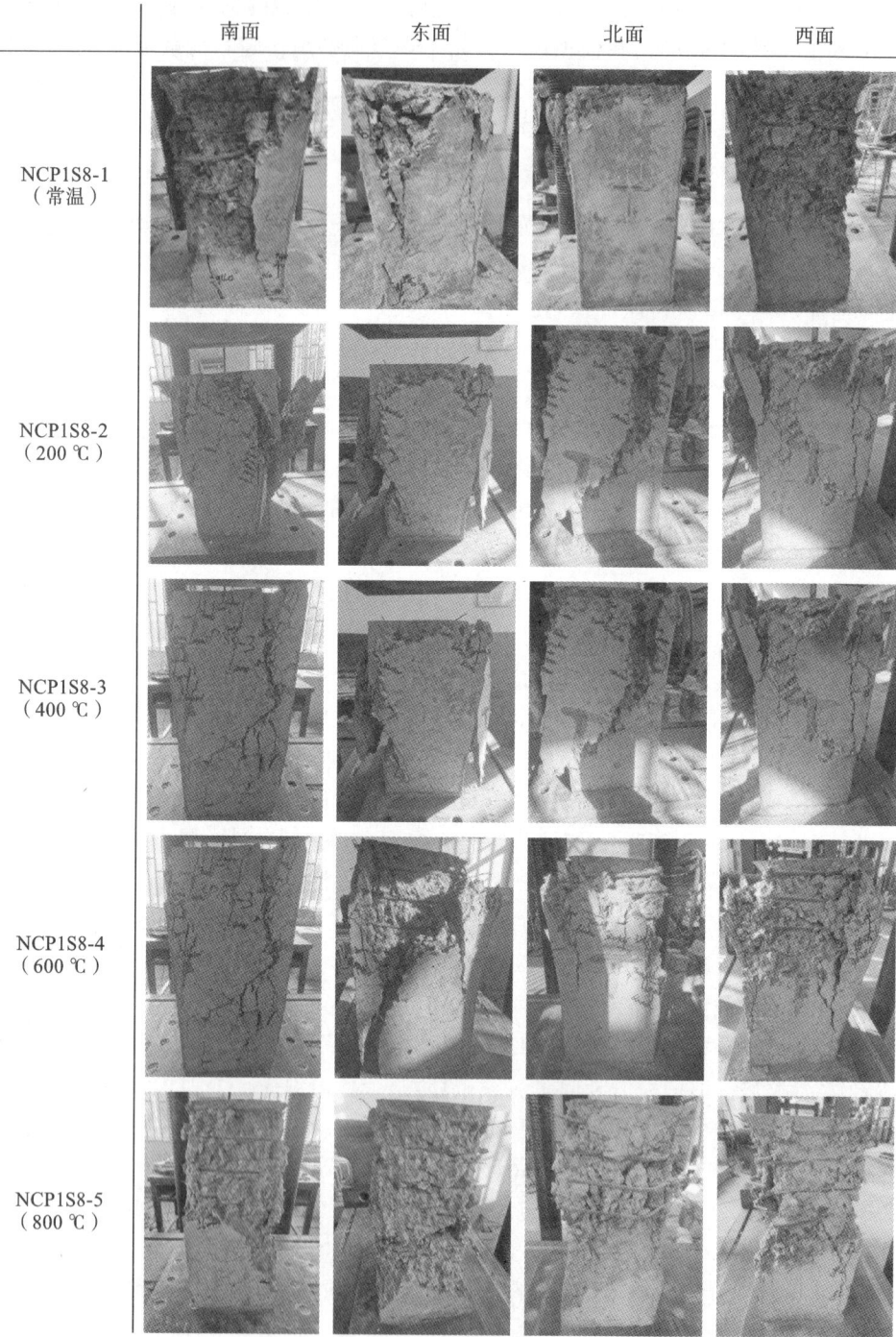

图 3-3-17　NCP1S8 试件破坏形态全图

3. NCP1S14 试件

常温试件 NCP1S14-1,荷载约为 300 kN 时,首先在南面柱底边角纵筋附近出现第一条竖向斜裂缝,裂缝宽度 0.06 mm,开展高度约 32 mm,同时柱底东面左侧纵筋区域混凝土出现轻微膨胀现象。持续加载,柱底相继出现大量短小微裂缝。加载至 460 kN 时,南面柱中上区域出现一条宽约 0.08 mm、长为 62 mm 的斜长裂缝。随着荷载的继续增加,柱底竖向裂缝延伸、扩展,柱中上部相继出现大量短小微裂缝,同时伴随东面底侧局部边角混凝土压碎。当达峰值荷载 1356 kN 后,荷载不再增加并呈下降趋势,斜向裂缝扩展贯通形成多条主裂缝,位移持续增大,伴随最终的延性破坏,混凝土被压碎。试件整体裂缝较少,破坏完整性较好,敲开混凝土保护层,断面可见大量纤维,纵筋屈服,鼓曲呈灯笼状,NCP1S14 试件破坏形态全图如图 3-3-18 所示。

试件经历 200 ℃ 高温后静力加载至 58 kN 时在柱顶出现首条竖向微裂缝,裂缝宽度 0.9 mm,开展高度约 42 mm。随着荷载增加,短柱各方向柱顶竖向短小裂缝增多、变宽并逐渐延伸。荷载加至 620 kN 时,西面左侧上部竖向裂缝延伸至柱中区域。继续增大荷载,西面右侧边角柱中竖向裂缝向下延伸。达峰值荷载 1220.2 kN 后,混凝土内部发出"吱吱"声响,荷载急剧下降,试件最终在各面沿主裂缝缓慢破坏,未见混凝土大面积剥落现象,试件破坏,完整性、延性极好。敲开混凝土保护层,断面可见大面积钢纤维桥接作用,局部仍可见未完全熔化的 PVA 纤维,纵筋屈服。

试件经历 400 ℃ 高温后静力加载至 100 kN 时,在南面柱顶出现竖向微裂缝,随着荷载增加,柱顶中上区域竖向短小裂缝增多、延伸。荷载加至 420 kN,北面左侧柱顶边角混凝土鼓包。500 kN 时,在南面右侧边角出现一条 78 mm 竖向斜裂缝。持续加载,局部边角鼓包混凝土剥落,同时原有裂缝开始向柱中下区域延伸。到达峰值荷载 959.6 kN 后,混凝土在各面迅速形成主裂缝,缓慢被压碎,逐渐破坏,西面混凝土大面积剥落,其余面沿主裂缝方向破坏,完整性相对较好,呈现塑性破坏。

试件经历 600 ℃ 和 800 ℃ 后,分别施加较小荷载 20 kN 和 60 kN 时,在柱顶边角开始出现多条竖向裂缝。继续施加较小荷载,短柱柱顶边角混凝土开始鼓包膨胀,同时柱中上区域竖向裂缝增多。随着荷载增加,原有竖向裂缝延伸、扩展至中下部区域,裂缝发展较快、较多,形成多条小柱,局部混凝土剥落严重。达到峰值荷载 848 kN 和 789 kN 后,混凝土在多面形成主裂缝,缓慢被压碎,表现出良好延性,呈现塑性破坏。敲开保护层,混凝土易碎裂成粉状,断面可见大量钢纤维的桥接作用。

3.2.3　试验结果分析

所有试件混凝土都被压碎,纵筋压断。常温及高温后钢筋混凝土试件呈现脆

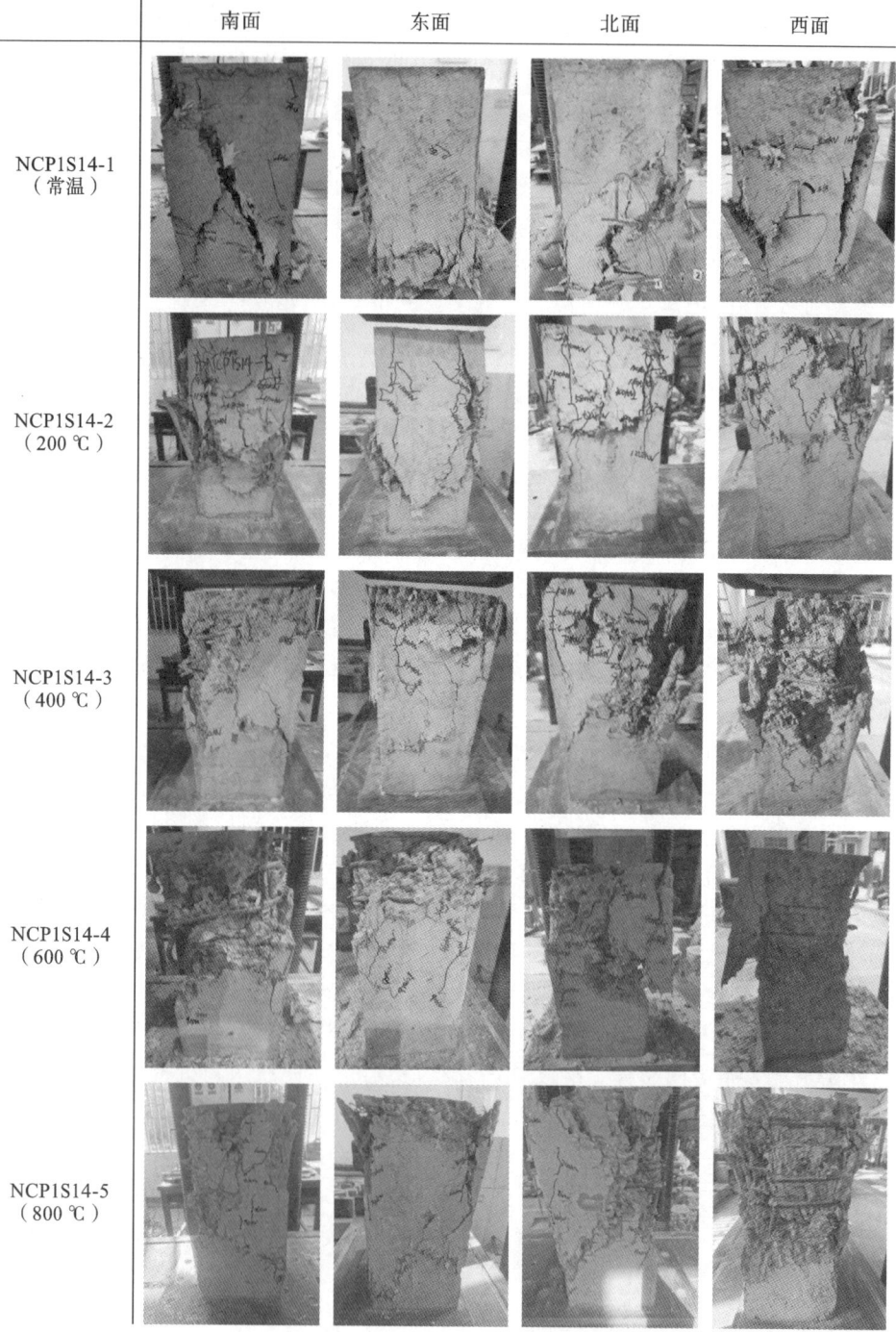

图 3-3-18　NCP1S14 试件破坏形态全图

性破坏,破坏后形成多个碎块,混凝土大面积压碎,破坏严重。与普通混凝土(NC)试件相比,加入混杂纤维的试件常温及高温后被压坏后,完整性较好,承载力更高,具有良好的延性,呈现典型塑性破坏,且在相同温度下,NCP1S14 试件承载力、延性效果优于 NCP1S8 试件。这说明常温及高温后混杂纤维的加入起到很好的阻裂作用,混凝土没开裂前由混凝土承担拉力,混凝土开裂后由钢纤维承担拉力。纤维可以有效地抑制微裂缝的扩展,从而增大混凝土的延性,同时钢纤维掺量越大,试件高温后剩余抗压承载力越高。

3.2.4　试件受力的特征点参数

表 3-3-2 给出了试件经历高温后的峰值荷载 N_u^T、峰值位移 Δ_p、初始刚度 E_0^T、延性系数 μ 等特征点参数。其中:初始刚度 E_0^T 取荷载-位移曲线上升段 0.4 倍峰值荷载点的割线刚度;延性用位移延性系数表示,位移延性系数 $\mu=\Delta_u/\Delta_y$,Δ_u 取荷载下降到 85% 峰值荷载时对应的位移,Δ_y 为屈服位移值,其取值参照"通用屈服弯矩法"确定。

表 3-3-2　试验主要特征点参数

试件编号	PVA 体积掺量/(%)	钢纤维体积/(%)	T/℃	N_u^T/kN	Δ_p/mm	E_0^T/(kN/m)	Δ_y/mm	Δ_u/mm	μ
NC-1			20	1130.0	5.49	140564	4.60	6.13	1.33
NC-2			200	1024.0	7.84	91417	6.67	8.74	1.31
NC-3	0	0	400	800.0	7.05	93967	4.88	8.61	1.76
NC-4			600	742.0	9.44	62317	8.83	10.73	1.22
NC-5			800	700.0	11.23	49117	9.11	12.33	1.35
NCP1S8-1			20	1252.0	5.15	205795	3.80	5.82	1.53
NCP1S8-2			200	1174.0	7.52	101697	6.91	9.16	1.33
NCP1S8-3	0.1	0.8	400	819.6	5.98	109955	5.49	8.75	1.59
NCP1S8-4			600	780.2	8.93	62495	7.70	11.59	1.51
NCP1S8-5			800	738.8	11.18	50547	9.09	12.79	1.41
NCP1S14-1			20	1356.0	5.02	201380	4.01	6.49	1.62
NCP1S14-2			200	1220.2	6.74	127515	5.68	10.68	1.88
NCP1S14-3	0.1	1.4	400	959.6	6.45	160022	3.79	10.07	2.66
NCP1S14-4			600	848.0	7.97	90455	6.57	10.78	1.64
NCP1S14-5			800	789.0	8.89	80307	7.51	10.86	1.45

3.2.5　试件受力破坏过程曲线及分析

通过试验自动采集功能,可获取试件受力破坏全过程的轴向荷载-位移曲线,如图 3-3-19 所示。由图可见,随着温度的升高,NC、NCP1S8、NCP1S14 试件的荷载-位移曲线有所变化,温度越高,其峰值荷载越小,但峰值位移却先增大后减小,400 ℃后逐渐增大,并且 400 ℃峰值过后的下降段逐渐趋于平缓。此外,温度越高,NC、NCP1S8、NCP1S14 试件曲线初始割线斜率越小。

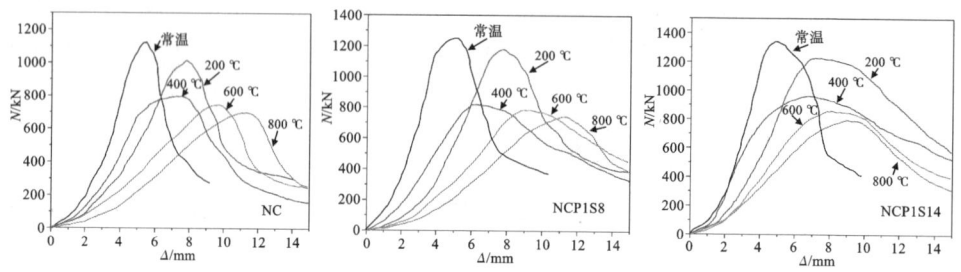

图 3-3-19　试件的轴向荷载-位移曲线

3.3　影响因素分析

3.3.1　温度

图 3-3-20 给出了不同纤维体积掺量下 NC、NCP1S8、NCP1S14 试件的峰值荷载随温度变化曲线(图中纵坐标 N_u^T/N_u 表示试件高温后与常温下的峰值荷载之比),由图可见,普通钢筋混凝土试件和混杂纤维钢筋混凝土试件高温后的峰值荷载都随着温度的升高而降低。经计算三种试件的平均承载力折减系数大致相同,200~800 ℃依次为 0.92、0.69、0.64 和 0.60。并且在 200~400 ℃之间时,试件的峰值荷载-温度曲线较陡,承载力衰减幅度最大,NC、NCP1S8、NCP1S14 试件的衰减幅度分别达到 20%、29%、19%,400 ℃后承载力衰减趋于平缓,幅度较小。这可能是由于经过 400 ℃以上高温后,混凝土/纤维混凝土内部自由水蒸发殆尽,水泥浆体中的水化硅酸钙和水化铝酸钙开始脱水[52],大量的水蒸气向外逃逸,加上 PVA 纤维熔化形成的蒸汽孔道进一步加速水分的蒸发,导致裂缝迅速扩展,从而降低了混凝土的强度。

图 3-3-21 给出了不同纤维体积掺量下试件的峰值位移与温度的关系,普通钢筋混凝土试件和混杂纤维钢筋混凝土试件高温后的峰值位移变化趋势大致相似。试件经历 200 ℃高温后,峰值位移增大,分别提升 42.8%、46.0%、34.3%。400 ℃后峰值位移较 200 ℃略有降低,经历 600 ℃和 800 ℃高温后峰值位移逐渐依次增加。200~800 ℃时,NC、NCP1S8、NCP1S14 试件的平均峰值位移分别为常温试件的 1.41、1.24、1.68 和 2.00 倍,这可能是由于高温后试件内部水分蒸发而变疏松,峰值荷载前混凝土被不断压实所致。

图 3-3-22 给出了不同纤维体积掺量下试件的刚度退化系数和温度的关系(图

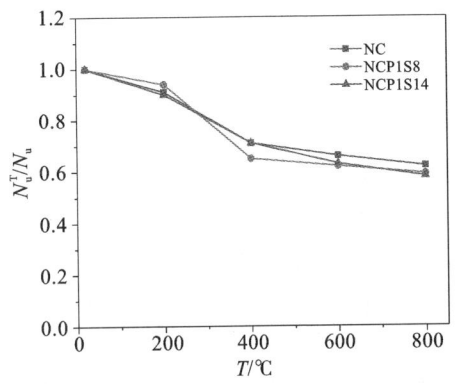 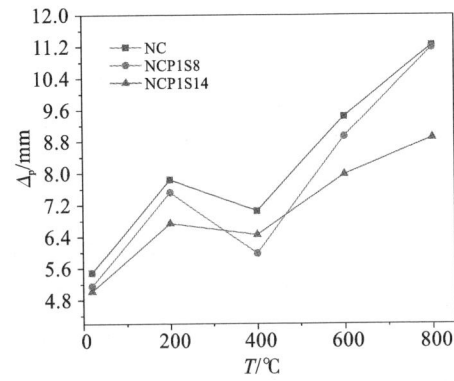

图 3-3-20　温度对试件峰值荷载的影响　　**图 3-3-21　温度对试件峰值位移的影响**

中纵坐标 E_0^T/E_0 表示试件高温后与常温下的初始刚度之比），NC、NCP1S8、NCP1S14 试件高温后的刚度退化系数均小于 1，且退化趋势大致相似，即高温作用削弱了试件的刚度。200 ℃时，NC、NCP1S8、NCP1S14 试件刚度退化显著，退化幅度依次达到 35%、51%、37%。在 200～400 ℃之间，NC、NCP1S8 试件的刚度退化系数-温度曲线产生平台效应（近似相等），NCP1S14 试件 400 ℃时的刚度较 200 ℃时提升 25.4%。600 ℃和 800 ℃时试件的刚度退化系数逐渐降低。200 ℃、400 ℃、600 ℃和 800 ℃时三种试件的平均刚度退化系数分别为 0.59、0.66、0.40 和 0.33。

图 3-3-23 给出了不同纤维体积掺量下试件的位移延性系数与温度的关系（纵坐标 μ_T/μ 为试件高温后与常温下的位移延性系数之比），NC、NCP1S8、NCP1S14 试件的平均位移延性系数随着温度的升高整体上呈现减—增—减的变化趋势，400 ℃时三种试件的延性达到峰值，延性最佳，破坏预兆过程更为显著。NC 与 NCP1S14 试件分别在 600 ℃和 800 ℃时的延性最差，延性系数仅为常温下的 92% 和 90%，而 NCP1S8 试件进入 200 ℃时的延性达到最差，分析原因为试验数据离散性导致数据存在一定误差。

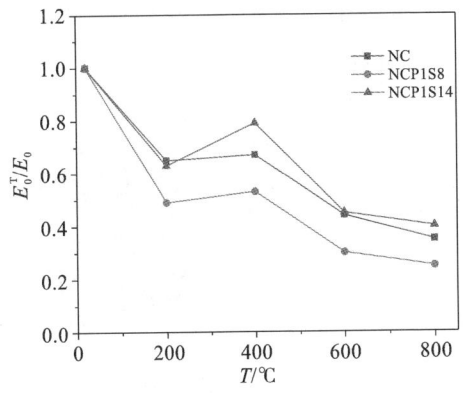 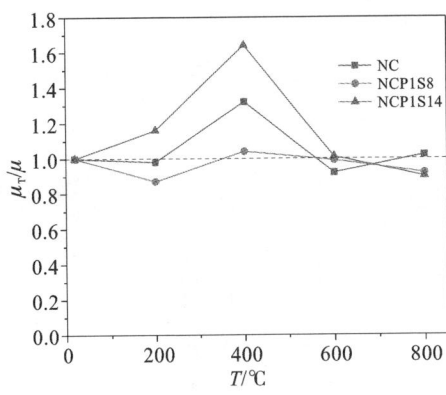

图 3-3-22　温度对试件刚度退化系数的影响　　**图 3-3-23　温度对试件位移延性系数的影响**

3.3.2　混杂纤维体积掺量

图 3-3-24 给出了不同温度试件的峰值荷载 N_u^T 随纤维体积掺量(NC 柱纤维体积掺量皆为 0%)的变化情况(N_u^T 表示遭受不同温度后的峰值荷载)。常温试件的峰值荷载随纤维体积掺量的增加逐渐增大,试件 P1S8(PVA 纤维体积率为 0.1%,钢纤维体积率为 0.8%)、P1S14(PVA 纤维体积率为 0.1%,钢纤维体积率为 1.4%)的峰值荷载较纤维掺量为 0% 的 NC 试件分别提高 10.80% 和 20%,说明混杂纤维的加入能提高试件的抗压承载力,同时在 PVA 纤维掺量一定的条件下,钢纤维掺量的提升能显著提升试件的抗压承载力。经历 200 ℃和 800 ℃高温后,峰值荷载均满足 P1S14>P1S8>NC,且平均分别提升 16.00% 和 6.75%,说明经历不同高温后的试件,纤维体积掺量越大,剩余抗压承载力越高。结果表明高温后混杂纤维能提升普通混凝土试件的剩余抗压承载力,同时钢纤维掺量越大,高温后剩余抗压承载力越高。分析原因可能是高温后掺有混杂纤维的试件中的纤维起到决定性作用:相对于普通混凝土试件,混杂纤维混凝土试件中的 PVA 纤维高温熔化后在混凝土内部形成无数细小孔道,加速蒸气压的排出,减小爆裂的风险;当 PVA 纤维彻底熔化后则由钢纤维承担主要拉力,对内部混凝土起到桥接作用,同时抑制裂缝的延伸和扩展;钢纤维掺量越多,作用愈加明显,从而使混杂纤维混凝土的剩余承载力相较普通混凝土更高[53]。

图 3-3-25 给出了不同温度试件的峰值位移 Δ_p 随纤维体积掺量的变化情况,常温、200 ℃、600 ℃和 800 ℃时试件的峰值位移依次增大,且随着纤维体积掺量的增加而逐渐减小。400 ℃时试件的峰值位移随纤维体积掺量的增加呈先减小后增加的趋势,峰值位移分别为 7.05 mm、5.98 mm、6.45 mm。在不同温度工况下,纤维体积掺量的增加整体上会降低试件的峰值位移,让试件提前进入破坏压碎阶段。

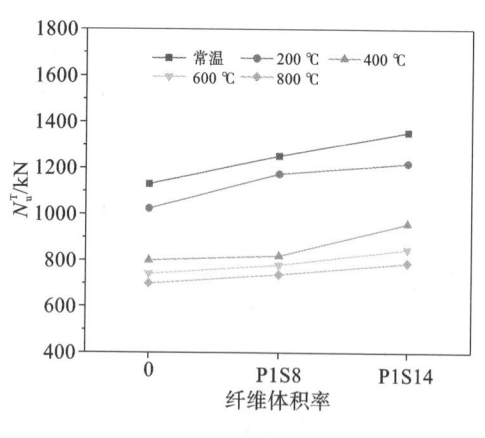

图 3-3-24　纤维体积掺量对试件
峰值荷载的影响

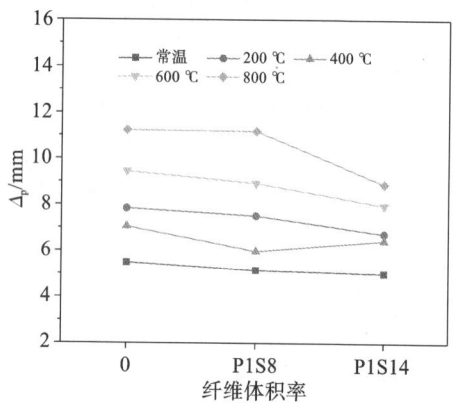

图 3-3-25　纤维体积掺量对试件
峰值位移的影响

图 3-3-26 给出了不同温度试件的初始刚度 E_0^T 与纤维体积掺量的关系曲线。

常温时试件的初始刚度随着纤维体积掺量的增大呈先增大后减小的趋势,相较于掺量为 0% 的试件,混杂纤维试件的初始刚度分别提升 46.1% 和 42.6%,P1S8 与 P1S14 对初始刚度的提升相差不大。200～800 ℃ 时试件的初始刚度均随纤维体积率的增大呈上升趋势,相较于 P1S8,P1S14 对于不同高温试件初始刚度的提升更显著。

图 3-3-27 给出了不同温度试件的位移延性系数 μ_T 随纤维体积掺量变化的关系,不同温度下,试件的位移延性系数随着纤维体积掺量的增加整体上呈增大趋势。常温下,相较于 NC 试件(不掺加纤维),混杂纤维体积掺量为 P1S8 试件的和 P1S14 试件的延性系数分别提升 15.0% 和 21.8%,即常温下混杂纤维对于试件具有抑制裂缝和增韧的作用,且钢纤维掺量的提升对于延性提高效果更佳。结果表明:相较于 P1S8,P1S14 对于不同高温试件位移延性系数的提升效果更佳,400 ℃ 时延性提升效果最优。

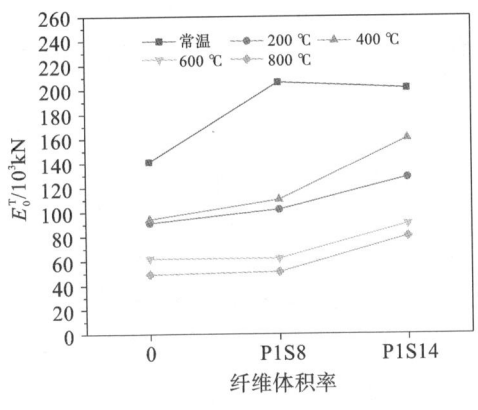

图 3-3-26　纤维体积掺量对试件刚度
退化系数的影响

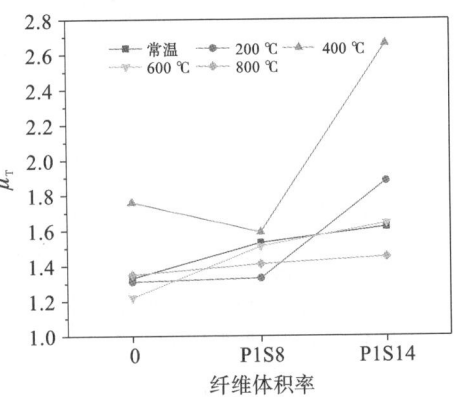

图 3-3-27　纤维体积掺量对试件位移
延性系数的影响

3.4　本章小结

本章详细介绍了普通钢筋混凝土短柱/混杂纤维钢筋混凝土短柱的高温试验和轴压承载力试验,获取高温后试件的受力破坏特点及其变形能力,通过分析揭示了高温后混杂纤维钢筋混凝土短柱力学性能指标与各影响因素的关系。

基于对 5 根普通混凝土短柱、10 根混杂纤维钢筋混凝土短柱进行高温试验和高温后的静载试验,得出以下结论。

(1) 试件由常温加热至 800 ℃ 过程中,NC、NCP1S8、NCP1S14 试件的表面颜色均由青灰色向灰白色转变;温度不低于 600 ℃ 时,试件表面出现微裂纹;随着温度的升高,试件的烧失率逐渐增大,并且呈现出先快后慢的趋势,相较于普通混凝土短柱,纤维掺量的提高能增大混凝土短柱的烧失率,且低掺量的混凝土短柱质量损失更大。

（2）常温、200 ℃和400 ℃后 NC 试件的静载试验破坏均为脆性破坏，破坏后核心区混凝土较完整，纵筋稍有鼓曲。600 ℃和800 ℃试件由于高温后初始裂缝的存在，破坏过程中产生较大的轴向变形，破坏后核心区混凝土受损严重，大面积剥落，纵筋鼓曲变形较大且呈灯笼状。常温、200 ℃和400 ℃后 NCP1S8、NCP1S14 试件试验破坏均为塑性破坏，达到峰值荷载后，混凝土缓慢被压碎，大面积剥落，表现出良好延性。600 ℃和800 ℃后核心区混凝土同样受损严重，大面积剥落，敲开保护层，混凝土易碎裂成粉状，钢纤维桥接作用明显，纵筋鼓曲屈服。

（3）温度对混杂纤维混凝土短柱的力学性能影响显著。普通钢筋混凝土试件和混杂纤维钢筋混凝土试件高温后的峰值荷载都随着温度的升高而降低；NC、NCP1S8、NCP1S14 试件高温后的峰值位移变化趋势大致相似。试件经历 200 ℃高温后，峰值位移增大，400 ℃后峰值位移较 200 ℃略有降低，600 ℃和800 ℃高温后峰值位移逐渐依次增加；高温作用削弱了试件的刚度；NC、NCP1S8、NCP1S14 试件的平均位移延性系数随着温度的升高整体上呈现减—增—减的变化趋势，400 ℃时三种试件的延性最佳。

（4）纤维体积掺量对混凝土短柱的力学性能影响效果明显。高温后混杂纤维能提升普通混凝土试件的抗压承载力，同时钢纤维掺量越大，高温后剩余抗压承载力越高；在不同温度下，纤维体积掺量的增加整体上会降低试件的峰值位移，让试件提前进入破坏压碎阶段；常温试件 P1S8 与 P1S14 对初始刚度的提升相差不大，200～800 ℃试件的初始刚度均随纤维体积率的增大呈上升趋势，P1S14 对于不同高温试件初始刚度的提升是显著的；不同温度下，试件的位移延性系数随着纤维体积掺量的增加整体上呈增大趋势，P1S14 对于不同高温试件位移延性系数的提升效果更佳，400 ℃时延性最优。

第4章 高温后混杂纤维混凝土柱轴心受压承载力计算

高温后混杂纤维钢筋混凝土构件以及普通钢筋混凝土构件的破坏演变规律和常温构件存在很大的相似性,两者的承载力计算原理相同,均以材料力学为基础。高温作用使试件截面混凝土产生不均匀损伤,截面极限应变和应力非线性变化。本章在规范公式的基础上,基于试验结果拟合修正轴压短柱试件的抗压承载力计算方法,并对计算方法进行精度对比分析,结果表明该计算方法具有较大的适用性和精度要求。

4.1 基于试验结果的承载力计算

高温作用使材料和构件产生不可逆的损伤,导致结构构件承载力降低。因此,在基于材料高温后的承载力变化和规范公式的基础上修正轴压短柱抗压承载力计算方法[59-60]。计算高温后普通钢筋混凝土/混杂纤维钢筋混凝土短柱承载力时的假设:①忽略钢筋和混凝土之间的相对滑移;②截面温度场沿柱高度方向不变。温度 T 对棱柱体强度和钢筋抗拉强度的影响如图 3-4-1、图 3-4-2 所示。

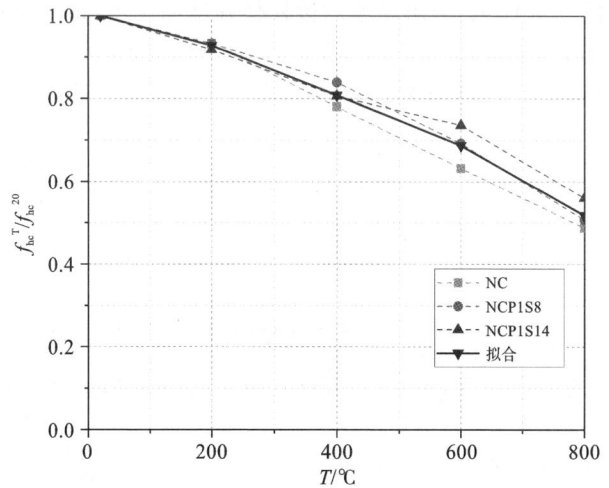

图 3-4-1 温度对棱柱体强度的影响

(注:f_{hc}^{20} 为室温下钢筋的抗拉强度,MPa;f_{hc}^{T} 为不同温度下钢筋的抗拉强度,MPa)

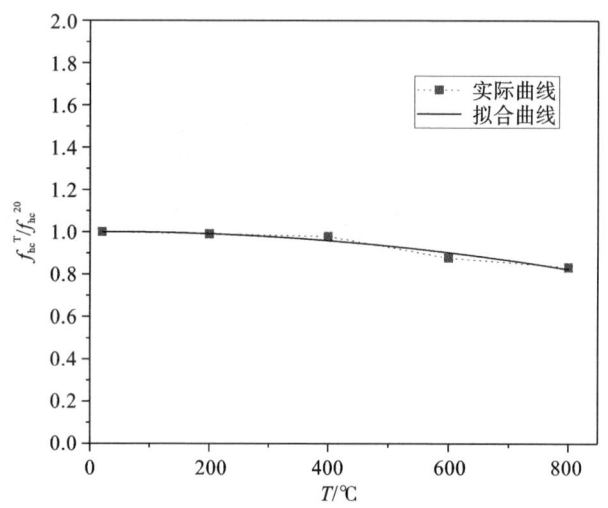

图 3-4-2　温度对钢筋抗拉强度的影响

　　考虑温度的影响,通过修正规范公式得到高温后混杂纤维钢筋混凝土轴压短柱抗压承载力计算式,见式(3-4-1)。

$$N_u \leqslant 0.9\phi k(\alpha_1 f_{hc} A + \alpha_2 f_y A_s) \tag{3-4-1}$$

式中:k——截面尺寸的温度修正系数,并取 $k=1.3$;

　　ϕ——构件的稳定系数,$l/b=2.25<8$(l 为试件的长度,b 为试件的截面尺寸),取 $\phi=1$;

　　f_{hc}——混杂纤维混凝土轴心抗压强度标准值。根据前期钢筋和混凝土试块材料试验的研究成果,得出温度对棱柱体强度的影响(图 3-4-1),并将曲线划分为常温 $\leqslant T<200$ ℃,200 ℃ $\leqslant T \leqslant 600$ ℃和 600 ℃ $< T \leqslant 800$ ℃三个温度区段进行拟合,拟合得到混凝土/纤维混凝土的温度影响系数 α_1,见式(3-4-2)。

$$\alpha_1 = \begin{cases} -4 \times \dfrac{T}{10000} + 1.008, & \text{常温} \leqslant T < 200 \text{ ℃} \\[2mm] -6.05 \times \dfrac{T}{10000} + 1.05, & 200 \text{ ℃} \leqslant T \leqslant 600 \text{ ℃} \\[2mm] -8.45 \times \dfrac{T}{10000} + 1.194, & 600 \text{ ℃} < T \leqslant 800 \text{ ℃} \end{cases} \tag{3-4-2}$$

并根据钢筋高温后的抗拉强度(图 3-4-2)拟合得到钢筋的温度影响系数 α_2,见式(3-4-3)。

$$\alpha_2 = -2.90678 \times 10^{-7} T^2 + 1.19499 \times 10^{-5} T + 1, \text{常温} \leqslant T \leqslant 800 \text{ ℃}$$

$$\tag{3-4-3}$$

4.2　计算结果与试验结果对比

试件抗压承载力的计算值和试验值如表 3-4-1 所示。由表可知:所有试件在 400 ℃和 800 ℃时相对误差较大,但均在 16% 以内,计算值与试验值吻合良好。

表 3-4-1　试件抗压承载力的计算值和试验值

试　件	N_u/kN(计算值)	N_u/kN(试验值)	相对误差/(%)
NC-20	1110.1	1130.0	1.79
NC-200	1039.6	1024.0	1.50
NC-400	917.3	800.0	12.79
NC-600	791.8	742.0	6.29
NC-800	616.3	700.0	13.58
NCP1S8-20	1174.6	1252.0	6.59
NCP1S8-200	1099.5	1174.0	6.78
NCP1S8-400	969.4	819.6	15.45
NCP1S8-600	836.1	780.2	6.69
NCP1S8-800	649.7	738.8	13.71
NCP1S14-20	1256.0	1356.0	7.96
NCP1S14-200	1175.1	1220.2	3.84
NCP1S14-400	1035.1	959.6	7.30
NCP1S14-600	892.0	848.0	4.93
NCP1S14-800	691.9	789.0	14.03

4.3　本章小结

本章探讨了高温后普通钢筋混凝土和混杂纤维钢筋混凝土构件抗压承载力计算,并得出以下结论。

(1)常温试件和高温后的试件受力机理相同,承载力计算均以材料力学和材料强度为基础。考虑材料高温损伤的影响,可将材料高温后的强度用于抗压承载力计算。

(2)基于试验结果拟合影响系数,修正规范公式关于轴压短柱的抗压承载力计算,计算结果和试验结果吻合较好。

第 5 章 结论与展望

5.1 结 论

本篇开展了高温后材料的物理力学性能试验、高温后混杂纤维钢筋混凝土短柱的轴压静力加载试验,研究了混杂纤维钢筋混凝土组成材料高温后的物理性能和力学性能,重点考虑了温度、纤维体积掺量两大因素对高温后混杂纤维混凝土短柱的破坏特征、峰值荷载、峰值位移、刚度、延性等的影响。同时基于材料试验结果探讨高温后混杂纤维钢筋混凝土短柱抗压承载力的计算方法,并将计算结果与试验结果进行对比分析。研究所得主要结论如下。

5.1.1 试验研究

(1) 高温后 NC、NCP1S8、NCP1S14 试块经历一定温度作用后,表观颜色均经历了青灰色—鹅黄色—深灰色—灰白色的变化过程,表面会出现裂纹。所有试块均未发生爆裂现象,且与普通混凝土相比,混杂纤维混凝土经历高温后的试块完整性更好,掺有 PVA 纤维的试块具有一定的抗爆裂性。相较于混杂纤维混凝土,普通混凝土高温 600 ℃后表面微裂纹更多,搬运时边角更易磕碎,试验结果表明高温后钢纤维起到一定桥接阻裂和提高承载力的作用。同时试块烧失率随着温度的升高逐渐增大,整体上随着纤维掺量增大而增大。并在力学试验中研究发现随着温度升高,抗压强度越低,且 NC 试块的抗压强度＜NCP1S8 试块的抗压强度＜NCP1S14 试块的抗压强度,表明与普通混凝土相比,钢纤维掺量的增加不仅在常温下能提高试块的抗压强度,高温后也能提高试块的残余抗压强度。

(2) 高温后钢筋的屈服强度和抗拉强度变化规律一致,升温至 200 ℃和 400 ℃,钢筋的强度略有降低,变化不大。高温 600 ℃和 800 ℃后钢筋的强度大幅降低,而钢筋的弹性模量随着温度的升高逐渐降低。

(3) 常温、200 ℃和 400 ℃后 NC 试件的静载试验破坏均为脆性破坏,破坏后核心区混凝土较完整,纵筋稍有鼓曲。600 ℃和 800 ℃试件由于高温后初始裂缝的存在,破坏过程中产生较大的轴向变形,破坏后核心区混凝土受损严重,大面积剥落,纵筋鼓曲变形较大且呈灯笼状。而常温、200 ℃和 400 ℃后 NCP1S8、NCP1S14 试件试验破坏均为塑性破坏,达到峰值荷载后,混凝土缓慢被压碎,大面积剥落,表现出良好延性。600 ℃和800 ℃后核心区混凝土同样受损严重,大面积剥落,敲开保护层,混凝土易碎裂成粉状,钢纤维桥接作用明显,纵筋鼓曲屈服。

（4）温度对混杂纤维混凝土短柱的力学性能影响显著。普通钢筋混凝土试件和混杂纤维钢筋混凝土试件高温后的峰值荷载都随着温度的升高而降低；NC、NCP1S8、NCP1S14试件高温后的峰值位移变化趋势大致相似。试件经历200 ℃高温后,峰值位移增大,400 ℃后峰值位移较200 ℃略有降低,经历600 ℃和800 ℃高温后峰值位移逐渐依次增加。高温作用削弱了试件的刚度；NC、NCP1S8、NCP1S14试件的平均位移延性系数随着温度的升高整体上呈现减—增—减的变化趋势,400 ℃时三种试件的延性最佳。

（5）纤维体积掺量对混凝土短柱的力学性能影响效果明显。高温后混杂纤维能提升普通混凝土短柱的抗压承载力,同时钢纤维掺量越大,高温后剩余抗压承载力越高；在不同温度下,纤维体积掺量的增加整体上会降低试件的峰值位移,让试件提前进入破坏压碎阶段；常温试件P1S8与P1S14对初始刚度的提升相差不大,200~800 ℃试件的初始刚度均随纤维体积率的增大呈上升趋势,P1S14对于不同高温试件初始刚度的提升是显著的；不同温度下,试件的位移延性系数随着纤维体积掺量的增加整体上呈增大趋势,P1S14对于不同高温试件位移延性系数的提升效果更佳,400 ℃时延性最优。

5.1.2　高温后混杂纤维混凝土柱轴心受压承载力计算

（1）基于试验结果拟合影响系数 α_1 与 α_2,通过修正规范公式得到高温后混杂纤维钢筋混凝土轴压短柱抗压承载力的计算公式：

$$N_u \leqslant 0.9\phi k(\alpha_1 f_{hc} A + \alpha_2 f_y A_s)$$

（2）计算值与试验值对比分析,相对误差均在16%以内,吻合良好。

5.2　展　　望

本试验初步探讨了高温后混杂纤维钢筋混凝土柱受压性能,取得了一定的进展,但仍有如下几个方面需要进行深入的研究分析。

（1）关于高温后混杂纤维钢筋混凝土短柱的力学性能影响因素只涉及温度和纤维体积掺量,组数较少,离散程度大,对试验结果必然造成一定误差,后期可继续研究恒温时间、箍筋间距、混凝土强度等因素对其力学性能的影响。

（2）对于混杂纤维钢筋混凝土受压短柱纤维掺量选择不完全,只选取了具有代表性的掺量和配比。常温下掺量梯度的细化对于混杂纤维钢筋混凝土的理论计算、公式推导有至关重要的作用,高温后混杂纤维对试件的增强作用需要通过细化的掺量定性地体现。

（3）所有试件均采用 C30 普通混凝土,高温后未见明显混凝土爆裂现象。针对钢-PVA 混杂纤维对高温下高强混凝土的抗爆裂性的影响,可在后期进行针对性研究,探讨钢-PVA 混杂纤维抗爆裂性的详细机理。

（4）只进行了高温后混杂纤维钢筋混凝土柱的静载试验分析,而其灾后或灾后加固的抗震性能研究很有现实意义。

参 考 文 献

［1］ 路春森,屈立军,薛武平,等.建筑结构耐火设计[M].北京:中国建材工业出版社,1995.

［2］ 中华人民共和国住房和城乡建设部.建筑设计防火规范:GB 50016—2014 [S].北京:中国计划出版社,2015.

［3］ 中国工程建设标准化协会.火灾后工程结构鉴定标准:T/CECS 252—2019 [S].北京:中国建筑工业出版社,2020.

［4］ ACI Committee 440. State-of-the-Art Report on Fiber Reinforced Plastic (GFRP) Reinforcement for Concrete Structures [S]. Farmington Hills: American Concrete Institute,2006.

［5］ 张家铭.火灾燃烧模式对高温后钢筋混凝土短柱力学性能影响研究[D].长沙:湘潭大学,2016.

［6］ 过镇海,时旭东.钢筋混凝土原理和分析[M].北京:清华大学出版社,2003.

［7］ 袁敬.钢纤维混凝土界面粘结机理及细观力学有限元分析[D].天津:河北工业大学,2007.

［8］ 朱佳鹏,孙敏.钢-聚乙烯醇纤维混凝土与钢筋粘结性能研究[J].苏州科技大学学报(工程技术版),2017,30(1):32-37.

［9］ ASLANI F,SAMALI B. Constitutive relationships for steel fibre reinforced concrete at elevated temperatures [J]. Fire Technology, 2014, 50 (5): 1249-1268.

［10］ NAVARRO-GREGORI J,MEZQUIDA-ALCARAZ E J,SERNA P,et al. Experimental and Numerical Study on the Behavior of RC and SFRC push-off specimens[J]. FIB Symposium,2015.

［11］ 顾轶颋.火灾及灭火过程对水泥砌筑砂浆的抗压性能的影响研究[D].成都:西南交通大学,2011.

［12］ 公伟,胡克旭,王懿迪.HTRB600 级高强钢筋高温后力学性能试验研究[J].河北工程大学学报(自然科学版),2017,34(1):6-11.

［13］ RAJ H,SARAF A,SANGAL S,et al. Residual Properties of TMT Steel Bars after Exposure to Elevated Temperatures[J]. Journal of Materials in

Civil Engineering,2016,28(2):04015098.1-04015098.9.

[14] 王孔藩,许清风,刘挺林.高温下及高温冷却后钢筋力学性能的试验研究[J].施工技术,2005,34(8):3-5.

[15] 张茂林,杜红秀,陈良豪,等.HRB400 钢筋高温冷却后力学性能试验研究[J].中国科技论文,2018,13(1):78-82.

[16] CHEN L G, WANG Y M. Experimental investigation of material properties of steel bars after high temperatures[J]. Journal of Qingdao Technological University,2008,29(4):1-4.

[17] 成龙,王洪礼.浅析轧后余热处理热轧带肋钢筋高温力学性能[J].中国设备工程,2018(7):114-115.

[18] 李丹,何锐,王帅,等.PVA 纤维增强水泥基复合材料高温性能研究[J].硅酸盐通报,2015,34(6):1604-1610.

[19] 赵昕,徐世烺,李庆华.高温后超高韧性水泥基复合材料冲击破碎分形特征分析[J].土木工程学报,2019,52(2):44-55.

[20] KALIFA P,CHÉNÉ G,GALLÉ C. High-temperature behaviour of HPC with polypropylene fibres:From spalling to microstructure[J]. Cement and Concrete Research,2001,31(10):1487-1499.

[21] GRUBEŠA I N,MARKOVIĆ B,GOJEVIĆ A,et al. Effect of hemp fibers on fire resistance of concrete[J]. Construction and Building Materials,2018,184:473-484.

[22] 李晗.高温后混杂纤维混凝土抗压强度[J].混凝土,2012(2):93-95.

[23] 董玉洁,刘华新,李庆文,等.混杂纤维混凝土高温后力学性能研究[J].玻璃钢/复合材料,2019(5):62-65+70.

[24] JALASUTRAM S, SAHOO D R, MATSAGAR V. Experimental investigation of the mechanical properties of basalt fibre-reinforced concrete[J]. Structural Concrete,2017,18(2):292-302.

[25] LIU J, TAN K H. Fire resistance of strain hardening cementitious composite with hybrid PVA and steel fibers[J]. Construction and Building Materials,2017,135:600-611.

[26] 程龙.混杂纤维混凝土高温后力学性能试验研究[D].武汉:武汉理工大学,2007.

[27] 滕晓丹,谭又文,李朋原,等.钢-高强高模量聚乙烯纤维混凝土高温后力学性能研究[J].硅酸盐通报,2019,38(4):996-1001.

[28] 黄加圣,杨鼎宜,朱振东,等.高温后聚乙烯醇纤维混凝土受压破坏声发射特性研究[J].混凝土,2019(1):47-51+56.

[29] 赖建中,徐升,杨春梅,等.聚乙烯醇纤维对超高性能混凝土高温性能的影响[J].南京理工大学学报,2013,37(4):633-639.

[30] CHEN Y H,CHANG Y F,GEORGE C,et al. Experimental research on post-fire behaviour of reinforced concrete columns[J]. Fire Safety Journal, 2009,44(5):741-748.

[31] 徐玉野,林燕卿,杨清文,等.CFRP 加固火灾后混凝土短柱抗震性能的试验研究[J].工程力学,2014,31(8):92-100.

[32] 陈俊,李帅,霍静思,等.标准火灾全过程作用后钢筋混凝土短柱力学性能试验研究[J].湘潭大学自然科学学报,2017,39(2):26-32.

[33] 陈俊,吴金梁,谭清华,等.不同约束方式下钢筋混凝土短柱火灾后(下)力学性能的试验研究[J].防灾减灾工程学报,2019,39(3):412-420.

[34] JAU W C,HUANG K L. A study of reinforced concrete corner columns after fire[J]. Cement and Concrete Composites,2008,30(7):622-638.

[35] LIN C H,CHEN S T,HWANG T L. Residual strength of reinforced concrete columns exposed to fire[J]. Journal of the Chinese Institute of Engineers,1989,12(5):557-566.

[36] 昌永红.钢筋混凝土短柱高温后剩余承载力研究[J].建筑与预算,2017(5):28-32.

[37] 吴波,唐贵和,王超.不同受火方式下混凝土柱耐火性能的试验研究[J].土木工程学报,2007(4):27-31+72.

[38] 陈宗平,叶培欢,徐金俊,等.高温后钢筋再生混凝土轴压短柱受力性能试验研究[J].建筑结构学报,2015,36(6):117-127.

[39] CHEN J H,MA C,LI J H,et al. Temperature field analysis of steel reinforced concretecolumn in fire[J]. Applied Mechanics & Materials,2013 (351-352):615-618.

[40] KODUR V K R,CHENG F P,WANG T C,et al. Effect of Strength and Fiber Reinforcement on Fire Resistance of High-Strength Concrete Columns[J]. Journal of Structural Engineering,2003,129(2):253-259.

[41] 柳献,袁勇,叶光,等.高性能混凝土高温微观结构演化研究[J].同济大学学报,2008,36(11):1473-1478.

[42] 中华人民共和国住房和城乡建设部,国家市场监督管理总局.混凝土物理力学性能试验方法标准:GB/T 50081—2019[S].北京:中国建筑工业出版社,2019.

[43] 中国工程建设标准化协会.纤维混凝土试验方法标准:CECS 13:2009[S].北京:中国计划出版社,2010.

[44] 黄加圣,杨鼎宜,朱振东,等.高温后聚乙烯醇纤维混凝土受压破坏声发射特性研究[J].混凝土,2019(1):47-51+56.

[45] GUO Z,ZHUANG C L,LI Z H,et al. Mechanical properties of carbon fiber reinforced concrete(CFRC)after exposure to high temperatures[J]. Composite Structures,2021,256:113072.

[46] 李鹏,姚海峰.高温作用下纤维混凝土力学特性研究[J].粉煤灰综合利用,2019(5):45-48.

[47] 国家市场监督管理总局,国家标准化管理委员会.金属材料　拉伸试验　第1部分:室温试验方法:GB/T 228.1-2021[S].北京:中国标准出版社,2021.

[48] 徐喆,张雷,刘峰.高温后炉冷HRB400E级钢筋力学性能试验研究[J].住宅与房地产,2020(12):110.

[49] CSA S806. Design and construction of building components with fibre reinforced polymers[S]. Ottawa:Canadian Standards Association,2002.

[50] KATARZYNA M,IZABELA H,KINGA K. Material Solutions for Passive Fire Protection of Buildings and Structures and Their Performances Testing[J]. Procedia Engineering,2016,151:284-291.

[51] 中华人民共和国住房和城乡建设部.混凝土结构试验方法标准:GB/T 50152-2012[S].北京:中国建筑工业出版社,2012.

[52] HE W C,KONG X Q,FU Y,et al. Experimental investigation on the mechanical properties and microstructure of hybrid fiber reinforced recycled aggregate concrete[J]. Construction and Building Materials,2020,261:120488.

[53] 郭瑞晋,毕重,王涪,等.高温后钢纤维混凝土力学性能研究进展[J].黑龙江科技信息,2016(21):205.

[54] ZHOU Y C,BAI L,YANG S Y. Simulation Analysis of Mass Concrete Temperature Field[J]. Procedia Earth and Planetary Science,2012,5:5-12.

[55] MARECHAL J C. Thermal Conductivity and Thermal Expansion Coefficients of Concrete as a Function of Temperature and Humid[J]. Concrete for Nuclear Reactors,1972,34:1047-1057.

[56] 过镇海,时旭东.钢筋混凝土的高温性能及其计算[M].北京:清华大学出版社,2002.

[57] LIE T T,IRWIN R J. Fire Resistance of Rectangular Steel Columns Filled with Bar-Reinforced Concrete[J]. Structural Engineering,1995,121(5):797-805.

[58] ROBERT E T,NATASHA P B. Modeling root-reinforcement with a fiber-

bundle model and Monte Carlo simulation[J]. Ecological Engineering，2009,36(1):47-61.

[59] 中华人民共和国住房和城乡建设部. 混凝土结构设计规范:GB/T 50010-2010[S]. 北京:中国建筑工业出版社,2011.

[60] 中国工程建设标准化协会. 纤维混凝土结构技术规程:CECS 38:2004[S]. 北京:中国计划出版社,2005.

第四篇　高温后钢-PVA混杂纤维钢筋混凝土轴压短柱剩余承载力分析及损伤评估

第1章 绪论

1.1 研究背景

建筑火灾属于高频灾种[1-2]，我国的建筑火灾一年可达十五万起，危害很大（图4-1-1至图4-1-3）。混凝土常应用于实际施工中，温度会影响其材料性能和结构的受力性能[3]。经历高温后，钢筋混凝土结构力学性能降低，变形加剧，导致结构局部破坏甚至整体倒塌，降低结构的安全性[4]。由于建筑结构火灾后的复杂性，目前尚无统一、有效的检测方法，灾后检测侧重于定性而非定量，具有一定的主观性，故火灾后建筑结构的研究尤为重要。

图 4-1-1　河南省家属楼火灾　　　　　图 4-1-2　安徽商业广场火灾

目前，关于纤维混凝土火灾中的作用已引起了国内外学者的广泛关注。过镇海等[5]研究了在火灾时，构件的断面温度场分布不均，导致断面内力重新分配，造成构件不同程度的损坏，进而使构件的承载力下降，出现明显的变形，整体结构因此受到不同程度的损坏和破坏，严重时还可能导致建筑物倒塌，大大降低结构的安全性。短柱是混凝土结构中最主要的垂直承载构件，具有很高的承载能力，由于其侧向刚度大，变形能力小，在地震中经常受到剪切力的作用。为了解决这个问题，考虑将纤维单独或混合掺入混凝土。研究结果表明，添加纤维可以提高混凝土的抗压和抗拉强度以及延性，抑制裂缝的产生和扩展，对于高性能或超高性能的混凝

图 4-1-3　火灾后混凝土柱损伤

土来说,还可以抑制由高温引起的开裂和剥落[6-8]。

在诸多纤维中钢纤维可以显著改善混凝土抗压强度、弹性模量及韧性[7]。将钢纤维非均匀地加入混凝土中,从而可形成一种具有高弹性和高可塑性的建筑材料,称为钢纤维混凝土(steel fiber reinforced concrete,简称 SFRC)。SFRC 的抗压强度和抗拉强度较大,其高冲击、高抗震的性能[9-10]在桥梁工程中表现优异。当钢纤维体积率为 1%～2%时,对水泥基材料的拉伸性能、抗压强度提升较为明显[7]。钢纤维对混凝土高温性能的增强作用主要来自两个方面。钢纤维自身的高抗拉强度使其在混凝土中起到了一定的抑制作用。另外,钢纤维自身拥有很好的导热性,它可以让混凝土中的温度变得更加均匀,可以将混凝土中因为温度差异而产生的内应力降到最低,还可以降低由于混凝土内部局部升温而造成的混凝土结构损伤,进而改善混凝土在高温后的力学性能[11-12]。因此,钢纤维作为一种增强材料被广泛用于混凝土结构建设中。

在众多合成纤维中,聚乙烯醇(polyvinyl alcohol,简称 PVA)纤维具有加工简单[13]、极限抗拉强度高[14]、弹性模量高[15]等特点。PVA 纤维自身具有较高的弹性模量(20～42.8 GPa)。当掺入混凝土中时,PVA 纤维不仅可以有效地防止裂缝扩展,而且可以通过纤维本身有效地传递应力,使部分应力分散到纤维中,不会让混凝土基体产生过度的应力集中,从而有效提升纤维混凝土的弹性模量。一方面,由于 PVA 纤维是一种亲水性材料,在纤维表面黏结了大量水后,混凝土与 PVA 纤维混合,为水泥水化提供了良好的环境,纤维的随机分布形成了一个网络系统,可以提高混凝土的强度。另一方面,随着温度的升高,PVA 纤维逐渐熔化,在混凝土内部形成更多的孔隙,增加了孔隙之间的连接通道数量,并释放出水蒸气。当温度升高时,水泥水化产生的大量水分在混凝土中蒸发,导致混凝土内部的孔隙压力增大,从而使混凝土内部的应力水平上升。应力水平上升后,在受到外部荷载时,会出现裂缝,从而影响混凝土的力学性能。而利用水可以抑制这种裂缝的扩展,从而提高了高温后混凝土的力学性能[15-16]。

研究发现单掺某种纤维对混凝土性能的提高存在一定的局限性。一些研究认为，添加钢纤维的好处可能并不明显，因为它们自身的导热性会加速混凝土传热，并且由于与混凝土基体的热不相容，可能容易产生内部微裂缝[17-18]。将PVA纤维加入钢筋混凝土中，可能会使纤维混凝土高温后的强度降低，因为PVA纤维自身熔点低，它们被熔化后在混凝土中形成许多孔隙[19]。因此针对这一局限性，考虑将钢纤维和PVA纤维混合掺入钢筋混凝土中。在钢筋混凝土中加入PVA纤维可使混凝土在承受拉伸或弯曲应力时具有更好的抗裂性和更大的变形能力。在不影响水泥基材料韧性的情况下，掺入钢纤维可以提高混凝土的抗拉、抗压强度。因此将钢纤维和PVA纤维混合掺入混凝土中，不仅能提高混凝土高温后抗爆裂性能，同时还能使其保持良好的形态，具有一定的承载力。

柱作为钢筋混凝土框架结构中的主要承重构件，承担着整个结构的垂直荷载和水平荷载，一旦受损，可能会带来安全风险。结构的耐火性及其火灾后的剩余承载能力直接关系到结构构件材料的高温性能。近年来，混杂纤维钢筋混凝土作为建筑材料领域研究的热门，研究重点是其在室温下的基本特性，并取得了一些成果，但对于钢-PVA混杂纤维钢筋混凝土短柱高温性能的研究较少。因此，有必要对钢-PVA混杂纤维钢筋混凝土短柱高温后的力学性能及数值分析进行系统研究，以便为钢-PVA混杂纤维钢筋混凝土建筑结构的火灾抗性设计和火灾后混凝土构件剩余承载能力的探究提供科学的依据，为火灾后钢-PVA混杂纤维钢筋混凝土结构的性能评估和修复加固提供理论支持。

1.2　国内外研究现状

1.2.1　高温后普通钢筋混凝土柱力学性能

高温是钢筋混凝土劣化的主要原因之一。高温下混凝土的水化物大量分解，钢筋软化，导致钢筋混凝土结构失去部分强度和刚度。高温后钢筋混凝土强度和刚度的降低与几个因素有关，如柱截面尺寸、钢筋的选用及绑扎方式、轴压比、混凝土强度等级等力学因素，以及受火时间、受火方式、降温方式、高温类型（高温、明火）等升温因素。

肖科等[20]对6根混凝土短柱进行了火灾全过程试验，研究了轴压比和受火方式对试验结果的影响，从而得出了相关结论。根据试验数据建立了考虑温度效应和构件尺寸变化的非线性有限元分析模型，并与试验结果进行对比分析。研究发现，钢筋混凝土短柱的残余变形受到高温环境和初始荷载的显著影响；随着升温时间的延长，钢筋混凝土在高温环境下的剩余承载能力、轴压刚度和延性均呈现明显的下降趋势，同时轴压刚度和延性的受损程度也显著增加。

陈俊等[21]为了研究 ISO834 标准升、降温曲线对钢筋混凝土轴压比和受火时间的影响规律，进行了一系列试验。根据实测数据建立了考虑温度效应和构件尺寸变化的非线性有限元分析模型，并与试验进行对比分析。试验结果表明，随着升温时间的延长，剩余承载能力、刚度和延性均呈现出逐渐减弱的趋势；随着轴压比的增加，剩余承载能力、刚性和延性均呈现出逐渐增强的趋势。

Buch 等[22]按照 ISO834 标准升温曲线，建立了爆裂面积与剩余承载力的关系。研究表明：爆裂对高强混凝土柱剩余承载力的影响最大，爆裂面积由 20% 增加至 60% 时，相应的承载力降低 40%～80%。

蔡祖荣等[23]对钢筋混凝土短柱在火灾后的变形性能以及火灾后的延性、轴压刚度和承载力等力学性能进行了研究，探究了体积配箍率的影响，并根据试验结果分析了温度升高对受火长柱性能的影响以及不同强度等级构件在相同荷载下随温度变化时各指标变化规律。

Jau 等[24]探究不同的轴向压缩比和升温时间对钢筋混凝土角柱的承载能力所产生的影响。在此基础上建立了考虑体积配箍率影响的钢筋混凝土短柱高温下的有限元分析模型并进行分析。研究表明，在火灾后，混凝土表面裂纹的存在和分布规律并不会直接影响混凝土的强度损失。Ali 等[25]指出，随着受火时间的延长，混凝土角柱的残余力学性能受到的影响变得更加显著。

王志伟等[26]研究的重点在于探索不同的降温方式对钢筋混凝土短柱在高温环境下的变形特性、承载能力、刚度和延性等方面的影响规律。结果表明，试件在不同的降温方式下，受到轴压荷载后会出现明显的剩余压缩变形，这种变形会对其高温后的极限承载力、轴压刚度和延性产生显著的影响。

Abdulraheem[27]经过试验研究，发现 RC 柱在火灾后的延性和刚度均出现了显著的降低，其初始刚度和割线刚度均出现了明显的下降趋势。Han 研究了不同参数对火灾后钢筋混凝土柱残余强度的影响，并对钢筋混凝土火灾后性能进行了数值研究。该数值方法应用于火灾暴露建筑物中钢筋混凝土柱的火灾后评估，并提出了案例研究。

王振清等[28]对高温后钢筋混凝土力学性能的影响进行了研究，考虑了混凝土和钢筋的强度、配筋率、防火保护层厚度、柱截面尺寸以及长细比等参数，并成功创建了火灾后钢筋混凝土柱的承载力方程。

Lin 等[29]、Serega[30]发现当温度超过 400 ℃时，箍筋的力学性能会随着温度的升高显著降低。提高配筋率对混凝土耐火极限能力的提高并不明显。

Topçu 等[31]研究了混凝土保护层厚度对钢筋混凝土柱力学性能的影响，并进行了明火试验。研究结果表明：混凝土保护层厚度对混凝土内部钢筋温度的升高有延缓作用。当温度低于 300 ℃时，混凝土保护层厚度的变化对混凝土的抗拉强度和屈服强度影响不大；当温度达到 800 ℃时，混凝土保护层厚度对混凝土的力学性能影响显著，保护层厚度越大，混凝土强度损失越小。

1.2.2　高温后纤维混凝土力学性能

在土木工程领域,混凝土因其出色的抗压强度而备受青睐,成为一种极具韧性的材料。但混凝土的抗拉强度不足,容易出现开裂现象,同时其韧性和高温耐性也不尽如人意,这些问题极大地削弱了工程建筑结构的可靠性和耐久性。在实际工程建设中,由于种种原因,混凝土往往会受到各种外界因素的影响,导致构件出现裂缝甚至倒塌。因此,为了保障人们生命财产的安全,必须采取有效措施提高高温后混凝土的力学性能。近年来,众多国内外研究人员对提高高温后混凝土力学性能的方法和措施进行了广泛的探究,其中,引入随机分布的纤维被证明是一种行之有效的手段。在混凝土中掺入两种不同性能的纤维,可使两种纤维发挥各自最优的性能,产生"1+1>2"的混杂效果,从而提高混凝土的强度。混杂纤维具有增韧和阻裂的作用,使混杂纤维混凝土在力学性能方面表现出比普通混凝土更为卓越的特点[32]。在恰当的材料比例设计下,混杂纤维能够发挥其优势,避免缺点,实现协同作用,从而达到高度叠加的增强效果,这种效应被称为混杂效应[33]。常见的纤维种类包括钢纤维、聚丙烯纤维、PVA 纤维、玄武岩纤维以及聚酯纤维等。在实际工程应用中,一般将这些纤维按各自不同的特性加以利用。混凝土的抗压强度、抗拉强度、抗折强度、抗渗性和耐久性等物理力学性能,可以从纤维的阻裂、增韧和增强三个方面得到提升。

Yermak 等[34]对钢纤维混凝土和钢-聚丙烯混杂纤维混凝土在高温环境下的力学特性进行了深入研究。研究表明,钢纤维能抑制裂缝的发展和延伸,减小孔径;聚丙烯纤维能增加混凝土的孔隙和渗透率。因为混杂纤维的存在,混凝土在高温环境下的力学性能会受到一定程度的削弱。

Agra 等[35]、Chen 等[36]、Abdi Moghadam 等[37]对高温后的钢纤维混凝土进行了试验研究,混凝土的抗压强度在掺入钢纤维后得到了显著提升,其抗压强度随着钢纤维掺量的增加而增大。

杨淑慧[38]研究表明,在混凝土中掺入钢纤维、聚丙烯纤维和矿渣微粉,可显著提高其抗压强度、弹性模量、抗拉强度和弯曲强度,从而改善其性能。

Zheng 等[39]对钢纤维混凝土进行高温后劈裂抗拉强度的试验,研究表明 800℃以后,SFRC 掺量越大,残余劈裂抗拉强度越高。

杨娟等[40]通过试验分析了掺有纤维的 RPC 在高温下的力学特性,以及在高温下的抗爆性。在此基础上,对水泥稳定碎石在不同龄期下的强度、变形性能进行了试验研究。试验结果表明,在 RPC 试件中加入纤维,可以有效地防止其破坏。

Yermak 等[34]、Tai 等[41]、Abid 等[42]研究发现,在高温环境下,掺入钢纤维可以提高混凝土的弹性模量,钢纤维混凝土内部的疏松程度比普通混凝土更低,拥有更高的弹性模量。

Deshpande 等[43]、Liu 等[44]探究 PVA 纤维在高温环境下对高韧性纤维混凝土

(engineered cementitious composite,ECC)的力学性能所产生的影响,发现在 ECC 中添加少量 PVA 纤维可以抑制其剥落和裂缝的产生。

黄加圣等[45]通过对聚乙烯醇高温后单轴压缩试验的研究,揭示了聚乙烯醇混凝土在高温环境下的力学性能变化规律,结果表明,掺入聚乙烯醇纤维可显著提高混凝土在高温环境下的延性和耐久性。

王冠[46]利用 ABAQUS 有限元软件构建了纤维混凝土柱的有限元模型,并对其参数进行了详细分析。在此基础上探讨轴压比和长细比对纤维混凝土柱抗火性能的影响规律。研究表明,减小荷载比、偏心率以及增大长细比,高强纤维混凝土柱的抗火极限均呈现出上升的趋势。

韩东[47]利用 ABAQUS 软件对钢筋纤维混凝土柱构件在高温后情况下的温度场和受力性能进行模拟分析,探索不同截面尺寸和配筋率等参数对构件受力性能的影响。研究发现,通过适当增加柱截面尺寸,可以提升钢筋混凝土柱在火灾情况下的耐受能力。

Nematzadeh 等[48]对 CFRP 筋钢纤维混凝土柱的偏心受压性能进行了试验和有限元模拟,以探索其性能表现。结果表明除提高延性外,钢纤维的掺入对混凝土柱承载能力的影响可以忽略不计。

范小春等[49]基于前期钢纤维混凝土地基力学试验和玄武岩筋混凝土偏心短柱试验,利用 ABAQUS 软件对玄武岩筋混凝土偏心短柱进行不同偏心度下的精细计算,得到了混凝土和玄武岩钢筋的受力、开裂荷载、极限荷载和荷载-柱中的水平位移等力学特性参数。

1.2.3 高温后钢筋混凝土结构损伤评估

随着现代建筑的不断发展,对于火灾建筑物的损伤评估和修复已经成为一项日益重要的任务。在实际工程中,由于受到诸多因素的影响,火灾下混凝土框架结构的破坏往往比普通框架更加严重。由于影响火灾后钢筋混凝土结构力学性能的因素众多,对其进行准确的评估是一件十分困难且重大的任务。目前,对于高温后混凝土损伤程度的评估,国内外学者主要从混凝土的表观特征、烧失率、宏观力学性能(如抗压强度、抗拉强度、弹性模量等)以及微观结构的变化等多个方面进行深入研究。

陆洲导等[50]通过高温后混凝土和钢筋的强度试验以及高温后混凝土结构的加固修复试验,对混凝土结构在火灾后的修复加固进行了深入研究,并得出了这些加固修复方法的可靠性结论。

曾跃飞等[51-52]对火灾后混凝土构件的承载力展开了数值计算,并对其进行了分析,提出了它的计算方法以及在进行损伤评估时需要考虑的问题,构建了一种火灾后混凝土构件耐久性失效时间的计算方法和评定方法。

余江滔等[53]对火灾后混凝土构件的承载力进行了数值计算和分析,给出了一种计算方法以及对其进行损伤评估时应考虑的因素,并构建了一种计算火灾后混凝土构件耐久性失效时间的方法和评估方法。

Heap 等[54]采用声发射(acoustic emission,AE)技术,对高温后高强混凝土的微裂纹形核和生长过程进行了深入研究;分析了温度、应力水平以及养护条件对微裂纹扩展的影响规律。根据 Geng 等[55]的试验结果,混凝土在高温环境下呈现出松弛的趋势,而在加载过程中,声发射活动则表现出相对较弱的状态,因此可以对高温后混凝土的损伤程度进行逐一评估。

李森源[56]通过对火灾后高强混凝土的表观特征和烧失率进行分析,得出其受火温度,并根据受火时间和抗压强度折减系数的对应,初步计算出火灾后高强混凝土的抗压强度,从而对其损伤情况进行评估。

尹胜华[57]基于混凝土的损伤演化本构模型,结合损伤处理的影响因素,成功地推导出了损伤混凝土在高温下的本构模型,并得到了高温后强度下降系数与温度之间的关系,为火灾后建筑结构损伤评定提供了坚实的基础。

为了更精准地评估受火混凝土结构的性能,并为工程实践提供指导,当前建筑检测方法的研究已形成相当成熟的规范。我国现有规范还没有针对受火钢筋混凝土框架结构提出专门的检验要求。Qin 等[58]总结了钢筋混凝土结构在火灾后的破坏,并探讨了火灾后高层建筑的消防缺陷和补救措施,收集了与钢筋混凝土结构火灾损伤相对应的主要影响因素,得出电气问题、火灾探测系统故障、消防设备缺乏、紧急出口障碍等是引发火灾最常见的原因。

Pablo Alcaíno 等[59]分析了不同火灾暴露时间下无损检测结果(或无损检测参数比)与残余强度(或强度比)变化的相关性,提出了具有高决定系数(R^2)的经验相关函数。利用这种关联函数,提出了一种简单、廉价的快速评估钢筋混凝土框架建筑火灾后残余强度的方法。这种方法只需要 1～2 台无损检测仪器和简单的测量,就可以对建筑物的结构损伤状态进行评估。

Frappa 等[60]为确定钢筋混凝土结构构件的残余强度,提出了室内试验和现场试验相结合的方案。该方案包括测试方法,能够捕捉混凝土退化的可变性以及与加热表面的距离。研究发现,横向和纵向加筋量对混凝土因火灾引起的劣化有很大影响,进而影响结构构件的强度。在试验结果的基础上,讨论了对设计人员有用的试验方法的优缺点。

Julia 等[61]综述了火灾后钢筋混凝土结构的室内和现场(无损和半破坏)评估方法。影响这些结构承重能力的最重要的因素是在高温和冷却后混凝土强度的降低。在正常条件下使用的传统检测方法(例如对岩心试件的破坏性测试),通常没有考虑到火灾后混凝土的非均匀性。因此,Julia 提出测量超声波在构件横截面外层的传播速度以及混凝土层的厚度来确定结构构件的外层破坏混凝土的深度。

结合近几年来国内外的研究现状,对钢筋混凝土柱、纤维混凝土柱和超高性能混凝土柱的高温性能研究和理论分析取得了一定成果,但是对钢-PVA 混杂纤维钢筋混凝土短柱高温性能的研究较少,还没有揭示其高温本构关系、高温损伤演化机理,也没有给出一套合理的火灾损伤评估方法和加固措施。由于混杂纤维钢筋混凝土短柱明火试验成本高,操作困难,离散性较大,所以学者对于火灾高温后混杂纤维钢筋混凝土短柱力学分析相对较少。鉴于此,对于钢-PVA 混杂纤维钢筋混凝土轴压短柱在火灾高温后的力学性能分析和高温损伤分析仍需要展开进一步的研究。

1.3 存在的问题和不足

综合以上国内外学者研究成果,目前对高温后钢-PVA 混杂纤维钢筋混凝土短柱轴压力学性能的研究主要存在以下问题。

(1)试验多采用高温炉进行加热,这与实际遭受火灾的情况不一致。由于试验条件的限制,目前大多数关于高温下、高温后钢筋混凝土构件力学性能的研究,都未充分考虑初始荷载对火灾过程的影响。

(2)钢-PVA 混杂纤维钢筋混凝土的优选配合比不能确定。尽管钢纤维和聚丙烯纤维已被广泛研究,但关于钢-PVA 混杂纤维的研究和相关成果相对匮乏。由于两者在物理力学性质方面有很大差别,且不同种类纤维的掺量也有所不同,在钢-PVA 混杂纤维钢筋混凝土的优选配合比方面,存在着缺乏一致性的问题。因此,将工作性能和力学性能指标纳入优选配合比的评估标准,以确定最优的配合比,对于这两种材料的推广应用具有巨大的潜力。

(3)火灾后混凝土结构损伤评估的困难性。混凝土的材质特性受到多种因素的影响,包括但不限于火灾时的最高温度、持续时间、冷却方式以及构件尺寸等。由于受到这些因素的影响,实际工程中往往不能很好地反映出结构受损情况及破坏程度。因此,火灾后混凝土结构损伤的全面、精准评估是一项至关重要的研究议题。

1.4 研究意义及研究内容

1.4.1 研究意义

目前,尽管高温后混杂纤维钢筋混凝土的力学性能研究已经取得了一定的进展,但试验数据的离散性和理论分析的不完备性仍然是一个挑战。因此,本研究以高温后钢-PVA 混杂纤维钢筋混凝土轴压短柱力学性能试验为基础,分析不同影响因素对高温后钢-PVA 混杂纤维钢筋混凝土剩余力学性能的影响,为钢-PVA 混杂纤维钢筋混凝土在工程实践中的应用提供一定的依据。

1.4.2　研究内容

1. 高温后混杂纤维钢筋混凝土短柱试验及有限元建模

笔者的课题组前期在土木工程实验室完成了高温后混杂纤维钢筋混凝土轴压短柱力学性能试验研究，并分析了温度和纤维体积率对混杂纤维钢筋混凝土力学性能的影响。基于钢筋和混凝土材料的热工性能、应力-应变本构关系，运用有限元分析软件 ABAQUS 建立模型，并依据试验来证明模型的可靠性。该模型涵盖了混杂纤维钢筋混凝土短柱的温度场和轴向压力学模型，对轴压试验中的荷载-位移关系曲线进行了对比，并分析了温度和轴向力耦合作用对构件性能影响规律。在可接受的误差范围内，有限元模型的模拟被认为具有显著有效性。在验证温度场模型有效性的基础上，继续分析受火方式、截面尺寸、纤维体积率和受火时间对混杂纤维钢筋混凝土短柱截面温度场的影响。

2. 高温后混杂纤维钢筋混凝土短柱剩余承载力参数分析

经过可靠性验证后，利用有限元模型进行高温后混杂纤维钢筋混凝土轴压短柱的参数分析。研究受火方式、受火时间、构件截面尺寸、纤维体积率、混凝土强度等级和升温方式与混杂纤维钢筋混凝土短柱剩余承载力、剩余承载力折减系数、刚度之间的影响规律。通过运用常温承载力计算方法，并考虑高温对材料性能的影响，推导出了一种计算火灾后混杂纤维钢筋混凝土轴压短柱剩余承载力的方法。

3. 高温后混杂纤维钢筋混凝土损伤评估

结合高温后混杂纤维钢筋混凝土短柱剩余承载力和高温热损伤原理，总结高温后混凝土结构损伤评估的方法，并从外观形态、烧失率、剩余承载力方面对高温后混杂纤维钢筋混凝土短柱进行损伤评估。

第2章 高温后混杂纤维钢筋混凝土轴压短柱试验与有限元建模

本章主要进行高温后混杂纤维钢筋混凝土轴压短柱试验研究以及有限元建模。首先进行高温力学试验,分析试件的外观形态、荷载-位移曲线和主要特征点参数,为下文中有限元模拟验证提供数据依据。其次确定材料的热工性能和力学性能后建立有限元温度场模型和力学模型,经过对比试验数据的验证,得出结论:该模型具有显著的有效性。在此基础上继续分析受火方式、截面尺寸、纤维体积率和受火时间对混杂纤维钢筋混凝土短柱截面温度场的影响。

2.1 混杂纤维钢筋混凝土短柱轴心受压试验

2.1.1 试验设计

本次试验采用 P・O 42.5 普通硅酸盐水泥,按照水泥:水:砂:石子＝1.0:0.54:1.73:3.05 的配合比配置普通混凝土,其设计强度等级为 C30;中砂为细骨料以及粒径不大于 20 mm 的粗骨料。混凝土配合比见表 4-2-1。钢纤维采用铣削波浪型钢纤维,平均长度为 30 mm,等效直径为 0.4 mm,长径比为 75,如图 4-2-1所示。

表 4-2-1　混凝土配合比

试　件	强度等级	密度/(kg/m³)	水泥/(kg/m³)	水/(kg/m³)	砂/(kg/m³)	m_s/(kg/m³)	m_p/(kg/m³)
C-NC	C30	2400	380	205	657	0	0
C-NCP1S8	C30	2500	396	214	684	62.4	1.3
C-NCP1S14	C30	2500	396	214	684	109	1.3

注:表中的 m_s 和 m_p 表示钢纤维和 PVA 纤维的质量含量。C-NC、C-NCP1S8 和 C-NCP1S14 分别表示普通混凝土、掺有 0.1%PVA 纤维和 0.8%钢纤维的混凝土、掺有 0.1%PVA 纤维和 1.4%钢纤维的混凝土。

纤维的主要参数见表 4-2-2。根据《混凝土结构试验方法标准》[62](GB/T 50152—2012),对普通混凝土试件和混杂纤维钢筋混凝土试件进行材料性

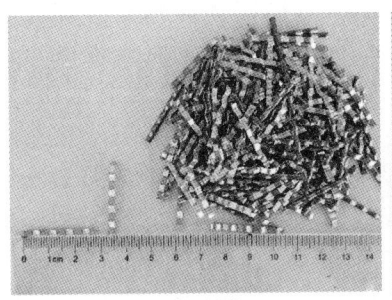
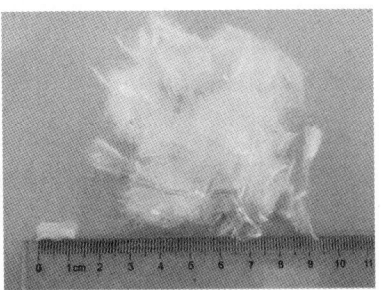

(a) 钢纤维　　　　　　　　　　(b) PVA纤维

图 4-2-1　纤维的外观形状

能测试。制作 100 mm×100 mm×100 mm 的立方体试块,获得其抗压强度(见表 4-2-3)。试件纵向钢筋采用直径为 10 mm 的 HRB400 钢筋,箍筋为直径 6 mm 的 HPB300 钢筋。纵向钢筋经历不同温度后的力学性能见表 4-2-4。

表 4-2-2　纤维的主要参数

纤维类型	长度 /mm	等效直径 /mm	长径比	密度 /(g/cm³)	抗拉强度 /MPa
钢纤维	30	0.4	75	7.80	865
PVA 纤维	12	0.031	387.1	1.3	1600

表 4-2-3　高温后混凝土试块力学性能

温度/℃	强度指标	C-NC/MPa	C-NCP1S8/MPa	C-NCP1S14/MPa
常温	f_c^{20}	31.15	33.21	35.81
200	f_c^{T}	29.06	30.99	32.86
400	f_c^{T}	24.30	27.85	28.86
600	f_c^{T}	19.68	22.98	26.36
800	f_c^{T}	15.20	16.85	20.04

注:表中 f_c^{T}、f_c^{20} 分别表示混凝土试块经历不同温度后和常温下的抗压强度。

表 4-2-4　不同温度后钢筋的力学性能

强度指标	常温	200 ℃	400 ℃	600 ℃	800 ℃
f_y^{T}/MPa	367.6	363.8	359.5	322.5	306.1
f_y^{T}/f_y^{20}	1.000	0.990	0.978	0.877	0.833

根据参考文献[63-65],混杂纤维混凝土中的钢纤维和 PVA 纤维的总体积含量为 0.9%(0.8%的钢纤维,0.1%的 PVA 纤维),与混凝土基体有良好的协作关

系,对混杂混凝土的抗折韧性有积极作用。同时,PVA 纤维的体积含量不超过 0.1%,钢纤维的体积含量不超过 2%。此外,研究小组对混杂混凝土进行了预试验,发现混杂纤维的总体积含量不能超过 1.5%,否则纤维会结块,混凝土很难搅拌和施工。

设计 15 个钢筋混凝土短柱试件,其中 10 个为混杂纤维钢筋混凝土短柱试件(NCP1S8 试件和 NCP1S14 试件),5 个普通钢筋混凝土试件(NC 试件)作为对比试件。截面尺寸均为 $b \times h = 200 \text{ mm} \times 200 \text{ mm}$,纵筋配筋率为 0.79%,试件尺寸及配筋如图 4-2-2 所示。考虑不同温度条件(常温、200 ℃、400 ℃、600 ℃ 和 800 ℃)和不同纤维体积掺量(0.1%、0.8% 和 1.4%)对高温后混杂纤维钢筋混凝土柱力学性能的影响。NC 试件表示普通钢筋混凝土短柱试件,NCP1S8 和 NCP1S14 试件表示在钢筋混凝土短柱试件中掺入 0.1% 的 PVA 纤维和 0.8% 或 1.4% 的钢纤维。

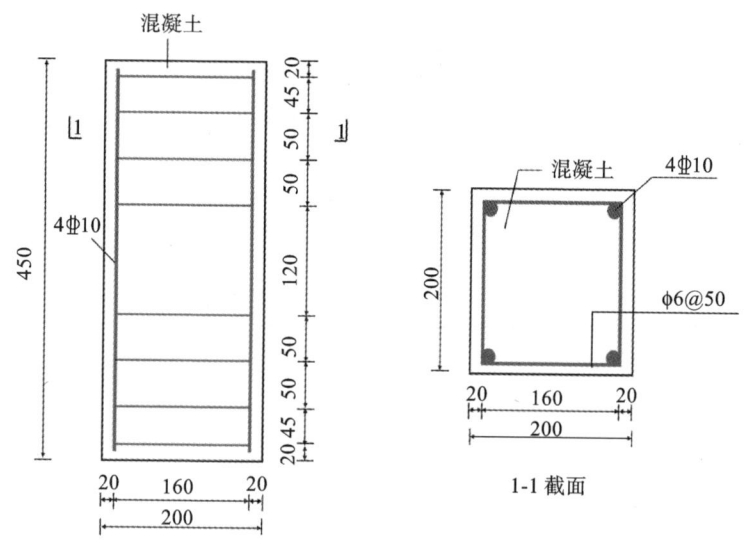

图 4-2-2　试件尺寸及配筋(单位:mm)

2.1.2　试验装置及加载制度

试验采用了马弗炉,最高加热温度为 1000 ℃。试件四面受火,柱子的顶部和底部用防火棉进行绝热保温,试件加热示意图如图 4-2-3 所示。试件加热到目标温度后,维持 60 min 恒温,停止加热并关闭炉门使试件在炉内自然冷却到室温[66]。

试件经历高温后,采用微机控制电液伺服压力试验机 YAW-1000 进行轴心受压加载。按照试验前期计算预估试件所能承受的最大荷载,即极限荷载[67]。按照《混凝土结构试验方法标准》(GB/T 50152—2012)[62] 中的相关规定,试验过程分预加载和加载两个阶段进行。在开始时,荷载维持在 20 kN 左右,当润滑油压力达到

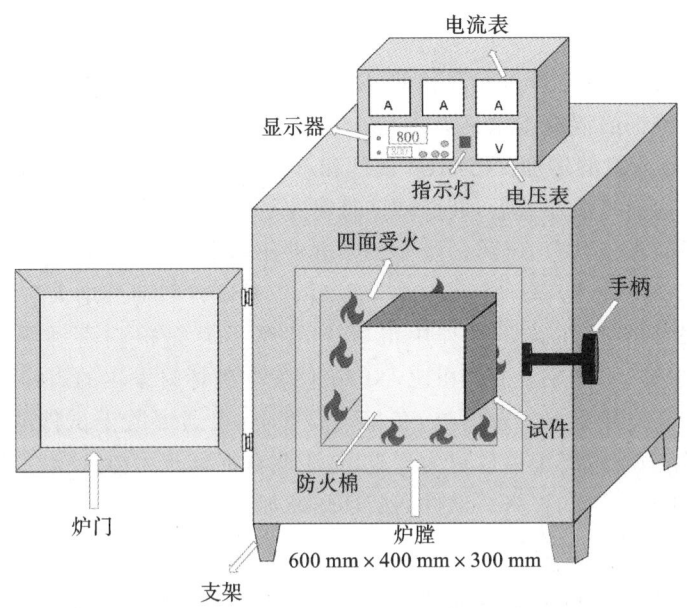

图 4-2-3　试件加热示意图

一定程度后,再按预估极限荷载的 10% 进行预加载。在加载阶段,使用了一个可变的加载速率,在预估极限荷载的 80% 处进行分段。在荷载达到预估极限荷载的 80% 之前,加载速率为 0.5 kN/s。在荷载达到预估极限荷载的 80% 后,加载速率下降到 0.1 kN/s。当接近极限荷载时,保持加载,直到试件被破坏,加载装置如图 4-2-4 所示。

(a) 加载实物图

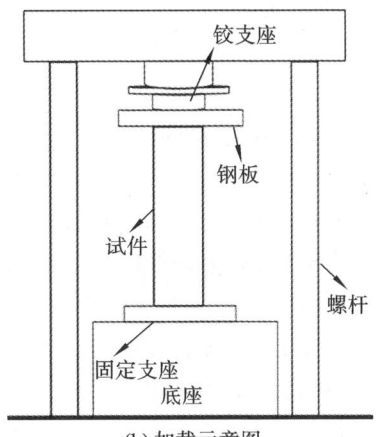

(b) 加载示意图

图 4-2-4　加载装置图

2.1.3　试验结果及分析

1. 破坏形态

常温下试件的破坏形态大致相似,随着荷载的持续增加,试件竖向裂缝增多、变宽;混杂纤维钢筋混凝土试件开裂较少而且裂缝比普通混凝土浅且短。在常温~400 ℃,随着荷载的增加,NCP1S8 试件和 NCP1S14 试件边角处出现微小裂缝和竖向微裂缝,达到峰值荷载后,裂缝增多且迅速延伸,形成大裂缝,边角处混凝土剥落[图 4-2-5(b)、(c)、(e)、(f)]。然而 NC 试件不仅部分面积剥落,还出现严重开裂。如图 4-2-5(g)、(h)、(i)所示,800 ℃以后,三种试件随荷载增大裂缝宽度增大,相互贯通,最终在试件破坏过程中混凝土出现了大面积剥落和纵筋暴露。与 NCP1S8 试件和 NCP1S14 试件相比,NC 试件发生破坏时发出的声响更大,破坏也更突然,试件完整性更差。总体上,在相同温度下,普通混凝土试件的表面损伤程度比混杂纤维钢筋混凝土试件更为严重,这表明在混凝土中掺入钢纤维和 PVA 纤维能抑制裂缝的产生和扩张。试件的破坏形态如图 4-2-5 所示。

2. 荷载-位移曲线

三类试件经历 800 ℃后的荷载-位移曲线如图 4-2-6 所示。NCP1S8、NCP1S14 试件的峰值荷载比 NC 试件分别提高了 10.2% 和 15.9%,在 PVA 纤维掺量一定的条件下,钢纤维掺量的增加能显著提高试件的抗压承载力。经历相同温度后,NCP1S14 试件的峰值荷载最大,NC 试件的峰值荷载最小。这是因为相对于普通混凝土试件,混杂纤维混凝土试件中的 PVA 纤维彻底熔化后,钢纤维承担主要拉力,在混凝土骨料之间起到桥接作用,同时抑制裂缝的延伸和扩展,钢纤维掺量越多,其作用愈加明显,从而使混凝土的承载力更高。在相同温度下,NCP1S14 试件的峰值位移最小,其原因是在 400 ℃后,钢纤维的刚度成为导致峰值位移变化的主要因素,钢纤维越多,试件的峰值位移越小。

3. 主要特征点参数

从试件的荷载-位移曲线中可以获得许多力学参数,如峰值荷载、峰值位移、初始刚度和延性系数。其中初始刚度 E_0^T 取荷载-位移曲线上升段 0.4 倍峰值荷载点的割线刚度;峰值荷载 N_p^T 对应的位移 Δ_p 为峰值位移;位移延性系数 $\mu^T = \Delta_u/\Delta_y$,$\Delta_u$ 取荷载下降到 85% 峰值荷载时对应的位移,Δ_y 为屈服位移,采用等效能量法计算[68]。试件的主要特征点参数见表 4-2-5。

如表 4-2-5 所示,随着温度的升高,试件的峰值荷载、初始刚度和位移延性系数整体呈下降趋势,试件峰值位移整体呈上升趋势。在相同温度下,掺有混杂纤维试件的峰值荷载、初始刚度和位移延性系数比普通混凝土试件高,且纤维体积率越大,其力学参数越高。通过添加适量的钢纤维和 PVA 纤维,可以显著提升钢筋混凝土短柱的承载能力和强度水平。相比较而言 NCP1S14 试件在高温后的力学性能最优。

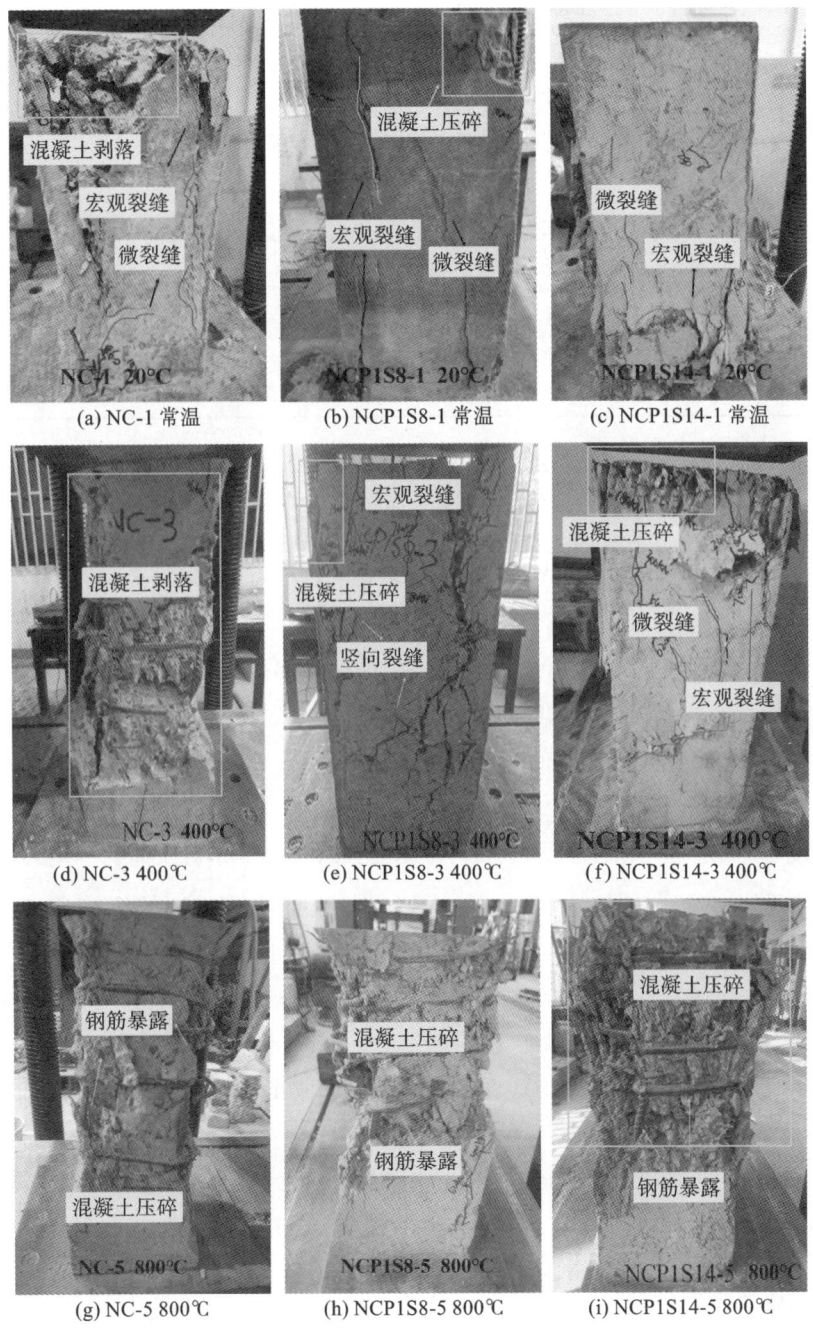

(a) NC-1 常温　　　(b) NCP1S8-1 常温　　　(c) NCP1S14-1 常温

(d) NC-3 400℃　　　(e) NCP1S8-3 400℃　　　(f) NCP1S14-3 400℃

(g) NC-5 800℃　　　(h) NCP1S8-5 800℃　　　(i) NCP1S14-5 800℃

图 4-2-5　试件的破坏形态

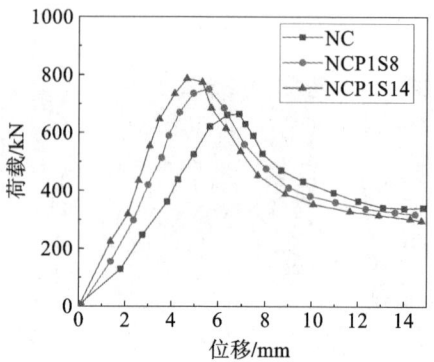

图 4-2-6　荷载-位移曲线

表 4-2-5　试件主要特征点参数

试件编号	钢纤维掺量/(%)	PVA 纤维掺量/(%)	T/℃	N_p^T/kN	Δ_p/mm	E_0^T/(kN/m)	Δ_y/mm	Δ_u/mm	μ^T	烧失率/(%)
NC-1			20	1130.0	5.49	140564	4.60	6.13	1.33	—
NC-2			200	1024.0	7.84	91417	6.67	8.74	1.31	0.20
NC-3	0	0	400	838.2	7.05	93967	4.88	8.61	1.76	3.58
NC-4			600	742.0	9.44	62317	8.83	10.73	1.22	6.46
NC-5			800	681.3	11.23	49117	9.11	12.33	1.35	7.52
NCP1S8-1			20	1252.0	5.15	205795	3.80	5.82	1.53	—
NCP1S8-2			200	1174.0	7.52	101697	6.91	9.16	1.33	0.27
NCP1S8-3	0.1	0.8	400	899.6	5.98	109955	5.49	8.75	1.59	3.76
NCP1S8-4			600	780.2	8.93	62495	7.70	11.59	1.51	7.30
NCP1S8-5			800	750.8	11.18	50547	9.09	12.79	1.41	8.11
NCP1S14-1			20	1356.0	5.02	201380	4.01	6.49	1.62	—
NCP1S14-2			200	1220.2	6.74	127515	5.68	10.68	1.88	0.23
NCP1S14-3	0.1	1.4	400	959.6	6.45	160022	3.79	10.07	2.66	3.61
NCP1S14-4			600	848.0	7.97	90455	6.57	10.78	1.64	6.69
NCP1S14-5			800	787.9	8.89	80307	7.51	10.86	1.45	7.89

其中：T—温度；N_p^T—峰值荷载；Δ_p—峰值位移；E_0^T—初始刚度；Δ_u—失效荷载位移；Δ_y—屈服位移；μ^T—位移延性系数。

2.2　有限元温度场模型

由于混凝土的热惰性,其内部易形成一种不均匀的温度分布;温度变化会引起混凝土的应力集中,从而影响到构件的承载能力。由于混凝土和钢筋材料的劣化,结构的强度和刚度遭到了削弱,结构的变形程度增加,结构横截面和结构内力中的应力重新分布,导致结构性能降低,并发生不同程度的损坏。因此,结构在高温下的力学性能取决于结构的温度场及其转变过程。影响结构温度场的因素包括升温过程、受火方式、混凝土骨料类型、构件截面尺寸、含水率及材料的热工性能等。

2.2.1　材料的热工性能

1. 混凝土的热工性能

(1) 导热系数。

随着温度升高,混凝土的导热系数(λ_c)逐渐降低。如下是欧洲规范 EC4 (1994)[69] 给出的表达式:

$$\lambda_c = \begin{cases} 2 - 0.24 \times \dfrac{T}{120} + 0.012 \left(\dfrac{T}{120} \right)^2, & 20\ ℃ \leqslant T \leqslant 700\ ℃ \\ 1.6 - 0.16 \times \dfrac{T}{120} + 0.008 \left(\dfrac{T}{120} \right)^2, & 700\ ℃ < T \leqslant 1200\ ℃ \end{cases}$$

$$(4\text{-}2\text{-}1)$$

(2) 热膨胀系数。

混凝土的热膨胀系数(α_c)对结构的温度应力和变形有很大的影响。欧洲规范 EC4(1994)[69] 给出如下表达式:

硅质:

$$\alpha_c = \begin{cases} 2.33 \times 10^{-11} T^3 + 9 \times 10^{-6} - 1.8 \times 10^{-4}, & 20\ ℃ \leqslant T \leqslant 700\ ℃ \\ 14 \times 10^{-3}, & 700\ ℃ < T \leqslant 1200\ ℃ \end{cases}$$

$$(4\text{-}2\text{-}2)$$

钙质:

$$\alpha_c = \begin{cases} 1.4 \times 10^{-11} T^3 + 6 \times 10^{-6} - 1.2 \times 10^{-4}, & 20\ ℃ \leqslant T \leqslant 805\ ℃ \\ 12 \times 10^{-3}, & 805\ ℃ < T \leqslant 1200\ ℃ \end{cases}$$

$$(4\text{-}2\text{-}3)$$

(3) 质量密度。

质量密度(ρ_c):材料单位体积的质量。NC 试件的质量密度取值为 $\rho_c = 2400$ kg/m³,NCP1S8、NCP1S14 试件的质量密度取值为 $\rho_c = 2500$ kg/m³。

(4) 比热容。

欧洲规范 EC4(1994)[69] 给出的比热容(C_c)关系式如下:

$$C_c = 900 + \frac{80T}{120} - 4\left(\frac{T}{120}\right)^2, \quad 20\ ℃ \leqslant T \leqslant 1200\ ℃ \tag{4-2-4}$$

2. 钢筋的热工性能

(1) 导热系数。

导热系数(λ_s)是决定钢材温度变化的主要因素之一。欧洲规范 EC3(1994)给出的导热系数如下：

$$\lambda_s = \begin{cases} 54 - 3.33 \times 10^{-2} \times T, & 20\ ℃ \leqslant T \leqslant 700\ ℃ \\ 127.3, & 700\ ℃ < T \leqslant 1200\ ℃ \end{cases} \tag{4-2-5}$$

(2) 热膨胀系数。

钢筋的热膨胀系数(α_s)随着温度的升高而逐渐增大。如下是 Lie[70] 给出的表达式：

$$\alpha_s = \begin{cases} (12 + 0.004T) \times 10^{-6}, & 20\ ℃ \leqslant T \leqslant 1000\ ℃ \\ 1.6 \times 10^{-5}, & 1000\ ℃ < T \leqslant 1200\ ℃ \end{cases} \tag{4-2-6}$$

(3) 质量密度。

钢筋的质量密度(ρ_s)随温度的变化不大,可忽略不计,取 $\rho_s = 7820\ \text{kg/m}^3$。

(4) 比热容。

如下是 Lie[70] 提出的比热容公式：

$$\beta_s C_c = \begin{cases} (0.004T + 3.3) \times 10^{-6}, & 0\ ℃ \leqslant T \leqslant 650\ ℃ \\ (0.068T + 38.3) \times 10^{-6}, & 650\ ℃ < T \leqslant 725\ ℃ \\ (73.35 - 0.86T) \times 10^{-6}, & 725\ ℃ < T \leqslant 800\ ℃ \\ 4.55 \times 10^{-6}, & T \geqslant 800\ ℃ \end{cases} \tag{4-2-7}$$

3. 纤维的热工性能

温度场模拟分析中,钢纤维在模型中的数量从几万到几十万不等,其热工性能对于混凝土影响较大,不可不考虑,因其同属钢材,故其热工参数取值与钢筋相同；PVA 纤维呈束状,外形类似棉絮,其熔点较低,在 $180\sim220\ ℃$ 之间,高温后在混凝土内熔化,形成无数细小孔道,其热工参数难以定义,因此在进行温度场简化分析时不考虑 PVA 纤维的热工参数。

2.2.2　温度场模型的验证

构件内部逐渐吸收火灾燃烧所产生的热量,这些热量是通过热传导传递的。温度场沿纵向和横向呈周期性分布。因为混凝土具有热惰性,钢筋混凝土构件中的温度分布非常不均匀,并且会随着火灾的持续进行而发生变化,所以,在钢筋混凝土构件截面上的温度分布会表现出暂态变化的趋势[71]。

当建筑物遭受火灾时,建筑结构的传热方式包括热传导、热对流和热辐射三种方式。

1. 有限元建模过程

利用 ABAQUS 有限元分析软件，对高温后混杂纤维钢筋混凝土短柱温度场进行有限元分析。钢纤维和 PVA 纤维的建模采用蒙特卡罗随机计算模型，运用 MATLAB 软件输出每个随机分布纤维两端点的坐标，再通过文本导入 ABAQUS 中，完成纤维的建模。具体的建模过程如下。

首先，创建 3 个长为 200 mm、宽为 200 mm、高为 450 mm 的钢筋混凝土柱，保护层厚度为 20 mm，创建 410 mm 的纵筋和长为 160 mm、宽为 160 mm 的箍筋。其中按照纤维掺量的不同，将纤维模型导入 ABAQUS 中，建立钢纤维部件。短柱的部件图如图 4-2-7 所示。

其次，根据本章 2.2.1 节中总结的公式，选择合适的公式计算材料的相关属性。将密度设置成不随温度变化的固定值。混凝土采用八节点六面体线性传热单元，钢筋和钢纤维采用双节点线性传热单元。定义混凝土、箍筋、纵筋和钢纤维的属性并输入截面面积。

然后，通过线性阵列、平移、旋转等将部件组建成钢筋混凝土柱，并将纵筋和箍筋部件组合成钢筋笼。为了确保混凝土中心传热充分，除了默认的初始分析步，另增加一个分析步用于热分析，并且设置时间长度必须大于整个升降温阶段的时间长度。在相互作用中，设置受火面、不受火面、绝热面三种截面。短柱的顶面和底面为绝热面，试验中短柱为四面受火，所以侧面都为受火面。钢筋混凝土短柱温度场模型图如图 4-2-8 所示。

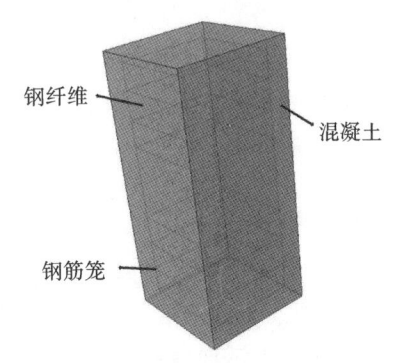

图 4-2-7　短柱部件图

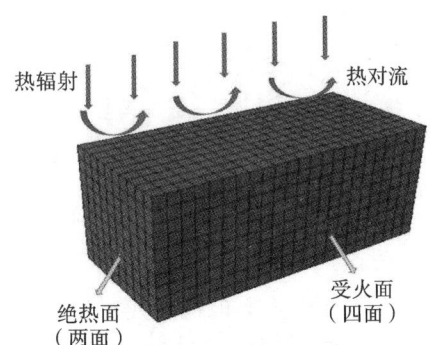

图 4-2-8　钢筋混凝土短柱温度场模型

外界环境温度通常依据 ISO834 标准升降温曲线变化，外界温度场的设置依据幅值的变化。

ISO834 标准升温段（$t \leqslant t_h$）：

$$T = 345\lg(8t + 1) + 20 \tag{4-2-8}$$

式中：T——对应 t 时刻的炉内平均温度（℃）；

　　　t——试验所经历的时间（min）。

ISO834 标准降温段（$t > t_h$）：

$$T = \begin{cases} T_{\mathrm{h}} - 10.417(t - t_{\mathrm{h}}), & t_{\mathrm{h}} < 30 \text{ min} \\ T_{\mathrm{h}} - 4.167\left(3 - \dfrac{t_{\mathrm{h}}}{60}\right)(t - t_{\mathrm{h}}), & 30 \text{ min} \leqslant t_{\mathrm{h}} < 120 \text{ min} \\ T_{\mathrm{h}} - 4.167(t - t_{\mathrm{h}}), & t_{\mathrm{h}} \geqslant 120 \text{ min} \end{cases} \tag{4-2-9}$$

式中：T——对应 t 时刻的炉内平均温度(℃)；

　　T_{h}——外界环境温度升温过程中的最高温度(℃)；

　　t——火灾发生后的时间(min)；

　　t_{h}——升温持续时间(min)。

　　网格的尺寸选择对于模型的计算效率和计算精度有很大的影响。为了确保温度场模型的正常分析，要求各部件划分网格时单元共节点。由于试件保护层厚度为 20 mm，柱子的网格尺寸取 20 mm。在设置网格属性时，钢筋和混凝土统一设置成 Heat Transfer，否则会报错。创建作业，检查模型是否有错误，提交作业，查看结果。

　　2. 温度场模型的验证

　　将模拟结果与前文试验[72]数据进行对比，选取其中升温至 800 ℃后的 NC、NCP1S8、NCP1S14 试件，通过对比不同位置的测点温度变化曲线与原始数据，验证温度场模型的可靠性。试件测点位置分布图如图 4-2-9 所示。

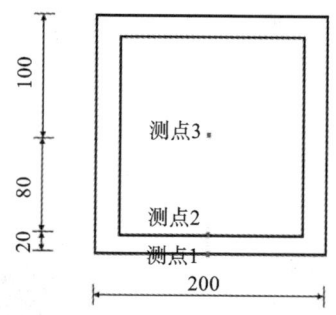

图 4-2-9　试件测点位置分布图(单位:mm)

　　图 4-2-10～图 4-2-12 是 NC、NCP1S8、NCP1S14 试件实测温度-时间曲线与模型中对应测点温度-时间曲线对比图。数值模拟的结果稍高于试验结果，主要原因是试验状态下环境变量较多，试验细节控制不足，试验过程中试件内部温度达不到界定温度。模拟数据呈现出一种平滑的趋势，试验数据则呈现出一种陡峭的趋势。这主要是因为试验过程中水分的蒸发、材料的化学变化以及裂缝的产生会对试件传热产生影响，而在模拟中未被充分考虑。总体来说，对照试验值和模拟值，两者曲线趋势较为吻合，证明了模型的有效性。

2.2.3　温度场模型分析

　　在验证温度场模型有效性的基础上，继续分析受火方式、截面尺寸、纤维体积率和受火时间对混杂纤维钢筋混凝土短柱截面温度场的影响。各计算模型的具体

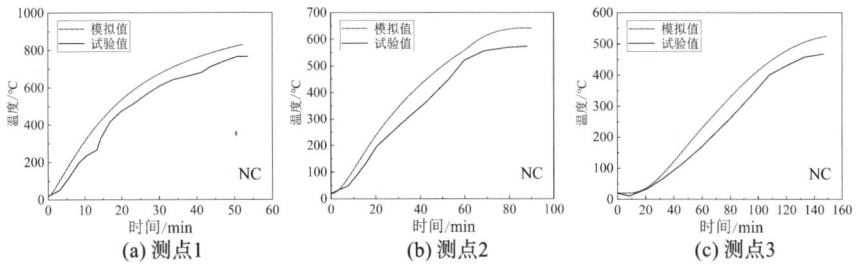

图 4-2-10 NC 试件不同测点温度对比图

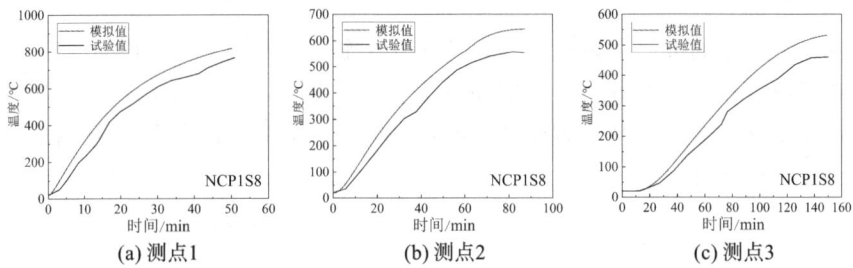

图 4-2-11 NCP1S8 试件不同测点温度对比图

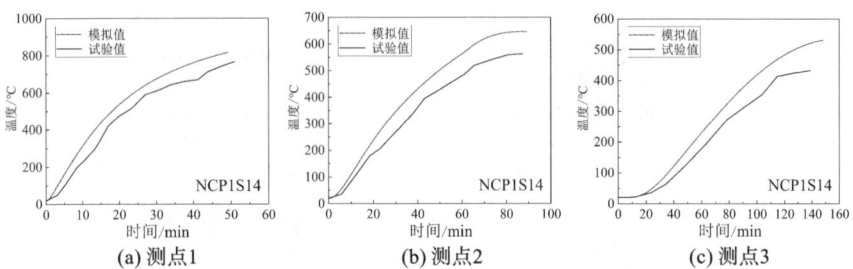

图 4-2-12 NCP1S14 试件不同测点温度对比图

情况见表 4-2-6。其中混杂纤维钢筋混凝土短柱模型尺寸分别取 200 mm×200 mm×450 mm、300 mm×300 mm×600 mm 和 500 mm×500 mm×1000 mm。

表 4-2-6 不同温度后钢筋的力学性能

编 号	受火方式/面	截面尺寸/mm	纤维体积率	受火时间/min
SN1	四	200×200	NCP1S14	60
SN2	三	200×200	NCP1S14	60
SN3	二	200×200	NCP1S14	60
SN4	一	200×200	NCP1S14	60
SN5	四	300×300	NCP1S14	60
SN6	四	500×500	NCP1S14	60

编　号	受火方式/面	截面尺寸/mm	纤维体积率	受火时间/min
SN7	四	200×200	NC	60
SN8	四	200×200	NCP1S8	60
SN9	四	200×200	NCP1S14	30
SN10	四	200×200	NCP1S14	90
SN11	四	200×200	NCP1S14	120

1. 受火方式

混杂纤维钢筋混凝土短柱受火方式分为单面受火、双面受火(相邻两面)、三面受火和四面受火。根据混杂纤维钢筋混凝土短柱截面不同测点位置的温度变化,分析不同受火方式对混凝土短柱温度场的影响。不同受火方式下混凝土截面测点图如图 4-2-13 所示。

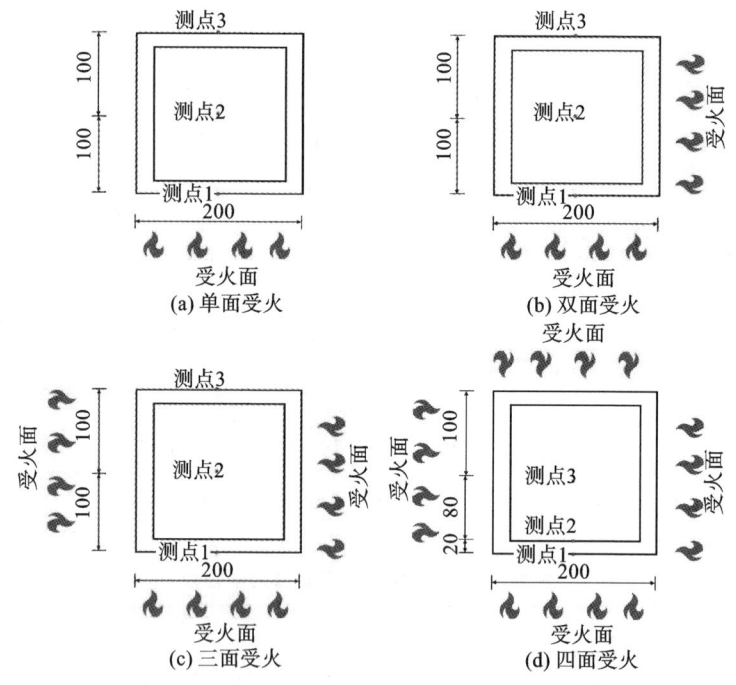

图 4-2-13　不同受火方式下混凝土截面测点图(单位:mm)

图 4-2-14 为不同受火方式下混凝土截面温度场云图,图 4-2-15 为不同受火方式下的测点温度变化图。由图 4-2-14 可知,除双面受火外,在单面、三面和四面受火中,温度分布是沿短柱截面的轴线对称的。在四种受火方式中,温度总是从受火面向内传播,横截面最外侧的温度梯度很高,在加热面的法线方向,温度梯度不断下降。横截面越靠近受火面,温度越高,而离受火面越远,温度越低。由图 4-2-15

可知,四面受火方式下,各测点温度的变化趋势相似,都随着时间的增加先上升后下降。对于外部温度,单面受火所达到的峰值温度最小,双面受火、三面受火、四面受火下外部温度依次为 914 ℃、920 ℃、920.9 ℃,差距不大。混凝土短柱截面中心最高温度随着受火面的增加而增加,且温度升高的速率也随之加快。随着受火面的逐渐减少,测点 3 的温度变化较缓慢,除四面受火的情况外,不受火面的测点 3 温度变化趋势相似,随着时间的增加缓慢上升至最高温度后下降。

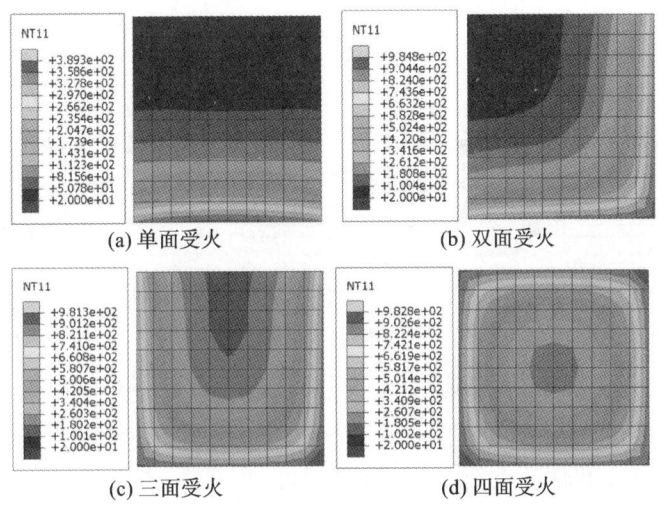

图 4-2-14　不同受火方式下混凝土截面温度场云图

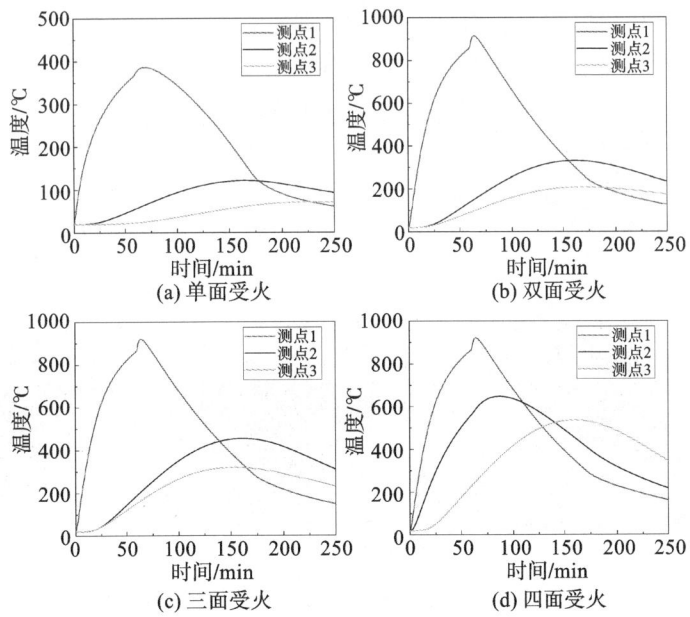

图 4-2-15　不同受火方式下的测点温度变化图

2. 截面尺寸

以 NCP1S14 试件四面受火为例,通过改变混杂纤维钢筋混凝土短柱截面尺寸分析截面中各测点温度随时间的变化规律。当火灾发生时,火灾区域的温度急剧上升。在外部温度急剧上升的同时,受火面的温度通过热传导转移到柱子的内部,柱子截面尺寸是影响温度传递的重要因素。不同截面尺寸下混凝土截面测点图如图 4-2-16 所示。

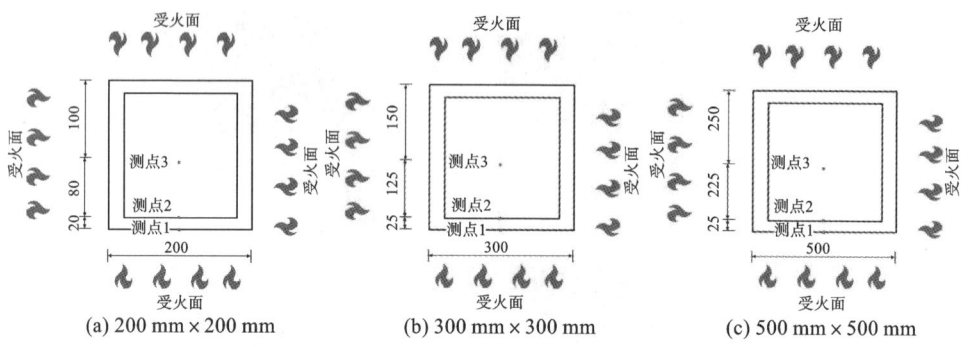

(a) 200 mm × 200 mm　　(b) 300 mm × 300 mm　　(c) 500 mm × 500 mm

图 4-2-16　不同截面尺寸下混凝土截面测点图(单位:mm)

图 4-2-17 为不同截面尺寸下混凝土截面温度场云图,图 4-2-18 为不同截面尺寸下的测点温度变化图。由图 4-2-17 和图 4-2-18 可知,不同截面尺寸的混凝土短柱外部温度(测点 1 温度)变化趋势相似,且最高温度相差不大,达到最高温度的时间也趋于统一。随着截面尺寸的增加,混凝土短柱保护层节点(测点 2)的温度变化越平缓,其最高温度随着截面尺寸的增加而降低。随着柱截面尺寸的增加,不仅会导致温度传递速度减缓,同时也会降低热传递过程中的温度增长。短柱的截面尺寸是决定柱中心温度和表面温度差的重要因素之一,随着柱截面尺寸的增大,其温度差异也会逐渐加大。温度达到 1000 ℃以后,这一差值将减小,因为 1000 ℃以后,由于自然因素的作用,表面温度很难升高[73]。由此可见,短柱截面尺寸的大小对于混杂纤维钢筋混凝土短柱温度场的影响较大,所以考虑截面尺寸的影响是必要的。

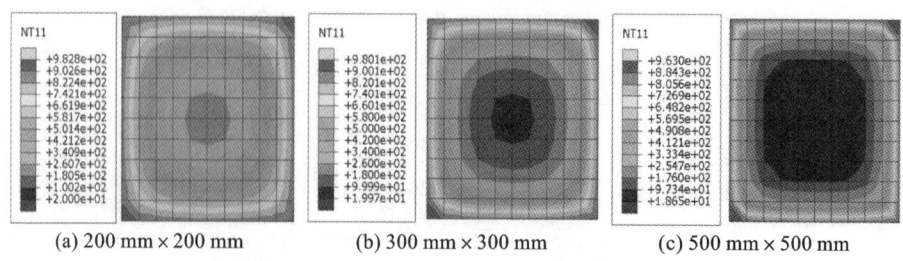

(a) 200 mm × 200 mm　　(b) 300 mm × 300 mm　　(c) 500 mm × 500 mm

图 4-2-17　不同截面尺寸下混凝土截面温度场云图

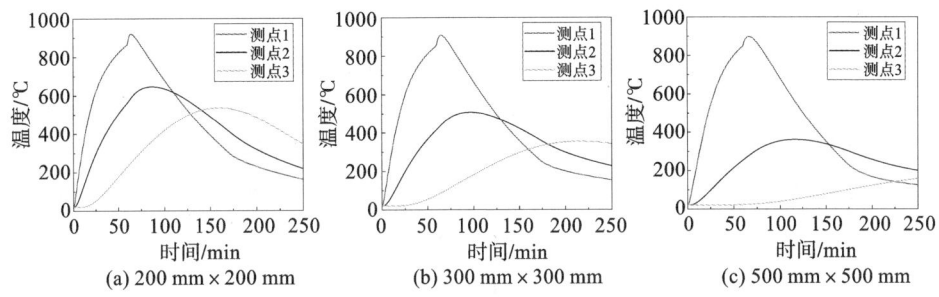

图 4-2-18　不同截面尺寸下的测点温度变化图

3. 纤维体积率

通过改变纤维体积率分析截面中各测点温度随时间的变化规律。各试件四面受火,截面测点图如图 4-2-16(a)所示。图 4-2-19 为不同纤维体积率下混凝土截面温度场云图,图 4-2-20 为不同纤维体积率下的测点温度变化图。NC、NCP1S8、NCP1S14 试件在相同受火条件下,测点 1 温度曲线大致相似,其最高温度依次为919.41 ℃、919.54 ℃、920.9 ℃,纤维体积率对混凝土外部温度的影响很小。三种试件测点 2 和测点 3 的温度变化趋势大致相似,都随着时间的增加先上升后下降。随着纤维体积率的增加,测点 2 和测点 3 的最高温度逐渐增加。表明纤维体积率对混凝土短柱截面温度场有影响,且纤维体积率越大,其影响越大。

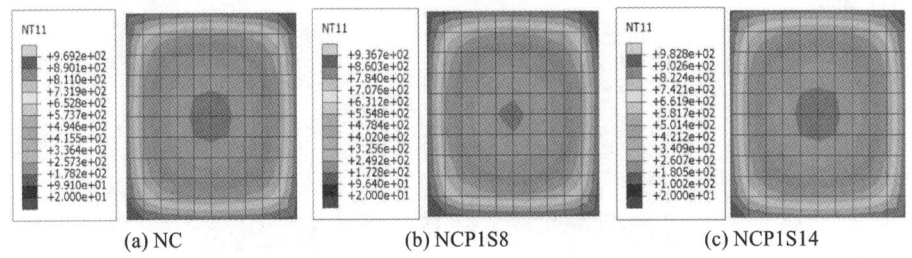

图 4-2-19　不同纤维体积率下混凝土截面温度场云图

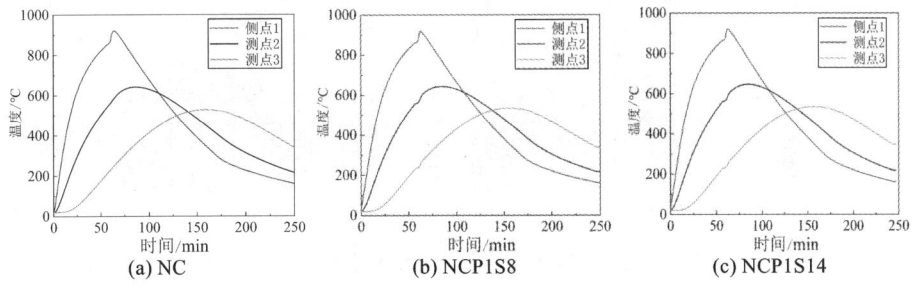

图 4-2-20　不同纤维体积率下的测点温度变化图

4. 受火时间

通过改变受火时间分析截面中各测点温度随时间的变化规律。各试件四面受火,截面测点图如图4-2-16(a)所示。图4-2-21为不同受火时间下混凝土截面温度场云图,图4-2-22为不同受火时间下的测点温度变化图。不同受火时间下各测点的温度变化趋势大致相似,升温至最高温度后降温,但所达到的最高温度以及升温速率不同。30 min受火时间的温度变化趋势与60 min、90 min、120 min受火时间有较大差异,达到的峰值温度较低,降温速度较其他3种受火时间快。随着受火时间的延长,柱整体所达到的最高温度也升高,同时保持高温的时间也延长,降温速度则逐渐减缓。在同一时刻不同位置受火柱内部各测点处的平均温度均随着离热源距离的增加而逐渐降低。90 min受火时间与120 min受火时间在最高温度与降温速度上的变化基本相似。测点2与测点3的温度变化规律与测点1类似,随着受火时间的增加,峰值温度越高,降温速度越快。当测点温度达到100 ℃后,曲线会有一个平缓的升温段,对比各升温曲线可以发现,随着至受热面距离的增加,测点温度呈现出越来越平缓的趋势,同时时间的滞后程度也逐渐加大。混凝土内部自由水蒸发吸收能量,导致温度上升缓慢,蒸汽消散后,曲线上升趋势恢复,同时,由于裂纹的展开,局部温度也会急剧升高。这些温度场的突变现象可能会导致混凝土发生一种极端破坏形式的爆裂。

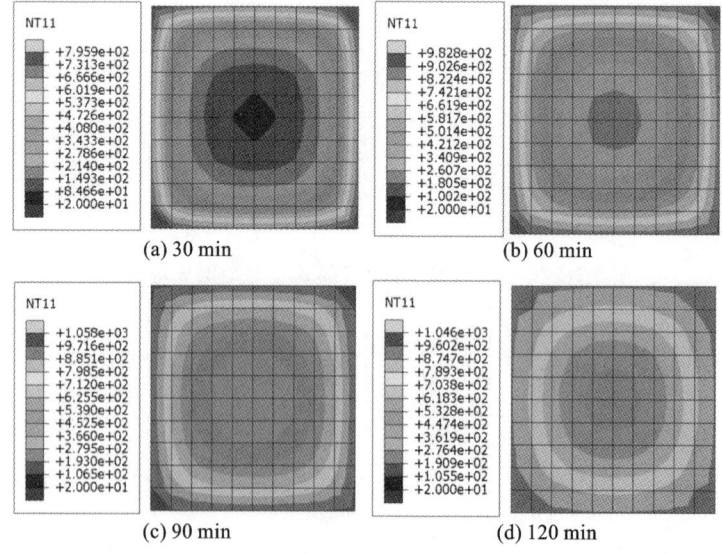

图 4-2-21　不同受火时间下混凝土截面温度场云图

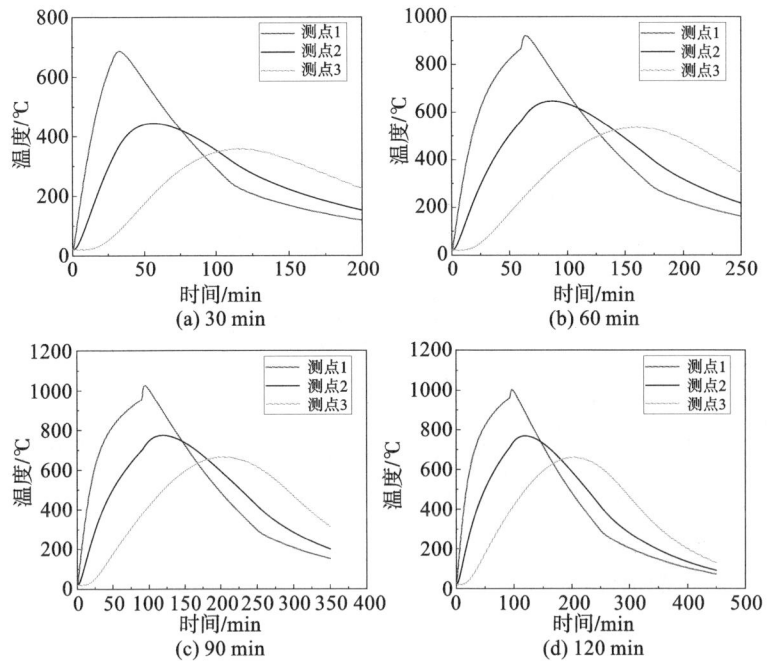

图 4-2-22　不同受火时间下的测点温度变化图

2.3 有限元力学模型

2.3.1 高温后材料的力学性能

1. 混凝土的力学性能

（1）抗压强度。

阎慧群[74]提出不同温度下混凝土的抗压强度计算公式，c 为不同温度下混凝土抗压强度折减系数，见表 4-2-7。

表 4-2-7　不同温度下混凝土抗压强度折减系数

温度/℃	常温	100	200	300	400	500	600	700	800	900	1000	1100	1200
c	1.00	0.95	0.9	0.85	0.75	0.6	0.45	0.3	0.15	0.08	0.04	0.01	0.00

（2）抗拉强度。

试验结果表明高温后混凝土抗拉强度随着温度的升高逐渐下降，且其下降幅度显著。如下是一些学者关于高温后混凝土抗拉强度的研究成果：

谢狄敏等[75]给出的公式如下：

$$\frac{f_t(T)}{f_t} = \begin{cases} 0.58 \times \left(1.0 - \dfrac{T}{300}\right) + 0.42, & 20\ ℃ \leqslant T < 300\ ℃ \\ 0.42 \times \left(1.6 - \dfrac{T}{500}\right), & 300\ ℃ \leqslant T < 800\ ℃ \\ 0, & T \geqslant 800\ ℃ \end{cases} \quad (4\text{-}2\text{-}10)$$

（3）弹性模量。

对于火灾后混凝土弹性模量的折减公式,邵伟[76]给出的公式如下:

$$\frac{E_t(T)}{E_t} = \begin{cases} \begin{aligned} &-2 \times \left(\dfrac{T}{1000}\right)^2 - 0.4\left(\dfrac{T}{1000}\right) \\ &-0.0502\ln t + 1.0362 \end{aligned}, & 20\ ℃ \leqslant T < 300\ ℃ \\ \begin{aligned} &3 \times \left(\dfrac{T}{1000}\right)^2 - 4.1\left(\dfrac{T}{1000}\right) \\ &-0.0195\ln t + 1.7315 \end{aligned}, & 300\ ℃ \leqslant T < 800\ ℃ \end{cases}$$

$$(4\text{-}2\text{-}11)$$

式中:t——加热时间(h);

T——经历的温度(℃);

E_t——常温下混凝土的弹性模量;

$E_t(T)$——高温后混凝土的弹性模量。

（4）应力-应变模型。

大量的实验数据表明,随着温度的升高,混凝土的应力-应变曲线会出现扁平化现象。若以峰值应力和相应的峰值应变对曲线进行无量纲化处理,则认为高温后的混凝土应力-应变标准曲线和常温下的可采用同一种形式,只是增加了温度的影响。吴波[77]给出的公式如下:

$$\partial_c(T) = \begin{cases} f_c\left[1.48 \times \left(\dfrac{\varepsilon_c(T)}{\varepsilon_{c1}(T)}\right) - 0.45 \times \left(\dfrac{\varepsilon_c(T)}{\varepsilon_{c1}(T)}\right)^2\right], & \varepsilon_c(T) < \varepsilon_{c1}(T) \\ 0.99 \times \left(\dfrac{\varepsilon_c(T)}{\varepsilon_{c1}(T)}\right) \times \dfrac{1}{2.48 \times \left(\dfrac{\varepsilon_c(T)}{\varepsilon_{c1}(T)} - 1\right)^2 + \left(\dfrac{\varepsilon_c(T)}{\varepsilon_{c1}(T)}\right)}, & \varepsilon_c(T) \geqslant \varepsilon_{c1}(T) \end{cases}$$

$$(4\text{-}2\text{-}12)$$

式中:$f_c(T)$——火灾后的抗压强度峰值(℃);

$\varepsilon_c(T)$——火灾后的应变;

$\varepsilon_{c1}(T)$——峰值应变。

2. 钢筋的力学性能

（1）屈服强度。

已有的试验数据显示,随着温度的升高,钢筋的屈服强度呈降低趋势,虽然受火后降至常温时,钢筋的屈服强度有一定的恢复,但损伤仍然很大。吴波[78]总结了如下钢筋屈服强度计算公式:

$$\frac{f_{\mathrm{y}}(T)}{f_{\mathrm{y}}} = \begin{cases} (100.19 - 0.01586T) \times 10^{-2}, & 20\ ℃ \leqslant T < 600\ ℃ \\ (121.395 - 0.0512T) \times 10^{-2}, & 600\ ℃ \leqslant T \leqslant 900\ ℃ \end{cases}$$

$$(4-2-13)$$

式中：$f_{\mathrm{y}}(T)$——高温后钢筋的屈服强度；

f_{y}——常温下钢筋的屈服强度。

（2）弹性模量。

钢筋的弹性模量随着温度升高不断降低，且其趋势的变化与钢筋的种类关系不大。吴波[77]提出的计算公式如下：

$$\frac{E_{\mathrm{s}}(T)}{E_{\mathrm{s}}} = \begin{cases} 1.027 - 1.335\left(\dfrac{T}{1000}\right), & T < 200\ ℃ \\ 1.335 - 3.371\left(\dfrac{T}{1000}\right) + 2.382\left(\dfrac{T}{1000}\right)^2, & 200\ ℃ \leqslant T < 600\ ℃ \end{cases}$$

$$(4-2-14)$$

式中：$E_{\mathrm{s}}(T)$——高温后的弹性模量（$\mathrm{N/mm^2}$）；

E_{s}——常温下的弹性模量（$\mathrm{N/mm^2}$）。

（3）应力-应变模型。

对比不同强度等级的钢筋，可以发现在不同温度下，应力-应变曲线的变化趋势呈现出相似的特征：首先，钢筋在屈服前的变形较小，且屈服台阶不太明显；当钢筋屈服后，其变形速度显著加快，直至达到其极限抗拉强度，此时其曲线呈现出水平状态。吴波[77]提出的计算公式如下：

$$\sigma_{\mathrm{s}} = \begin{cases} E_{\mathrm{sc}}\varepsilon_{\mathrm{s}}, & \varepsilon_{\mathrm{s}} < \varepsilon_{\mathrm{yr}}(T) \\ f_{\mathrm{yr}}(T) + E'_{\mathrm{sc}}(T)[\varepsilon_{\mathrm{s}} - \varepsilon_{\mathrm{yr}}(T)], & \varepsilon_{\mathrm{s}} \geqslant \varepsilon_{\mathrm{yr}}(T) \end{cases} \quad (4-2-15)$$

式中：$\varepsilon_{\mathrm{yr}}(T)$——高温后钢筋的屈服应变；

ε_{s}——常温下钢筋的屈服应变；

$E'_{\mathrm{sc}}(T)$——高温后钢筋的弹性模量；

E_{sc}——常温下钢筋的弹性模量；

$f_{\mathrm{yr}}(T)$——高温后钢筋的屈服强度。

3. 纤维的力学性能

由于钢纤维的应力、应变近似于钢筋的应力、应变，因此其本构模型采用了理想的弹塑性模型，以描述其被拉出而非拉断的特性[78]。混凝土在受到轴向压力时的形变较小，因此不考虑混凝土与钢纤维之间的黏附和滑移，而是将钢纤维嵌入混凝土基体中，从而默认钢纤维与混凝土基体共同承受力的作用，如图4-2-23所示。PVA纤维因其自身特性，在200 ℃

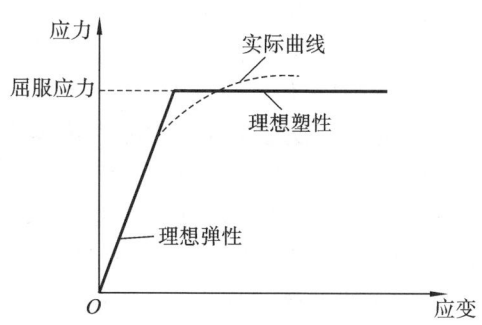

图 4-2-23 理想弹塑性模型

开始熔化,400 ℃后全部熔化,在混凝土中形成空隙,促进水蒸气的蒸发,从而抑制混凝土的爆裂,而在本试验模拟中无法实现且 PVA 纤维掺量很少,故不考虑 PVA 纤维的影响。在混杂纤维混凝土中,主要发挥促进作用的是钢纤维。

2.3.2　力学模型的验证与分析

1. 有限元建模过程

部件与上文温度场模型的部件保持一致。根据上文总结的材料力学性能公式,选择合适的公式计算材料的相关属性,定义钢筋、混凝土和钢纤维的属性。通过对 Part 部分的部件进行线性阵列、平移、旋转,将部件组装成与温度场模型一致。

除了默认的初始分析步,力学模型还包括两个分析步、一个静力分析步,将温度场模型计算结果文件导入力学性能模型中;引入第二个静态分析步,启动几何非线性开关以实现位移加载。通过引入一个新参数来表征结构在不同荷载作用下的损伤状态和破坏模式,并将该参数传递给后续阶段以保证计算结果准确可靠。此外,在考虑模型的收敛性时,需要设定一个特定的耗散能分数,以确保系统的稳定性。在相互约束里,将钢筋笼和钢纤维内置到混凝土中,创建两个耦合点,并将它们分别耦合到柱表面上,与柱成为一个整体。采用位移加载,定义两个耦合点的位移,设置边界条件。力学模型的网格划分同温度场模型保持一致,单元一定要共节点,否则会导致计算出错。

2. 模型验证与分析

将力学模型模拟结果与前文试验[72]数据进行对比,选取其中升温至 800 ℃后 NC、NCP1S8、NCP1S14 试件,通过对比荷载-位移曲线与原始数据,验证了力学模型的有效性,并进一步证明了其承载力的可靠性。

图 4-2-24 是钢筋混凝土短柱受火后的破坏形态。在试验过程中,由于荷载施加位置的不准确性以及混凝土质量的不均匀性等不确定性因素的影响,试验结果呈现出偏向于微小偏心破坏的趋势。以钢筋混凝土矩形截面短柱为研究对象,对其进行了单轴压缩试验研究。混凝土短柱的力学损伤程度因其热惰性和不均匀地受热而不同,导致不同部位所承受的最高温度和高温持续时间不同。因此对钢筋混凝土短柱轴压性能进行研究具有重要意义。在试验过程中,存在着一些难以确定的因素,其中短柱的受压开裂和混凝土的剥落表现得尤为明显。

根据前期温度场模型和力学模型建立柱的模型,得到三类试件模拟值与试验值的荷载-位移曲线对比图,如图 4-2-25 所示,模拟承载力与试验承载力对比见表 4-2-8。由图可知,试验曲线与 NC、NCP1S8、NCP1S14 试件的模拟曲线呈现相似的变化趋势,然而整体模拟值将高于试验值。原因是由于忽略了水分蒸发对温度场的影响以及材料之间的黏结滑移,试验的刚度相比模拟值低。另外在试验中存在的不确定因素和物理化学反应对短柱的影响,在模拟过程中无法实现。总体上来说,试验柱和模拟柱的荷载-位移曲线的变化趋势及数值结果基本

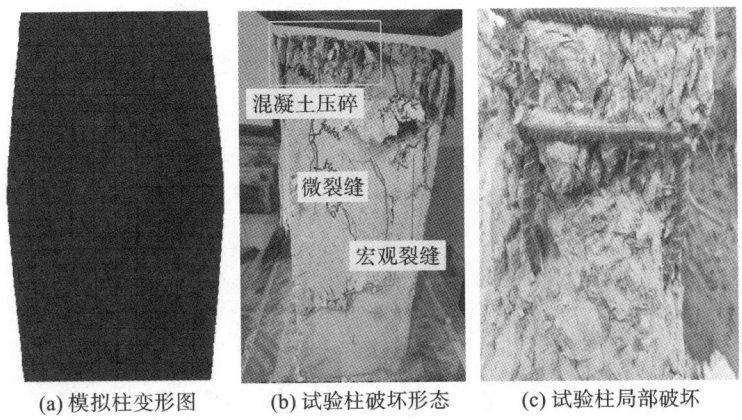

(a) 模拟柱变形图　　(b) 试验柱破坏形态　　(c) 试验柱局部破坏

图 4-2-24　NCP1S14 模拟柱与试验柱变形对比图

吻合,证明了混杂纤维钢筋混凝土短柱力学模型的有效性,为后面的参数分析奠定了基础。

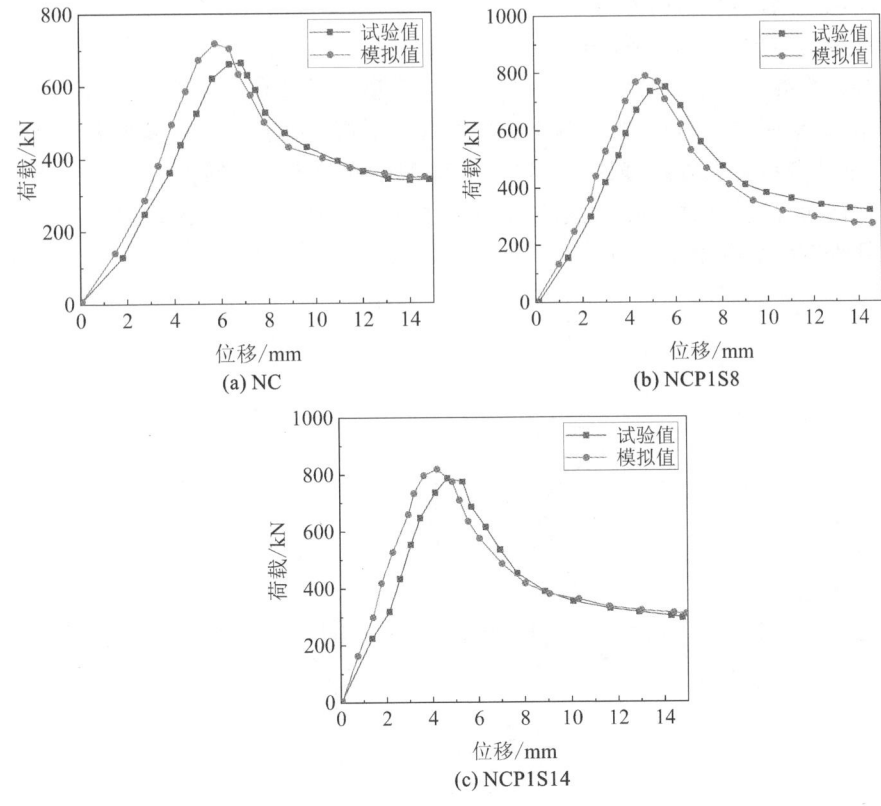

(a) NC

(b) NCP1S8

(c) NCP1S14

图 4-2-25　荷载-位移曲线

表 4-2-8　模拟承载力与试验承载力对比

试件编号	纤维体积率 /(%)	受火温度 /℃	模拟承载力 N_{u1}/kN	试验承载力 N_{u2}/kN	N_{u1}/N_{u2}	相对误差
NC	0	800	718.1	681.3	1.054	5.40%
NCP1S8	0.8	800	790.0	750.8	1.052	5.22%
NCP1S14	1.5	800	818.0	787.9	1.038	3.82%

2.4　本章小结

　　首先,本章对高温后混杂纤维钢筋混凝土短柱力学性能进行了试验研究,设计了 15 个短柱试件,其中 5 个普通钢筋混凝土短柱试件作为对照组,主要分析温度和纤维体积率对短柱试件力学性能的影响,其试验数据结果为后文的有限元分析打下基础。其次,在国内外众多学者的研究成果的基础上,总结并列举混凝土、钢筋和纤维的力学参数和热工参数,在此基础上利用有限元 ABAQUS 软件建立混杂纤维钢筋混凝土短柱的温度场模型和力学模型。通过对比分析试验结果和数值模拟结果,证明模型的有效性,为下文中的参数分析打下基础。在验证温度场模型之后,继续分析受火方式、截面尺寸、纤维体积率和受火时间对混杂纤维钢筋混凝土短柱截面温度场的影响。通过温度场云图和不同测点的时间温度曲线直观比较混杂纤维钢筋混凝土短柱内部温度场的变化趋势。

第3章 高温后混杂纤维钢筋混凝土短柱剩余承载力

在本篇第 2 章中,对温度场模型和力学模型的可靠性进行了验证,并就相关参数对模拟结果的影响进行了对比分析,最终确定了以本章所采用的标准模型作为参数分析的基础。在本篇第 2 章有限元模型得到验证的基础上,本章进一步利用有限元模型研究受火时间、受火方式、混凝土强度等级、截面尺寸、纤维体积率对短柱剩余承载力的影响,分析其荷载-位移曲线、剩余承载力及剩余承载力折减系数的变化,并最终提出火灾后混杂纤维钢筋混凝土短柱剩余承载力计算公式。

3.1 混杂纤维钢筋混凝土短柱剩余承载力参数分析

本章通过对不同受火时间(30 min、60 min、90 min、120 min)、不同受火方式(单面受火、双面受火、三面受火、四面受火)、不同混凝土强度等级(C30、C40、C50)、不同截面尺寸(200 mm×200 mm、300 mm×300 mm、500 mm×500 mm)、不同纤维体积率(NC、NCP1S8、NCP1S14)在不同受火时间下混杂纤维钢筋混凝土短柱剩余承载力进行分析,研究不同参数对短柱剩余承载力的影响。表 4-3-1 为短柱的模型参数。

表 4-3-1　短柱的模型参数

参数类型	取　　值	默　　认	编　　号
受火时间/min	30、60、90、120	60	N1～N12
受火方式/面	单、双、三、四	四	N13～N28
混凝土强度等级	C30、C40、C50	C30	N29～N40
截面尺寸/mm×mm	200×200、300×300、500×500	200×200	N41～N52
纤维体积率	NC、NCP1S8、NCP1S14	NCP1S14	N53～N64

表 4-3-1 中试件按顺序依次编号,例如:N29～N32 表示混凝土强度等级为 C30,受火时间依次为 30 min、60 min、90 min、120 min;N33～N36 表示混凝土强度等级为 C40,受火时间依次为 30 min、60 min、90 min、120 min。按照此顺序和方式依次对不同影响因素下的试件进行编号。

为了更加直观地比较混杂纤维钢筋混凝土短柱在高温前后的剩余承载能力差异,提出了一种剩余承载能力的折减系数 k:

$$k = \frac{N_{cr}}{N_u} \tag{4-3-1}$$

式中:N_{cr}——高温后短柱的剩余承载力(kN);

　　　N_u——常温下短柱的剩余承载力(kN)。

利用上述短柱剩余承载力的折减系数,探究不同参数对高温(火灾)后混杂纤维钢筋混凝土短柱剩余承载力的影响,以直观的方式呈现短柱剩余承载力的损失比例,并对比其与普通混凝土短柱的异同之处。

主要分析试件在不同受火时间、受火方式、截面面积、混凝土强度等级和纤维体积率下荷载-位移曲线的变化规律。

3.1.1　受火时间

受火时间是影响高温后混杂纤维钢筋混凝土短柱剩余力学性能的重要因素之一。通过选择不同受火时间,受火方式、截面面积、混凝土强度等级、纤维体积率选取默认值的方式,分析 NCP1S14 试件在不同受火时间后荷载-位移曲线的变化规律。不同受火时间下 NCP1S14 试件荷载-位移曲线如图 4-3-1 所示。随着受火时间的延长,试件在其弹性阶段所表现出的刚性逐渐减弱;高温后,试件在弹塑性阶段的刚度和极限变形能力都会有不同程度的下降。随着峰值荷载的增加,相应的位移也呈现出逐步上升的趋势;受火柱截面上的最大应力值与试验结果吻合良好。

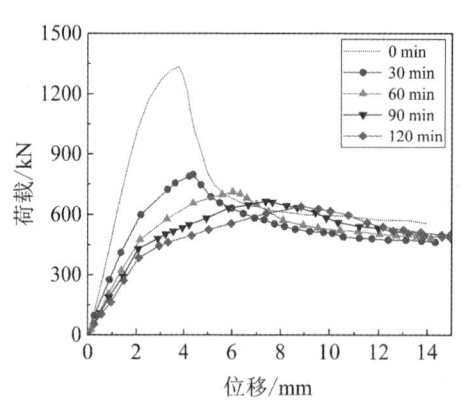

图 4-3-1　不同受火时间下 NCP1S14 试件荷载-位移曲线

随着受火时间的延长,构件的剩余承载能力逐渐减弱。在下降段,由于火灾导致混凝土的承载能力严重削弱,而钢筋的性能在火灾后得到了显著的恢复,荷载则由内部的钢筋和钢纤维共同承担,从而使得构件在下降段呈现出更为优异的延性表现。随着受火时间的增加,试件峰值荷载不断减小,其承载力不断降低,同时峰值位移越大,其变形越大。试件经历高温后的初始刚度折减系数随受火时间的增加逐渐降低,初始刚度的损伤程度大于承载力衰减

幅度。在 60 min 前试件的初始刚度折减系数下降较快,60 min 后试件的轴压刚度下降幅度减小,此趋势与峰值荷载和峰值位移的变化一致。试件刚度的降低与试件暴露在高温下后混凝土材料弹性模量的降低有关。事实上,试件的刚度与混凝土的弹性模量密切相关,刚度的降低是由材料高温后的性能退化造成的,此外,由

混凝土剥落造成的横截面积减少也应考虑在内。说明受火时间对混杂纤维钢筋混凝土短柱的受力和变形影响显著。

其余参数保持恒定不变,只改变混杂纤维钢筋混凝土短柱的受火时间,分析受火时间对不同试件剩余承载力和剩余承载力折减系数的影响。本次以 30 min、60 min、90 min、120 min 四种受火时间对混杂纤维钢筋混凝土短柱进行温度场模拟和力学模拟,研究 NC、NCP1S8、NCP1S14 试件经历不同受火时间后的剩余承载力和剩余承载力折减系数的变化规律。受火时间对短柱剩余承载力和剩余承载力折减系数的影响如图 4-3-2、图 4-3-3 所示。

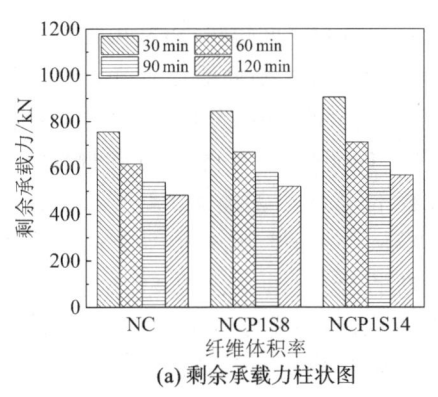

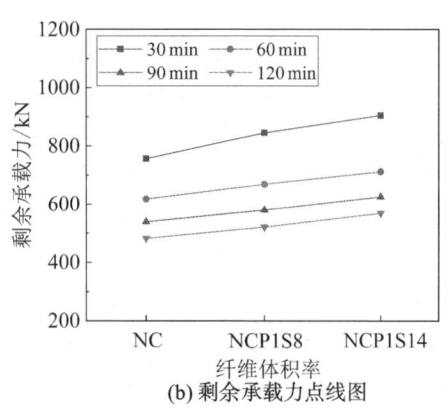

图 4-3-2　受火时间对短柱剩余承载力的影响

由图 4-3-2 可知,随着受火时间的增加,三类试件的剩余承载力均不断降低。结果表明,随着温度的升高,试件的弹性和变形性能均有所降低。当受火时间在 60 min 以下时,剩余承载力会有较大的降低,当受火时间在 60 min 以上时,剩余承载力会有较小的降低。其主要原因是当受火时间在 60 min 以下时,温度持续升高至 900 ℃ 左右,混凝土的损伤较为明显,当受火时间达到 90 min、120 min 后,温度上升较慢,混凝土内部温度分布较为均匀,所以其承载力下降较为缓慢。经历相同受火时间后,

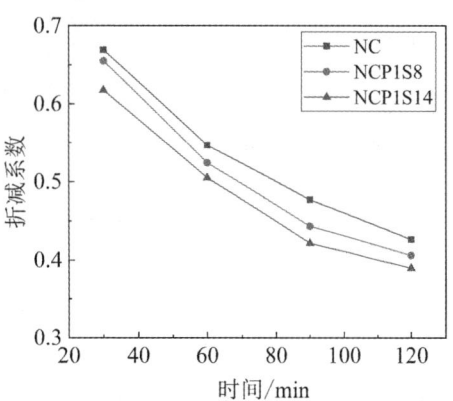

图 4-3-3　受火时间对短柱剩余承载力折减系数的影响

随着纤维体积率的增加,试件的剩余承载力损失越小,钢纤维和 PVA 纤维可以提高高温后钢筋混凝土的承载力。

分析图 4-3-3 可知,混杂纤维钢筋混凝土短柱高温后剩余承载力折减系数随受

火时间的增加而下降,并且在 60 min 前下降幅度较大,60 min 后下降幅度变缓。在混凝土受火前 60 min,其受损速度显著加快,而在经过 60 min 后,混凝土的温度逐渐升高,导致混凝土进一步升温的速度显著减缓,从而导致在 60 min 前混凝土短柱剩余承载力折减系数明显减少。说明受火时间是影响混杂纤维钢筋混凝土短柱剩余承载力和剩余承载力折减系数的重要因素之一,因此,在实际工程中,为了提高混杂纤维钢筋混凝土短柱在火灾后的剩余承载能力,必须充分考虑高温的影响,并进行合理的参数设计。

3.1.2　受火方式

短柱受火面越多,混凝土受热面积越大且传热的速度越快,短柱内部混凝土经历的最高温度越高,其力学性能下降得越多。通过选择不同受火方式,受火时间、截面面积、混凝土强度等级、纤维体积率选取默认值的方式,分析 NCP1S14 试件在不同受火方式(单面受火、双面受火、三面受火、四面受火)下荷载-位移曲线的变化规律。不同受火方式下 NCP1S14 试件荷载-位移曲线如图 4-3-4 所示。分析图 4-3-4 可知,在相同条件下,双面受火(相邻两面)、三面受火、四面受火的受火工况下短柱的峰值荷载与单面受火相比分别下降了 10.8%、34.4%、53.8%。可以看出随着受火面的增加,试件峰值荷载逐渐降低,且下降幅度逐渐增大,表明随着受火面的增加,混杂纤维钢筋混凝土短柱的承载能力逐渐降低,且四面受火时混凝土损伤最为显著。

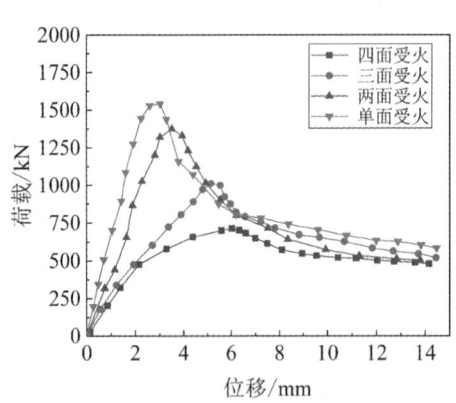

图 4-3-4　不同受火方式下 NCP1S14 试件荷载-位移曲线

随着受火面的增加,混杂纤维钢筋混凝土短柱峰值位移逐渐增大,初始刚度越低。主要原因是随着受火面的增加,受火面积也增加,受火面的温度上升速度极快,混凝土内部达到的最高温度越大,混凝土损伤越明显。混凝土作为一种热惰性材料,在受火面停止升温并开始降温的过程中,其内部的热量仍在不断传递,从而导致其温度持续上升。在相同条件下,双面受火(相邻两面)、三面受火、四面受火的受火工况下短柱的初始刚度与单面受火相比分别下降了 43.4%、62.7%、66.3%。随着受火面的增加,试件的初始刚度逐渐降低,试件单面受火与四面受火的初始刚度差距较大,但三面受火与四面受火后试件的初始刚度下降幅度较小。与峰值荷载相比,不同受火方式对试件的初始刚度影响更显著。表明受火方式是影响混杂纤维钢筋混凝土短柱剩余力学性能的重要因素之一。

下面采用四种不同的受火工况(分别为单面受火、双面受火(邻面)、三面受火以及四面受火)对混杂纤维混凝土短柱进行有限元模拟,研究混杂纤维钢筋混凝土短柱受火 30 min、60 min、90 min、120 min 后的剩余承载力和剩余承载力折减系数的变化规律。受火方式对短柱剩余承载力和剩余承载力折减系数的影响如图 4-3-5、图4-3-6 所示。

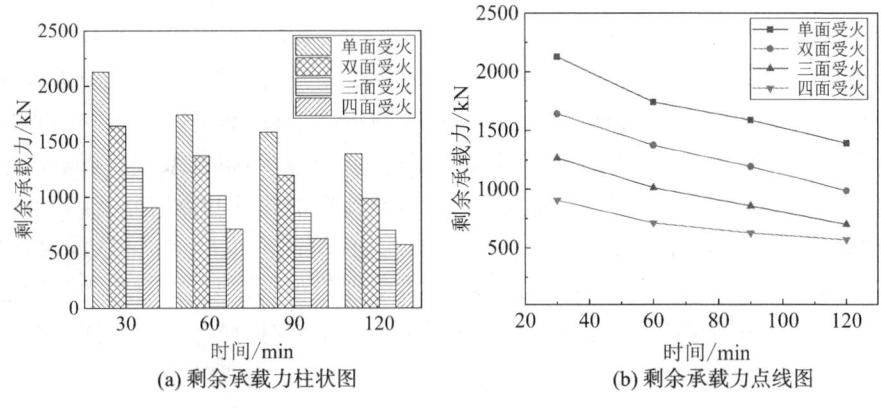

(a) 剩余承载力柱状图　　　　(b) 剩余承载力点线图

图 4-3-5　受火方式对短柱剩余承载力的影响

如图 4-3-5 可知四种受火方式下混杂纤维钢筋混凝土短柱的剩余承载力随着受火时间的增加而降低。随着受火时间的延长,混杂纤维钢筋混凝土短柱在不同的受火工况下表现出不同的剩余承载力下降趋势,初期下降速度较快,但随着时间的推移,下降速度逐渐减缓。随着受火时间的增加,单面受火下混杂纤维钢筋混凝土短柱的剩余承载力下降速度小于多面受火。单面受火对短柱的力学性能的影响存在限制,然而随着受火时间的延长,其损失的力学性能相对较低。

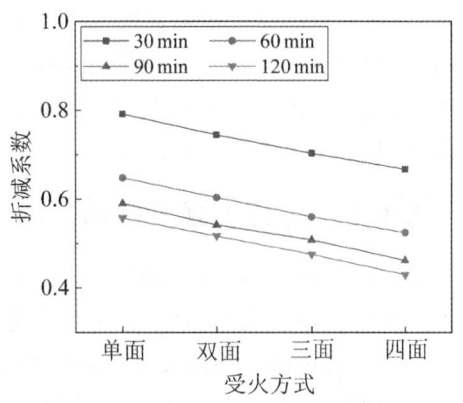

图 4-3-6　受火方式对短柱剩余承载力折减系数的影响

在试验研究基础上,通过理论分析和有限元模拟得出了不同温度下受火短柱轴力、弯矩以及变形等方面的性能变化规律。随着时间的推移,多面受火的短柱所遭受的力学性能损失远远超过单面受火的情况,这不仅仅是在受火前期,而且是在长时间的受火过程中,导致混凝土短柱的力学性能损失更加严重。在相同受火时间下,随着受火面的增加,混杂纤维钢筋混凝土短柱的承载力逐渐降低。在 60 min前,受火面的增加对混杂纤维钢筋混凝土短柱的剩余承载力影响显著,60 min 后,在相同温度下,随着受火面的增加,短柱剩余承载力下降幅度先增加后减小。相比受火时间来说,受火方式对混杂纤维钢筋混凝土短柱的剩余承载力的影响更大,且受火面越多,受火时间越长,混杂纤维钢筋混凝土短柱剩余承载力越小。

由图4-3-6可知,在高温环境下,混杂纤维钢筋混凝土短柱的剩余承载力折减系数随受火面的增加而减少,其下降幅度相当可观。

受火方式不同时,混凝土在受火前60 min内损伤速度较快,60 min后混凝土剩余承载力折减系数小幅度减少,其损伤较为缓慢。混杂纤维钢筋混凝土短柱在四面受火30 min与单面受火120 min时折减系数差异为0.11;对比混杂纤维混凝土短柱单面受火30 min和四面受火120 min的折减系数,其差值为0.36。直接证明了受火面的增加对混杂纤维钢筋混凝土短柱剩余承载力折减系数的影响高于受火时间。由于多面受火的影响,混凝土内部传热速度加快,同时外部大面积混凝土受到高温的影响,混凝土失去了大部分力学性能;而钢筋也因多面传热的高温影响,其力学性能有所下降,即使在高温后,其力学性能得到恢复,损失的力学性能也比单面受火的钢筋多得多。因此,对多面受火进行研究时,应考虑到不同受热方式下材料性能的变化以及结构整体温度场分布规律。多面受火的混杂纤维钢筋混凝土短柱内部的温度传递速度更快,且高温持续时间更长;而单面受火的短柱由于不受火面多,其热量传递速度较慢,同时散热能力也更强。总的来说,与受火时间相比,受火方式对混杂纤维钢筋混凝土短柱剩余承载力和剩余承载力折减系数的影响更大,其受火面越多,剩余承载力越小,折减系数越小,混凝土损伤越严重。高温条件下,混杂纤维钢筋混凝土短柱的剩余承载力和折减系数受到受火方式的显著影响,这是一个至关重要的因素。

3.1.3　混凝土强度等级

在室温下,增强混凝土的抗压能力可以显著提升混凝土柱的极限承载能力。在高温环境下,短柱的剩余承载能力受到混凝土强度的显著影响,这是一个不可忽视的因素。通过选择不同混凝土强度等级,受火时间、截面面积、受火方式、纤维体积率选取默认值的方式,分析NCP1S14试件在不同混凝土强度等级(C30、C40、C50)下荷载-位移曲线的变化规律。不同混凝土强度等级下NCP1S14试件荷载-位移曲线如图4-3-7所示。

在相同条件下,试件的峰值荷载随着混凝土强度等级的增加而增大,且增大幅度较为明显。随着混凝土强度等级的增加,混杂纤维钢筋混凝土短柱峰值位移逐渐减小,变形也越小。混凝土强度的增加对混杂纤维钢筋混凝土短柱初始刚度的增加效果明显,对于C50混凝土试件来说,其峰值荷载和初始刚度最大,峰值位移最小,其高温后的力学性能最好。

其余参数保持恒定不变,只改变混杂纤维钢筋混凝土短柱的受火面,分析不同混凝土强度等级对混杂纤维钢筋混凝土短柱高温后剩余承载力和剩余承载力折减系数的影响。本次以 C30、C40、C50 三种混凝土强度等级对混杂纤维钢筋混凝土短柱进行有限元模拟,研究混杂纤维钢筋混凝土短柱受火 30 min、60 min、90 min、120 min 后的剩余承载力和剩余承载力折减系数的变化规律。混凝土强度等级对混杂纤维钢筋混凝土短柱剩余承载力和剩余承载力折减系数的影响如图 4-3-8、图 4-3-9 所示。

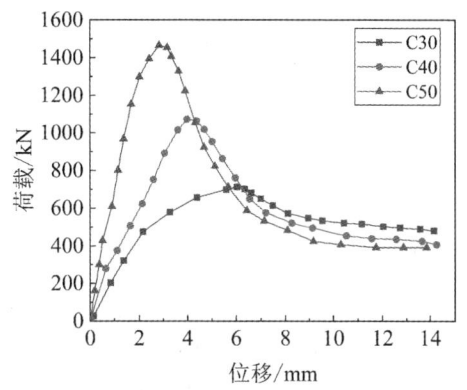

图 4-3-7　不同混凝土强度等级下 NCP1S14 试件荷载-位移曲线

　　分析图 4-3-8 可知,三种混凝土强度等级下混杂纤维钢筋混凝土短柱的剩余承载力随受火时间的增加而降低。

不同混凝土强度等级下,混杂纤维钢筋混凝土短柱的剩余承载力随受火时间的增加而降低,混凝土强度等级为 C30 的混杂纤维钢筋混凝土短柱剩余承载力下降幅度小于 C50 混杂纤维钢筋混凝土短柱。说明混凝土强度等级越高,试件经历高温后损失的力学性能越大。

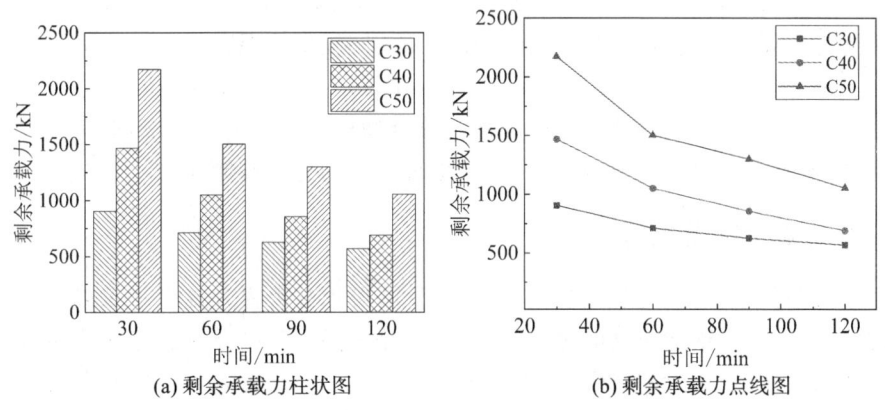

(a) 剩余承载力柱状图　　　　　　　　(b) 剩余承载力点线图

图 4-3-8　混凝土强度等级对混杂纤维钢筋混凝土短柱剩余承载力的影响

　　经历相同受火时间后,混杂纤维钢筋混凝土短柱的剩余承载力随混凝土强度等级的增加而增加。混凝土在常温下有较大承载力,但随着受火时间的增长,不同混凝土强度等级的混杂纤维钢筋混凝土短柱剩余承载力之间的差值逐渐减小,随着受火时间的增加,不同混凝土强度等级的混杂纤维钢筋混凝土短柱剩余承载力增长幅度在减少。随着受火时间延长,其极限承载能力下降幅度增大。研究表明,混杂纤维钢筋混凝土短柱的剩余承载力受到受火初期混凝土强度等级的显著影响,但随着时间的推移,受火时间逐渐成为决定短柱剩余承载力的关键因素。综合考虑,提升混凝土的强度等级仍可增强混杂纤维钢筋混凝土短柱的剩余承载能力。

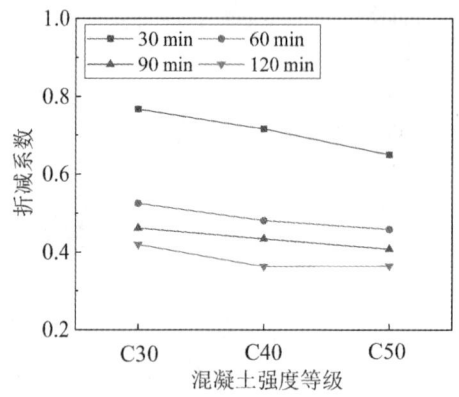

图 4-3-9   混凝土强度等级对混杂纤维钢筋混凝土短柱剩余承载力折减系数的影响

分析图 4-3-9 可知,不同混凝土强度等级的混杂纤维钢筋混凝土短柱剩余承载力折减系数的变化与经历受火时间的变化规律大体一致,随着受火时间的增加,混杂纤维钢筋混凝土短柱剩余承载力折减系数逐渐减小。

不同混凝土强度等级的短柱试件,在火灾发生前的 60 min 内,短柱的剩余承载力折减系数呈现出快速下降的趋势;然而,在火灾发生后的 60 min 内,随着时间的推移,这种下降趋势逐渐减缓。不同混凝土强度等级的混杂纤维钢筋混凝土短柱折减系数随混凝土强度等级的升高而降低。随着混凝土强度等级的提高,试件在火灾后所遭受的力学性能损失呈现出逐渐增大的趋势。混凝土的主要作用在于给短柱提供承载能力,而钢筋的作用相对于混凝土较小,因此随着受火时间的增加,混凝土所承受的损伤也会逐渐加大。

由于火灾后,钢筋的力学性能比混凝土更高,因此在高温环境下,短柱的剩余承载能力主要由未完全受损的混凝土和钢筋共同提供。混凝土强度等级是影响高温后混杂纤维钢筋混凝土短柱剩余承载力和剩余承载力折减系数的主要因素之一,所以设计混杂纤维钢筋混凝土短柱时要合理选取混凝土强度,确保在火灾发生后,短柱能够承受足够的荷载,同时避免出现过度的力学性能损失。

3.1.4   截面尺寸

室温条件下,通过增加短柱的横截面尺寸,可以显著提升其极限承载能力。在火灾发生后,通过增加短柱的截面尺寸,可以显著提升其剩余承载能力。通过选择不同截面尺寸,受火时间、混凝土强度等级、受火方式、纤维体积率选取默认值的方式,分析 NCP1S14 试件在不同截面面积（0.04 dm²、0.09 dm²、0.25 dm²）下荷载-位移曲线的变化规律。不同截面积下 NCP1S14 试件荷载-位移曲线如图 4-3-10 所示。

在相同条件下,截面面积为 0.09 dm²、0.25 dm² 的混杂纤维钢筋混凝土短柱的峰值荷载是截面面积为 0.04 dm² 混凝土试件的 1.75、3.05 倍。在相同条件下,混杂纤维钢筋混凝土短柱截面面积越大,其峰值荷载越大,且增长幅度也越大。随着截面尺寸的增大,混杂纤维钢筋混凝土短柱峰值位移逐渐减小,其受力变形越小,高温后其力学性能越好。截面尺寸的增加可以有效提高高温后混杂纤维钢筋混凝土短柱的初始刚度,合理选择混杂纤维钢筋混凝土短柱的截面尺寸对其火灾后的力学性能非常重要。

下面分析不同截面尺寸对混杂纤维钢筋混凝土短柱高温后剩余承载力和剩余承载力折减系数的影响。本次以 $0.04\ dm^2$、$0.09\ dm^2$、$0.25\ dm^2$ 三种截面面积对混杂纤维钢筋混凝土短柱进行有限元模拟,研究混杂纤维钢筋混凝土短柱受火 30 min、60 min、90 min、120 min 后的剩余承载力和剩余承载力折减系数的变化规律。截面面积对混杂纤维钢筋混凝土短柱剩余承载力和剩余承载力折减系数的影响如图 4-3-11、图 4-3-12 所示。

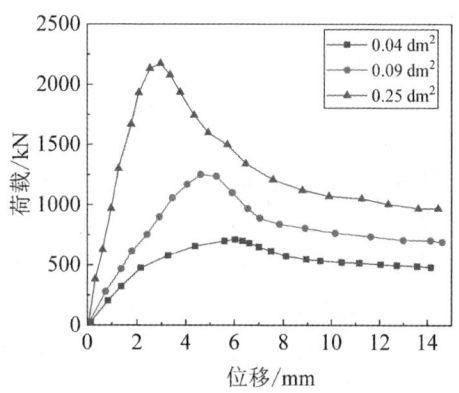

图 4-3-10 不同截面面积下 NCP1S14 试件荷载-位移曲线

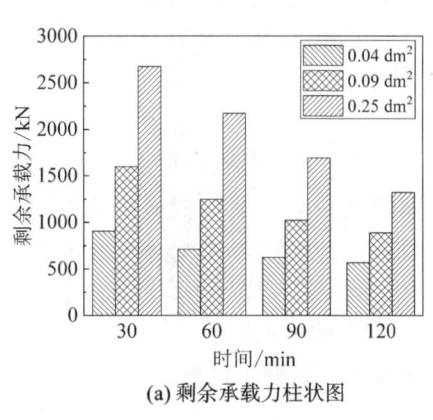

(a) 剩余承载力柱状图

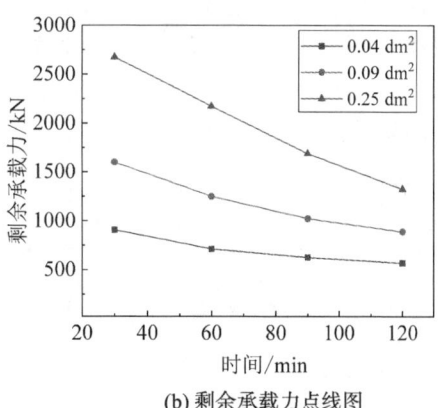

(b) 剩余承载力点线图

图 4-3-11 截面面积对混杂纤维钢筋混凝土短柱剩余承载力的影响

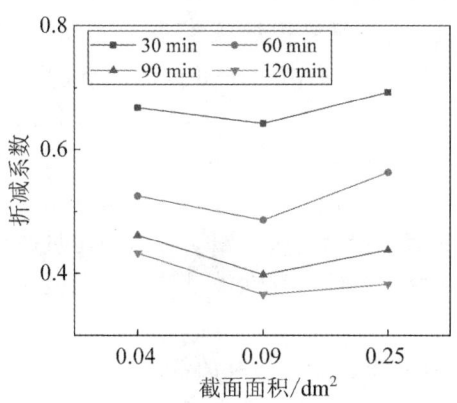

图 4-3-12 截面面积对混杂纤维钢筋混凝土短柱剩余承载力折减系数的影响

分析图 4-3-11 可知,对于不同截面尺寸的混杂纤维钢筋混凝土短柱,其剩余承载力均随受火时间的增加而降低。随着受火时间的增加,截面尺寸越大,剩余承载力越大,剩余承载力下降幅度也越大。随着温度的升高,混凝土所承受的压力逐渐增大,从而导致混凝土的抗压强度逐渐降低,并且这种退化现象会变得更加显著。因此,当截面尺寸越小时,随着受火时间的增加,温度越高,材料性能退化越严重,其剩余承载力越小。证明了截面尺寸越大,混杂纤维钢筋混凝土短柱耐火性越好,其剩余承载力越高。

　　分析图 4-3-12 可知,不同截面尺寸的混杂纤维钢筋混凝土短柱随受火时间的增加,其剩余承载力折减系数降低。在受火初期,混杂纤维钢筋混凝土短柱会损失部分承载力,随着火灾时间的延长,混杂纤维钢筋混凝土短柱的承载能力逐渐减弱,其损失比例逐渐降低。随着受火时间的增加,混杂纤维钢筋混凝土短柱在 90 min 和 120 min 后的剩余承载力折减系数呈现出一致的变化规律,即截面尺寸越大,混凝土损伤面积越大,整体而言,未受损和部分受损的混凝土面积也随之增大,从而导致剩余承载力折减系数增大。总而言之,随着截面尺寸的增大,混杂纤维钢筋混凝土短柱的耐火性得到显著提升,同时受火后的剩余承载力也逐渐增加。

3.1.5　纤维体积率

　　纤维可使混凝土的抗压强度、抗拉强度、抗折强度、早期收缩、抗渗性、耐磨性、耐久性等各种物理力学性能有所改善。通过选择不同纤维体积率,受火时间、混凝土强度等级、受火方式、截面尺寸选取默认值的方式,分析试件在不同纤维体积率(NC、NCP1S8、NCP1S14)下荷载-位移曲线的变化规律。不同纤维体积率下短柱试件的荷载位-移曲线如图 4-3-13 所示。

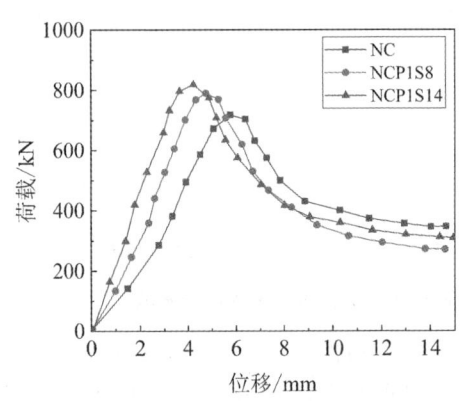

**图 4-3-13　不同纤维体积率下短柱
试件的荷载-位移曲线**

　　在 PVA 纤维掺量一定的条件下,钢纤维掺量的增加能显著提高其峰值荷载。在相同条件下,NC 试件的峰值荷载最小,NCP1S14 试件的峰值荷载最大。因为相对于普通混凝土试件,混杂纤维钢筋混凝土试件经历高温后,由钢纤维承担主要拉力,在混凝土骨料之间起到桥接作用,同时抑制裂缝的延伸和扩展,钢纤维掺量越多,作用越明显,从而承载力更高。在相同条件下,NC 试件的峰值位移最大,NCP1S14 试件的峰值位移最小。因为在 400 ℃后,钢纤维成为导致峰值位移变化的主要原因,钢纤维越多,试件峰值位移越小。试件刚度的降低与试件暴露在高温下混凝土材料弹性模量的降低有关。表明掺入一定量的钢纤维和 PVA 纤维可以提高混杂纤维钢筋混凝土短柱的弹性模量。纤维混凝土在高温后的破坏机理与普通混凝土基本相似。

　　其余参数保持恒定不变,只改变混杂纤维钢筋混凝土短柱的纤维体积率,分析不同纤维体积率对混杂纤维钢筋混凝土短柱高温后剩余承载力和剩余承载力折减系数的影响。本次以 NC、NCP1S8、NCP1S14 三种纤维体积率对混杂纤维钢筋混凝土短柱进行有限元模拟,研究混杂纤维钢筋混凝土短柱受火 30 min、60 min、90 min、

120 min 后的剩余承载力和剩余承载力折减系数的变化规律。纤维体积率对混杂纤维钢筋混凝土短柱剩余承载力和剩余承载力折减系数的影响如图 4-3-14、图 4-3-15 所示。

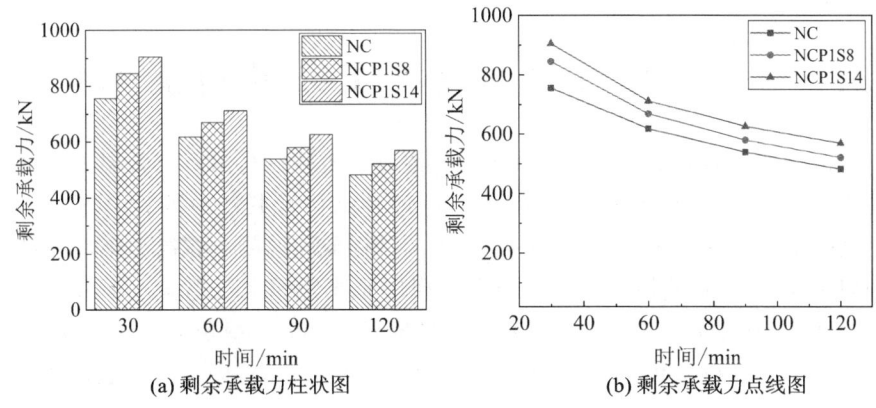

(a) 剩余承载力柱状图　　　　　(b) 剩余承载力点线图

图 4-3-14　纤维体积率对混杂纤维钢筋混凝土短柱剩余承载力的影响

　　在相同受火时间下,试件的剩余承载力随着纤维体积率的增加而增大。PVA 纤维具有亲水性,因此在混凝土中掺入 PVA 纤维后,纤维表面会聚集大量的水分,从而为水泥水化提供优越的环境条件。此外,随机分布的纤维还形成了网状结构,从而提高混凝土的强度。同时钢纤维本身具有较大的抗拉强度,能够减少混凝土内部微小裂缝的产生和扩展,从而提高混杂纤维钢筋混凝土短柱的承载力。故经历相同受火时间后的混杂纤维钢筋混凝土短柱剩余承载力

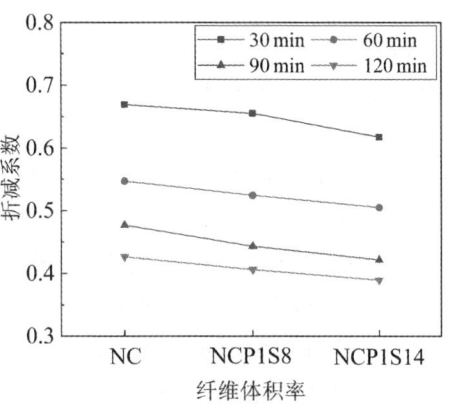

图 4-3-15　纤维体积率对混杂纤维钢筋混凝土短柱剩余承载力折减系数的影响

高于普通钢筋混凝土短柱,且纤维体积率越大,试件的剩余承载力越高。随着受火时间的增加,三种纤维体积率下的混杂纤维钢筋混凝土短柱剩余承载力逐渐降低,且在 60 min 前下降幅度较大,60 min 后下降幅度较小。表明 PVA 纤维和钢纤维的掺入可以提高混杂纤维钢筋混凝土短柱试件的剩余承载力。

　　分析图 4-3-15 可知,混杂纤维钢筋混凝土短柱试件的剩余承载力折减系数随纤维体积率的增加而减小。经历相同受火时间后,混杂纤维钢筋混凝土短柱试件的剩余承载力折减系数随纤维体积率的增加而减小,且 NC 试件的剩余承载力折减系数最大,NCP1S14 试件的剩余承载力折减系数最小。另一方面,钢纤维本身

具有良好的导热性,使得混凝土内部的温度较为均匀,降低混凝土内部因温度差所导致的内部应力,同时减少了混凝土内部局部升温引起的结构损坏,从而提高了混凝土高温后的力学性能。整体而言,纤维体积率越大,混杂纤维钢筋混凝土短柱的剩余承载力越大,其剩余承载力折减系数越小。

3.2　混杂纤维钢筋混凝土短柱剩余承载力

混杂纤维钢筋混凝土短柱和普通钢筋混凝土短柱在高温后与常温下的破坏演变规律具有相似性,基于材料力学原理,这两种结构承载能力的计算方式是相同的。试验结果证明了所提出方法的有效性。试件截面混凝土在高温环境下遭受了不均匀的破坏,导致其极限应变和应力呈现出非线性的变化趋势。本节在规范公式的基础上,通过剩余承载力折减系数推导出高温后试件剩余承载力计算公式,并对计算方法进行精确度对比分析,结果表明该计算方法具有较大的适用性和精确度。

3.2.1　高温后混凝土短柱剩余承载力计算

《混凝土结构设计规范》(GB/T 50010—2010)[79]中常温下普通钢筋混凝土柱的剩余承载力计算式见式(4-3-2):

$$N_u = 0.9\phi(f_c A + f'_y A'_s) \tag{4-3-2}$$

式中:N_u——轴向压力承载力设计值(N);

　　　ϕ——钢筋混凝土轴心受压构件的稳定系数,查表;

　　　f_c——混凝土轴心抗压强度设计值(N);

　　　f'_y——纵筋的抗压强度设计值(N);

　　　A——构件截面面积(mm^2);

　　　A'_s——纵筋截面面积(mm^2)。

根据相关文献[80]和《纤维混凝土应用技术规程》(JGJ/T 221—2010)[81]对高温后混凝土柱剩余承载力的介绍,混杂纤维钢筋混凝土短柱剩余承载力计算公式如下:

$$N_{cr} = k \cdot N_u \tag{4-3-3}$$

式中:N_{cr}——高温后混杂纤维钢筋混凝土短柱剩余承载力(kN);

　　　N_u——常温下混杂纤维钢筋混凝土短柱剩余承载力(kN);

　　　k——高温后混杂纤维钢筋混凝土短柱剩余承载力折减系数。

在本章 3.1 节中分析并确定了高温后混杂纤维钢筋混凝土短柱剩余承载力折减系数 k 以及构件常温下的承载力,利用式(4-3-3)可以求得高温后构件的剩余承载力。数值计算结果表明,影响高温后混杂纤维钢筋混凝土短柱剩余承载力折减系数 k 的主要因素是受火时间、混凝土强度和纤维体积率。在数值模拟计算结果的基础上,通过回归分析的方法得到高温后混杂纤维钢筋混凝土短柱剩余承载力折减系数 k 的简化计算式,见式(4-3-4),具体如下:

$$k = \alpha \cdot k_1 \cdot k_2 \cdot k_3 \tag{4-3-4}$$

式中:α——系数,取 1.975;

　　k_1——受火时间对 k 的影响;

　　k_2——混凝土强度对 k 的影响;

　　k_3——纤维体积率对 k 的影响。

　　其中:

$$k_1 = -3 \times 10^{-8} t^3 + 3 \times 10^{-5} t^2 - 0.0066t + 0.8176 \tag{4-3-5}$$

$$k_2 = -0.067 \ln c + 0.5438 \tag{4-3-6}$$

$$k_3 = 0.5551 e^{-0.046\beta} \tag{4-3-7}$$

式中:t——受火时间(min),一般为 20~120 min;

　　c——混凝土强度等级,一般为 C30~C50;

　　β——纤维体积率,一般为 0.9%~1.5%。

3.2.2　计算结果与试验结果对比

通过引入剩余承载力折减系数修正规范公式,得到关于高温后混杂纤维钢筋混凝土短柱的剩余承载力计算公式,并对试件的剩余承载力折减系数 k 的计算值与模拟值结果进行比较,见表 4-3-2。由表可知,在受火时间、受火方式、混凝土强度等级、截面尺寸和纤维体积率五种不同参数下,试件 k 值的计算结果和模拟结果基本相符,说明式(4-3-3)对高温后混杂纤维钢筋混凝土短柱剩余承载力的计算是可行的。

表 4-3-2　k 值的计算值与模拟值结果比较

试件编号	1	2	3	4	5	6	7	8
计算值	0.690	0.551	0.482	0.433	0.661	0.525	0.446	0.399
模拟值	0.669	0.547	0.477	0.427	0.655	0.524	0.443	0.406
试件编号	9	10	11	12	13	14	15	16
计算值	0.609	0.510	0.424	0.387	0.726	0.726	0.726	0.726
模拟值	0.617	0.505	0.422	0.390	0.791	0.744	0.703	0.667
试件编号	17	18	19	20	21	22	23	24
计算值	0.584	0.584	0.584	0.584	0.526	0.526	0.526	0.526
模拟值	0.648	0.604	0.560	0.525	0.590	0.542	0.508	0.462
试件编号	25	26	27	28	29	30	31	32
计算值	0.495	0.495	0.495	0.495	0.765	0.717	0.647	0.607
模拟值	0.558	0.517	0.475	0.430	0.767	0.716	0.650	0.525

续表

试件编号	33	34	35	36	37	38	39	40
计算值	0.481	0.466	0.494	0.453	0.427	0.450	0.373	0.361
模拟值	0.481	0.459	0.462	0.434	0.408	0.420	0.363	0.364
试件编号	41	42	43	44	45	46	47	48
计算值	0.667	0.667	0.667	0.525	0.525	0.525	0.432	0.432
模拟值	0.667	0.642	0.692	0.525	0.486	0.563	0.462	0.398
试件编号	49	50	51	52	53	54	55	56
计算值	0.432	0.394	0.394	0.394	0.710	0.659	0.620	0.557
模拟值	0.438	0.433	0.366	0.382	0.669	0.655	0.617	0.547
试件编号	57	58	59	60	61	62	63	64
计算值	0.532	0.509	0.483	0.446	0.423	0.428	0.399	0.387
模拟值	0.524	0.505	0.477	0.443	0.422	0.427	0.406	0.390

3.3　本章小结

　　本章进一步利用 ABAQUS 软件研究受火时间、受火方式、混凝土强度等级、截面尺寸和纤维体积率对混杂纤维钢筋混凝土短柱剩余承载力的影响。主要对比分析五种参数对短柱试件的荷载-位移曲线、剩余承载力和剩余承载力折减系数的影响,并通过引入剩余承载力折减系数,提出高温后混杂纤维钢筋混凝土短柱剩余承载力计算公式。

　　相较于其他四种变化参数,受火时间对混杂纤维钢筋混凝土短柱的剩余承载力、剩余承载力折减系数和刚度的影响更大。

　　在试验和数值模拟的基础上,引入剩余承载力折减系数,推导出高温后混杂纤维钢筋混凝土短柱剩余承载力计算公式,对比其计算结果和模拟结果,两者相差不大,误差在合理范围内,说明此公式具有适用性。

第 4 章　高温后混杂纤维钢筋混凝土短柱损伤评估

目前,针对火灾后混凝土构件的损伤评估,国内外专家进行了大量深入研究,并取得了显著的研究成果。混凝土构件是建筑物结构中最重要的构件。建筑物遭受火灾后,如果混凝土丧失了承载力,结构就会遭受严重的局部破坏,甚至可能导致整体倒塌,这将给结构的修复带来巨大的困难。因此,钢筋混凝土短柱高温后的力学性能是研究的重点。本章基于高温后混杂纤维钢筋混凝土短柱力学试验与有限元模拟,总结高温后钢筋混凝土短柱的评估方法及流程,为高温后混杂纤维钢筋混凝土短柱损伤评估提供一定的参考。

4.1　高温后混凝土损伤的鉴定及评估

随着火场情况的变化,钢筋混凝土结构的损伤程度呈现出极大的差异,因此,对于火灾现场的勘察,可以将其分为初勘和复勘两个不同的阶段[82]。

根据我国现行《火灾后工程结构鉴定标准》(T/CECS 252-2019)[83],结构鉴定分为初步鉴定和详细鉴定,混杂纤维钢筋混凝土结构火灾后鉴定程序见表 4-4-1。

表 4-4-1　混杂纤维钢筋混凝土结构火灾后鉴定程序

鉴定阶段	鉴 定 程 序	鉴 定 方 式
初步鉴定	(1) 现场初步调查	混凝土表观及构件损伤调查
	(2) 火灾作用调查	作用温度、持续时间、降温方式调查,喷水冷却方式调查(淋喷、高压水枪喷射)
	(3) 查阅分析文件资料	构件设计竣工资料调查,判断结构承受能力
	(4) 结构观察检测、构件初步鉴定评级	对表观损伤状态评级(喷水冷却后的高强混凝土构件表观状态)
	(5) 损伤等级为Ⅱ级、Ⅲ级的重要结构构件,应进行详细鉴定评级	综合评价,如不需详细评级则提出结论

续表

鉴定阶段	鉴定程序	鉴定方式
详细鉴定	(1)火灾作用详细调查	火灾荷载密度、可燃物特征、燃烧环境、条件、规律、区域、温度时间曲线(喷水冷却区域、自然降温区域及过渡区域)
	(2)结构构件专项检测分析	材料特性、结构变形、节点、构件承载能力
	(3)结构分析与构件校对	结构分析校核、受力结构计算
	(4)构件详细鉴定评级	评定结构构件损伤等级、修复及加固建议

在火灾发生后,建筑物需要进行现场检测以评估其受灾程度,以便判断其是否具备继续使用的条件,并采取相应的处理措施。对于火灾后混凝土结构的损伤检测通常有六种方法,分别为取芯法、拉拔法、红外热像法、电化学分析法、色谱分析法和超声波脉冲法[84]。

4.2　高温后混杂纤维钢筋混凝土短柱损伤评估

火灾中混凝土构件因受火面和受火时间不同,其内部会形成各不相同的温度场,并产生不同的物理化学反应,从而导致混凝土损伤。本章通过分析火灾后受损建筑物外观形态及内部结构变化,提出了火灾后受损混凝土构件的判定标准。

4.2.1　外观形态

随着温度的变化,混凝土表面的色彩也会发生变化,虽然这些变化并不十分明显,但通过观察混凝土表面的颜色和外观,可以初步了解火场的温度情况。根据混凝土在高温环境下的外观特征,可以对其表面的受火温度和损伤程度进行简要评估。

根据试验观察,混杂纤维钢筋混凝土短柱试件的外观特征见表4-4-2。

表 4-4-2　混杂纤维钢筋混凝土短柱的外观特征

温度/℃	表观颜色	表观裂纹	爆裂、剥落	钢筋外露情况
200	青灰色	出现表面裂缝	边角处剥落	无
400	鹅黄色	有微裂缝,宽度不大	局部剥落	边角箍筋外露
600	深灰色	有较大裂缝	表层剥落严重	少部分纵筋、箍筋外露
800	灰白色	裂缝多且宽度大	表层剥落严重	大部分纵筋、箍筋外露

观察混凝土表面颜色的变化,可以发现其外观和颜色呈现出与未受火时相似的特征,而当受火温度低于 300 ℃时,则可判定为轻微的损伤;随着高温时间延长,其强度逐渐下降直至丧失。当混凝土表面呈现出粉红色、浅紫色、浅灰色或灰白色时,若其所处的受火温度高于 600 ℃,则表明其已经遭受了严重的破坏;当混凝土表面出现黑色斑痕时,则认为该区域为完全破坏区。如果损害程度介于这两种情况之间,可以认为是中度损伤。勘察混凝土剥落和钢筋外露的情况,若混凝土剥落的宽度未超过 10 cm,只有单一箍筋暴露在外面,主筋没有暴露在外面,其他表面部分没有隆起,则被评定为轻微损伤;若混凝土剥落不仅局限于构件角隅部位,剥落部位长度、宽度和总面积也相当可观,导致箍筋两支以上外露,同时约束的主筋也随之外露,则被归类为中度损伤;除中间部位以外,其余部位都暴露在外,但是因为配筋比例很高,所以没有看到明显的腐蚀痕迹,则被认为是轻微的破坏。如果混凝土构件的开裂以及钢筋的暴露程度超过了中度损伤,则可以判断为严重损伤。

4.2.2　烧失率

混凝土烧失率试验是一种高度精确的方法,可用于推测混凝土在受火时的最高温度。随着高温时间延长,混凝土强度逐渐下降直至丧失。烧失率的计算如式(4-4-1)所示。混凝土经历高温后质量的变化可以间接反映其内部结构的变化情况。高温后试件的烧失率见表 4-4-3 和图 4-4-1。

$$I = \frac{m_1 - m_2}{m_1} \times 100\% \qquad (4-4-1)$$

式中:I——经历高温后试件的烧失率;

　　　m_1——试件在常温下的质量(kg);

　　　m_2——试件经历目标温度后的质量(kg)。

表 4-4-3　高温后试件的烧失率

试　　件	温度/℃	烧失率 I/(%)
NC	200	0.2
	400	3.58
	600	6.46
	800	7.25
NCP1S8	200	0.27
	400	3.76
	600	7.3
	800	8.11

续表

试　　件	温度/℃	烧失率 $I/(\%)$
NCP1S14	200	0.23
	400	3.61
	600	6.69
	800	7.89

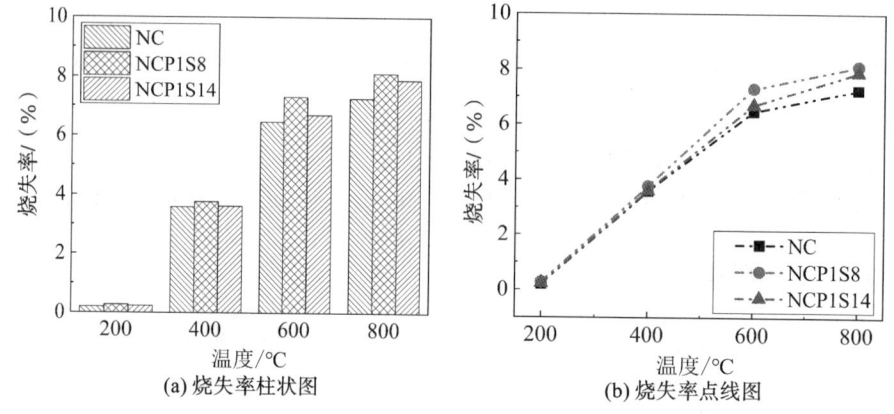

(a) 烧失率柱状图　　　　(b) 烧失率点线图

图 4-4-1　高温后试件的烧失率

　　根据表 4-4-3 和图 4-4-1 可知,随着温度的升高,试件的烧失率逐渐增大。在 200 ℃前,三种试块在相同温度下的烧失率相差不大。此阶段试件的质量损失主要是由混凝土内部自由水的蒸发造成的。在 400～600 ℃,试件的烧失率迅速增加。因为此阶段试件质量损失的主要来源是混凝土内部水化物的分解以及水分的蒸发,同时混杂纤维钢筋混凝土试件中的 PVA 纤维熔化,混凝土内部孔隙增大,加速了水分的蒸发。600～800 ℃后试件的烧失率增加缓慢,曲线较为平缓,因为此时大部分水化物、钙化物即将分解完成,试块水分蒸发殆尽。

　　相同温度下,NCP1S8 试件的烧失率最大,NC 试件的烧失率最小。主要原因是:一方面,400 ℃后,PVA 纤维熔化后在混凝土内部形成较多的孔隙,水蒸气通过这些孔隙加速逸出,造成部分质量损失;另一方面,钢纤维的增韧阻裂作用减少了混凝土表面剥落,使得在同样温度下,NCP1S8 试件的烧失率最大。在 PVA 纤维体积掺量一定的情况下,试件经历高温后,钢纤维体积掺量越多,试件的烧失率越低。

4.2.3　剩余承载力

　　钢筋混凝土构件在火灾后的极限承载力是其力学性能指标中最为重要的一项,因为它直接关系到结构的稳定性和安全性。本节通过对影响烧失率因素的分析研究,提出了利用红外热像仪进行高温下混凝土烧失试验的新方法。因此,在火灾发生后,评估受损钢筋混凝土构件的剩余承载能力是评价混凝土结构可靠性的一个重要方面,同时也是进行混凝土结构修复加固的重要依据。高温后试件剩余承载力及剩余承载力折减系数见表4-4-4和图4-4-2、图4-4-3。

表 4-4-4　高温后试件剩余承载力

试件	温度/℃	剩余承载力/kN	剩余承载力折减系数	承载力降低程度/(%)
NC	常温(20)	1130	1	—
	200	1024	0.906	9.4
	400	838.2	0.742	25.8
	600	742	0.657	34.3
	800	681.3	0.603	39.7
NCP1S8	常温(20)	1252	1	—
	200	1174	0.938	6.2
	400	899.6	0.719	28.1
	600	780.2	0.623	37.7
	800	750.8	0.596	40.3
NCP1S14	常温(20)	1356	1	—
	200	1220.2	0.899	10.0
	400	959.6	0.701	29.2
	600	848	0.625	37.4
	800	787.9	0.581	41.8

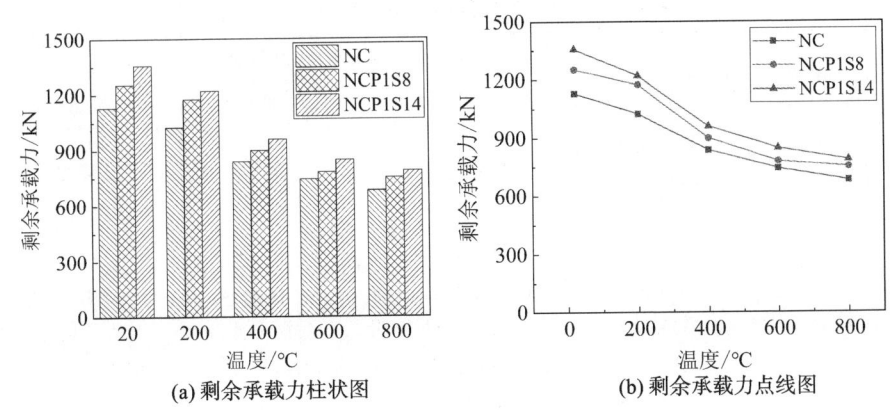

(a) 剩余承载力柱状图　　　(b) 剩余承载力点线图

图 4-4-2　高温后试件剩余承载力

由表4-4-4和图4-4-2、图4-4-3可知,试件的剩余承载力和剩余承载力折减系数随温度的升高而降低。在200~400 ℃时,试件的剩余承载力-温度曲线较陡,

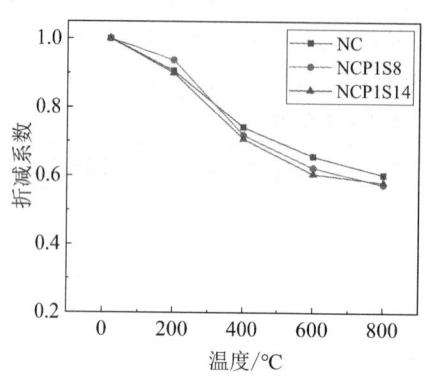

图 4-4-3　高温后试件剩余承载力折减系数

400 ℃后承载力折减趋于平缓,幅度较小。400 ℃后,水泥砂浆中的水化铝酸钙和水化硅酸钙发生脱水,水分逐渐蒸发,混凝土内部裂缝逐渐增多并扩展,使得混凝土强度降低。然而 400 ℃后,混杂纤维钢筋混凝土试件中的 PVA 纤维完全熔化,形成较多孔隙,有助于释放蒸气压,从而抑制混凝土的剥落,以及钢纤维发挥其自身的导热性和增韧阻裂作用,使得 400 ℃后混杂纤维钢筋混凝土试件剩余承载力下降的幅度相较于 400 ℃之前较小。在 PVA 纤维掺量一定的条件下,钢纤维掺量的增加能显著提升试件的抗压承载力。200~800 ℃时 NCP1S14 试件的峰值荷载最大,NC 试件的峰值荷载最小。这是因为相对于普通混凝土试件,当纤维混凝土试件中的 PVA 纤维彻底熔化后,钢纤维承担主要拉力,在混凝土骨料之间起到桥接作用,同时抑制裂缝的延伸和扩展,钢纤维掺量越多,作用愈加明显,使得混凝土的承载力更高。根据试件经历高温后的剩余承载力的变化可以判定混凝土构件的受损程度。

钢筋混凝土构件在火灾后所遭受的破坏程度,可归为四大类,分别为严重受损、重度受损、中度受损以及轻度受损。由于火灾对建筑结构造成的破坏程度和影响范围较大,所以在实际工作中应根据不同情况选择合适的方法来确定其承载能力。表 4-4-5 列出了不同受损程度的混凝土构件的具体特征。

表 4-4-5　不同受损程度的混凝土构件的具体特征

等级评定要素	不同损伤等级的状态特征			
	轻度受损	中度受损	重度受损	严重受损
混凝土外观颜色变化	基本未变或被黑色覆盖	粉红色	浅黄或灰白	浅黄或灰白
裂缝宽度	声音响亮,锤击后混凝土表面不留痕迹	声音较响或较闷,锤击后混凝土表面留下较明显痕迹或局部混凝土粉碎	声音发闷,锤击后混凝土粉碎或塌落	声音发哑,锤击后混凝土严重脱落
混凝土脱落、爆裂	无	少部分混凝土轻微脱落	多处混凝土脱落	大面积混凝土脱落
受力钢筋外露	无	轻微露筋	多处露筋	大面积露筋

等级评定要素	不同损伤等级的状态特征			
	轻度受损	中度受损	重度受损	严重受损
受力钢筋黏结性能	无影响	略有降低	严重降低	黏结力破坏
变形	无法观察	略有变形	较大变形	变形严重
承载力降低的程度	<5%	<20%	<50%	>50%

根据表 4-4-6 并结合前文中对构件外观形态、烧失率、剩余承载力的分析,可以评估试件经历不同温度后的受损程度。随着温度的升高,试件的受损程度越高。在相同温度下,普通钢筋混凝土和混杂纤维钢筋混凝土试件的外观颜色、裂缝宽度、混凝土脱落情况、钢筋外露、变形及承载力降低程度有所不同,总体上混杂纤维钢筋混凝土短柱的受损程度要低于普通钢筋混凝土短柱。说明在混凝土中掺入钢-PVA 混杂纤维可以抑制裂缝的扩展,有效缓解混凝土的脱落和爆裂,并提高高温后钢-PVA 混杂纤维钢筋混凝土短柱的承载力,降低其受损程度。

表 4-4-6　混杂纤维钢筋混凝土短柱的具体特征

试件	温度/℃	外观颜色	裂缝	混凝土脱落、爆裂	钢筋外露	变形	承载力降低程度
NC	200	青灰色	出现微裂缝和宏观裂缝	角部较大面积脱落	无	无法观察	9.4%
	400	浅灰色	裂缝数量增多	多处混凝土脱落	轻微露筋	略有变形	25.8%
	600	灰白色	裂缝多且相互贯通	混凝土较大面积脱落	多处露筋	较大变形	34.3%
	800	灰白色	混凝土压碎	混凝土大面积脱落	大面积露筋	变形严重	39.7%
NCP1S8	200	青灰色	出现微裂缝和宏观裂缝	角部小部分脱落	无	无法观察	6.2%
	400	灰黄色	宏观裂缝宽度增大	上部角部部分脱落	无	不明显	28.1%
	600	深灰色	竖向裂缝增多	上部较大面积脱落	轻微露筋	略有变形	37.7%
	800	灰白色	混凝土压碎	混凝土大面积脱落	多处露筋	较大变形	40.3%

续表

试件	温度/℃	外观颜色	裂缝	混凝土脱落、爆裂	钢筋外露	变形	承载力降低程度
	200	青灰色	出现微裂缝	角部小部分脱落	无	无法观察	10.0%
NCP1S14	400	鹅黄色	出现宏观裂缝	上端角部少部分脱落	无	不明显	29.2%
	600	深灰色	裂缝数量增多	混凝土较大面积脱落	轻微露筋	略有变形	37.4%
	800	灰白色	混凝土压碎	多处混凝土脱落	多处露筋	较大变形	41.8%

4.3　本章小结

　　本章基于试验和数值模拟,从高温后混杂纤维钢筋混凝土短柱的外观形态、烧失率、剩余承载力三个方面来评估高温后混凝土结构的受损程度。结合规范对火灾后混凝土结构受损程度的评定等级,从混杂纤维钢筋混凝土短柱经历不同温度后表观颜色、裂纹、爆裂、脱落和钢筋外露情况对混凝土短柱进行损伤程度评定。烧失率的大小反映了混凝土结构质量的损失情况,烧失率越大,混凝土结构损伤越大,钢纤维和PVA纤维的掺入能降低高温后钢筋混凝土短柱的烧失率。

　　根据混杂纤维钢筋混凝土短柱经历不同温度后的剩余承载力和剩余承载力折减系数,判定不同温度后短柱的损伤程度。结合混凝土构件外观形态、烧失率、剩余承载力的分析,总结不同受损程度的混凝土构件的具体特征,并以此为标准判定混杂纤维钢筋混凝土短柱的受损程度。

第5章 结论与展望

5.1 结 论

基于高温后混杂纤维钢筋混凝土短柱力学性能试验研究,建立有限元模型。在验证模型的有效性后继续,分析受火时间、受火方式、截面尺寸和纤维体积率对混杂纤维钢筋混凝土短柱截面温度场的影响,获得其不同测点的最高温度。通过受火时间、受火方式、混凝土强度等级、截面尺寸和纤维体积率的改变,研究不同参数与混杂纤维钢筋混凝土短柱轴心受压剩余承载力、剩余承载力折减系数和刚度的影响规律。依据试验和模拟结果,推导高温后混杂纤维钢筋混凝土短柱轴心受压剩余承载力计算公式,并对计算结果进行精确度对比分析。最后结合试验和数值模拟结果从外观形态、烧失率和剩余承载力三个方面对高温后混杂纤维钢筋混凝土短柱进行损伤评估。主要结论如下。

(1)通过确定材料的热工性能和力学性能建立混杂纤维钢筋混凝土短柱温度场模型和力学模型,验证数值模型的可行性。通过对比试验与模拟的荷载-位移曲线,结果显示二者吻合度较高,在误差允许范围10%之内。说明建立的混杂纤维钢筋混凝土短柱的力学模型能有效反映高温后混杂纤维钢筋混凝土短柱的力学性能,为后续的参数分析提供模型基础。

(2)结合材料热工性能,分析了不同受火方式、截面尺寸、纤维体积率和受火时间对混杂纤维钢筋混凝土短柱截面温度场的影响。随着受火面的增加,在相同受火时间下,短柱截面相同位置处的温度越高,且对加热面法线方向到截面中心的温度,其影响逐渐增大。截面尺寸对短柱截面温度场影响相对较小,在相同受火条件下,短柱截面中心和表面的温度差随着截面尺寸的增加而增大,在截面外部相同位置处的温度相差不大。纤维体积率对短柱截面温度场影响较小,相同受火条件下,随着纤维体积率的增加,短柱截面相同位置的温度越高,因为钢纤维本身具有导热性,掺入钢纤维会让短柱截面温度升高。相较于其他影响参数,受火时间对截面温度场的影响最大,相同受火条件下,各测点位置的温度随受火时间的增加而增加,且温度差距较大。

(3)在温度场研究基础上,结合材料力学性能,研究了不同受火时间、受火方式等因素对高温后混杂纤维钢筋混凝土短柱刚度、剩余承载力和剩余承载力折减系数的影响规律。受火时间和受火方式对短柱力学性能影响较大,相同条件下,随着受火时间和受火面的增加,短柱的刚度逐渐降低,剩余承载力和剩余承载力折减系数下降。相同受火条件下,受火 60 min 前短柱轴心受压剩余承载力和剩余承载力折减系数下降幅度较大,60 min 后幅度变缓;并且在受火 60 min 前,受火面的增加对短柱剩余承载力和剩余承载力折减系数的影响比受火 60 min 后更显著。

(4) 进一步研究混凝土强度等级、纤维体积率、截面尺寸对高温后混杂纤维钢筋混凝土短柱力学性能的影响。提高混凝土强度等级和纤维体积率对短柱的剩余承载力有明显提高。随着混凝土强度等级和纤维体积率的增加,相同条件下,混杂纤维钢筋混凝土短柱的刚度、剩余承载力增大,剩余承载力折减系数下降。钢-PVA 混杂纤维的掺入能提高高温后混杂纤维钢筋混凝土短柱的剩余承载力。在相同条件下,随着截面尺寸的增加,混杂纤维钢筋混凝土短柱的刚度和剩余承载力逐渐增大,受火 30 min 后短柱剩余承载力折减系数先降低后增大。与普通钢筋混凝土短柱相比,高温后混杂纤维钢筋混凝土短柱的力学性能更好,通过合理选择混凝土强度等级和柱截面尺寸等能有效提高高温后混杂纤维钢筋混凝土短柱的剩余承载力。

(5) 基于数值计算结果推导了高温后混杂纤维钢筋混凝土短柱轴心受压剩余承载力计算公式。在数值计算结果的基础上,得到高温后剩余承载力折减系数 k,从而推导混杂纤维钢筋混凝土短柱剩余承载力计算公式,公式计算结果与数值模拟分析结果吻合性较好。

(6) 根据试验和模拟结果进行了高温后混杂纤维钢筋混凝土短柱损伤评估。根据混杂纤维钢筋混凝土短柱外观形态可以对火灾强度做出评估,通过经受不同温度后的混杂纤维钢筋混凝土短柱烧失率的大小判定其质量损失的程度。结合试验和数值模拟结果,混杂纤维钢筋混凝土短柱的剩余承载力越低,其损伤程度越高。外观形态、烧失率和剩余承载力的变化对火灾后混杂纤维钢筋混凝土短柱性能的评估具有一定的参考价值。

5.2　展　　望

本试验对高温后混杂纤维钢筋混凝土短柱力学性能进行了比较系统的研究,取得了一定的成果,但是由于混凝土结构高温性能研究较为复杂,还有很多问题需要更深入的研究,具体如下。

(1) 混杂纤维的问题。对三种不同的纤维体积率下的短柱试件进行力学性能研究,但是纤维的长短、形状等因素的不同使得短柱力学性能也有所不同。因此对比分析不同规格类型和质量的混杂纤维,找到最优配合比,对混杂纤维钢筋混凝土高温性能研究至关重要。

(2) 数值模拟的问题。建立的混杂纤维钢筋混凝土短柱温度场模型和力学模型条件相对理想,在实际的工程结构中,混凝土内部常常处于多个方向的应力状态下,目前的研究主要集中在单向应力状态下混凝土的高温性能,对于多轴应力状态下混凝土的高温力学性能则需要进一步深入探究。

（3）混凝土结构损伤评估的问题。本试验通过外观形态、烧失率和剩余承载力对高温后混杂纤维钢筋混凝土短柱的损伤程度进行评估,然而,鉴于火灾蔓延的错综复杂性以及检测手段的有限性,尚未有一种方法能够完全满足人们的期望,因此进一步研究火灾后混凝土结构损伤评估的方法是非常重要的。

参 考 文 献

[1] 吴波,唐贵和.近年来混凝土结构抗火研究进展[J].建筑结构学报,2010,31(6):110-121.

[2] 郑文忠,闫凯,王英.预应力混凝土结构抗火研究进展[J].建筑结构学报,2011,32(12):52-61.

[3] STEPINAC L, GALIĆ J, VUKIĆ H, et al. Overview of research on fire effects in RC elements and assessment of RC structures after fire[J]. Građevinar,2021,73(5):509-522.

[4] MALIK M, BHATTACHARYYA S K, BARAI S V. Thermal and mechanical properties of concrete and its constituents at elevated temperatures: A review[J]. Construction and Building Materials, 2020, 270:121398.

[5] 过镇海,时旭东.钢筋混凝土的高温性能及其计算[M].北京:清华大学出版社,2003.

[6] ZHU Y P, HUSSEIN H, KUMAR A, et al. A review: Material and structural properties of UHPC at elevated temperatures or fire conditions [J]. Cement and Concrete Composites,2021,123:104212.

[7] WANG X L, FAN F F, LAI J X, et al. Steel fiber reinforced concrete: A review of its material prop-erties and usage in tunnel lining[J]. Structures, 2021,34:1080-1098.

[8] SHI F, PHAM T M, HAO H, et al. Post-cracking behaviour of basalt and macro polypropylene hybrid fibre reinforced concrete with different compressive strengths[J]. Construction and Building Materials, 2020, 262:120108.

[9] 赵旭.PVA-钢纤维增强水泥基材料力学性能研究[D].哈尔滨:哈尔滨工业大学,2020.

[10] 王术飞.钢纤维在水泥基复合材料中粘结性能的研究进展[J].公路工程,2019,44(4):279-284.

[11] ZHANG P, KANG L Y, WANG J, et al. Mechanical Properties and

Explosive Spalling Behavior of Steel-Fiber-Reinforced Concrete Exposed to High Temperature—A Review[J]. Applied sciences,2020,10(7):2324.

[12]　CAVERZAN A,CADONI E,PRISCO M D. Dynamic tensile behaviour of high performance fibre reinforced cementitious composites after high temperature exposure[J]. Mechanics of Materials,2013,59:87-109.

[13]　DONYA H, TAHA T A, ALRUWAILI A, et al. Micro-structure and optical spectroscopy of PVA/iron oxide polymer nanocomposites [J]. Journal of Materials Research and Technology,2020,9(4):9189-9194.

[14]　CHANDRATHILAKA E R K, BADUGE S K, MENDIS P, et al. Structural applications of synthetic fibre reinforced cementitious composites:A review on material properties,fire behaviour,durability and structural performance[J]. Structures,2021,34:550-574.

[15]　PAKRAVAN H R, OZBAKKALOGLU T. Synthetic fibers for cementitious composites:A critical and in-depth review of recent advances [J]. Construction and Building Materials,2019,207:491-518.

[16]　CAO R D,YANG H W,LU G Y. Effects of High Temperature on the Burst Process of Carbon Fiber/PVA Fiber High-Strength Concretes[J]. Materials,2019,12(6):973.

[17]　RAZA A,KHAN Q U Z. Experimental and numerical behavior of hybrid-fiber-reinforced con-crete compression members under concentric loading [J]. SN Applied Sciences,2020,2(4):701.

[18]　郭瑞晋,毕重,王涪,等.高温后钢纤维混凝土力学性能研究进展[J].黑龙江科技信息,2016(21):205.

[19]　ZENG D M,CAO M L,MING X. Characterization of mechanical behavior and mechanism of hybrid fiber reinforced cementitious composites after exposure to high temperatures [J]. Materials and Structures, 2021, 54 (1):26.

[20]　肖科.钢筋混凝土短柱火灾全过程试验研究[J].消防科学与技术,2017,36 (10):1440.

[21]　陈俊,李帅,霍静思,等.标准火灾全过程作用后钢筋混凝土短柱力学性能试验研究[J].湘潭大学自然科学学报,2017,39(2):26-32.

[22]　BUCH S H,SHARM U K. Empirical model for determining fire resistance of Reinforced Concrete columns[J]. Construction and Building Materials, 2019,225:838-852.

[23]　蔡祖荣,陈俊.配箍率对火灾后钢筋混凝土短柱力学性能影响试验[J].湘潭大学自然科学学报,2018,40(5):15-22.

[24] JAU W C, HUANG K L. A study of reinforced concrete corner columns after fire[J]. Cement and Concrete Composites, 2008, 30(7): 622-638.

[25] ALI F, NADJAI A, SILCOCK G, et al. Outcomes of a major research on fire resistance of concrete columns[J]. Fire Safety Journal, 2004, 39(6): 433-445.

[26] 王志伟,霍静思,郭玉荣.降温方式对高温后钢筋混凝土短柱轴压力学性能的影响[J].建筑材料学报,2013,16(3):402-409.

[27] ABDULRAHEEM M S. Experimental investigation of fire effects on ductility and stiffness of reinforced reactive powder concrete columns under axial compression[J]. Journal of Building Engineering. 2018, 20: 750-761.

[28] 王振清,白丽丽,乔牧,等.四面受火后钢筋混凝土柱的可靠性分析[J].华中科技大学学报(自然科学版),2008,36(12):125-127.

[29] LIN C H, CHEN S T, HWANG T L. Residual strength of reinforced concrete columns exposed to fire[J]. Journal of the Chinese Institute of Engineers, 1989, 12(5): 557-566.

[30] SEREGA S. Effect of transverse reinforcement spacing on fire resistance of high strength concrete columns[J]. Fire Safety Journal, 2015, 71: 150-161.

[31] TOPÇU I B, IŞIKDAĞ B. The effect of cover thickness on rebars exposed to elevated temperatures[J]. Construction and Building Materials, 2008, 22 (10): 2053-2058.

[32] 燕兰,邢永明,郝貟洪.混杂纤维增强高性能混凝土(HFHPC)高温力学性能及微观分析[J].混凝土,2012(1):24-28.

[33] 李书进,吴科如.基体强度对水泥基复合材料纤维混杂效应的影响[J].混凝土,2008(4):1-3.

[34] YERMAK N, PLIYA P, BEAUCOUR A L, et al. Influence of steel and/or polypropylene fibres on the behaviour of concrete at high temperature: Spalling, transfer and mechanical properties[J]. Construction and Building Materials, 2017, 132: 240-250.

[35] AGRA R R, SERAFINI R, Figueiredo A D D. Effect of high temperature on the mechanical properties of concrete reinforced with different fiber contents[J]. Construction and Building Materials, 2021, 301: 124242.

[36] CHEN G M, HE Y H, YANG H, et al. Compressive behavior of steel fiber re-inforced recycled aggregate concrete after exposure to elevated temperatures[J]. Construction and Building Materials, 2014, 71: 1-15.

[37] MOGHADAM M A, IZADIFARD R A. Effects of steel and glass fibers on

mechanical and du-rability properties of concrete exposed to high temperatures[J]. Fire Safety Journal,2020,113:102978.

［38］ 杨淑慧. 纤维矿渣微粉混凝土高温性能试验研究[D]. 郑州:郑州大学,2013.

［39］ ZHENG W Z,LUO B F,WANG Y. Compressive and tensile properties of reactive powder concrete with steel fibres at elevated temperatures[J]. Construction and Building Materials,2013,41:844-851.

［40］ 杨娟,朋改非. 纤维对超高性能混凝土残余强度及高温爆裂性能的影响[J]. 复合材料学报,2016,33(12):2931-2940.

［41］ TAI Y S,PAN H H,KUNG Y N. Mechanical properties of steel fiber reinforced reactive powder concrete following exposure to high temperature reaching 800 ℃[J]. Nuclear Engineering and Design,2011, 241(7):2416-2424.

［42］ ABID M,HOU X M,ZHENG W Z,et al. Effect of Fibers on High-Temperature Mechanical Behavior and Microstructure of Reactive Powder Concrete[J]. Materials,2019,12(2):329.

［43］ DESHPANDE A A,KUMAR D,RANADE R. Influence of high temperatures on the residual me-chanical properties of a hybrid fiber-reinforced strain-hardening cementitious composite[J]. Construction and Building Materials,2019,208:283-295.

［44］ LIU J C,TAN K H. Mechanism of PVA fibers in mitigating explosive spalling of engineered cementitious composite at elevated temperature[J]. Cement and Concrete Composites,2018,93:235-245.

［45］ 黄加圣,杨鼎宜,朱振东,等. 高温后聚乙烯醇纤维混凝土受压破坏声发射特性研究[J]. 混凝土,2019(1):47-51,56.

［46］ 王冠. 非均匀受火约束高强纤维混凝土柱的抗火性能研究[D]. 苏州:苏州科技学院,2014.

［47］ 韩东. 高温下超韧纤维混凝土结构温度场及力学性能研究[D]. 沈阳:沈阳建筑大学,2017.

［48］ NEMATZADEH M,MOUSAVIMEHR M,SHAYANFAR J,et al. Eccentric compressive behavior of steel fiber-reinforced RC columns strengthened with CFRP wraps:Experimental investigation and analytical modeling[J]. Engineering Structures. 2021,226:111389.

［49］ 范小春,徐相哲,熊立峰,等. 玄武岩筋混杂钢纤维混凝土偏心受压短柱试验与有限元分析[J]. 混凝土,2021(8):6-10.

［50］ 陆洲导,朱伯龙. 混凝土结构火灾后的加固修复[J]. 工业建筑,1997,27(1):

7-11.

[51]　曾跃飞,张强.火灾后混凝土构件承载力损伤的数值分析与评估[J].广东土木与建筑,2008(4):52-54,47.

[52]　曾跃飞,邓浩.火灾后混凝土构件耐久性损伤评估与鉴定[J].长春工程学院学报(自然科学版),2007,8(2):27,28-30.

[53]　余江滔,夏敏,陆洲导.受火(高温)后混凝土的随机损伤本构关系[J].同济大学学报(自然科学版),2011,39(2):158-165.

[54]　HEAP M J, LAVALLEE Y, LAUMANN A, et al. The influence of thermal-stressing(up to 1 000 ℃)on the physical,mechanical,and chemical properties of siliceous-aggregate, high-strength concrete[J]. Construction and Building Materials,2013,42(5):248-265.

[55]　GENG J S,SUN Q,ZHANG W Q,et al. Effect of high temperature on mechanical and acoustic emission properties of calcareous-aggregate concrete[J]. Applied Thermal Engineering,2016,106:1200-1208.

[56]　李森源.高温后喷水冷却的高强度混凝土力学性能试验研究[D].南宁:广西大学,2018.

[57]　尹胜华.损伤混凝土高温后的物理力学性能研究[D].西安:西安建筑科技大学,2015.

[58]　QIN D, GAO P K, ALSAM F, et al. A comprehensive review on fire damage assessment of reinforced concrete structures[J]. Case Studies in Construction Materials,2022,16:843.

[59]　ALCAÍNO P, SANTA-MARÍA H, MAGNA-VERDUGO C, et al. Experimental fast-assessment of post-fire residual strength of reinforced concrete frame buildings based on non-destructive tests[J]. Construction and Building Materials,2019,234:117371.

[60]　FRAPPA G,PAULETTA M,MARCO C D,et al. Experimental tests for the assessment of residual strength of r. c. structures after fire-Case study [J]. Engineering structures,2022,252:113681.

[61]　WRÓBLEWSKA J, KOWALSKI R. Assessing concrete strength in fire-damaged structures [J]. Construction and Building Materials, 2020, 254:119122.

[62]　中华人民共和国住房和城乡建设部.混凝土结构试验方法标准:GB/T 50152—2012[S].北京:中国建筑工业出版社,2012.

[63]　白文琦,吕晶,杜强,等.PVA 纤维增强型水泥基复合材料高温后力学性能试验[J].建筑科学与工程学报,2015,32(4):86-91.

[64]　魏金源,刘宏伟,张勇.钢-PVA 混杂纤维钢筋混凝土抗冲击性能研究[J].混

凝土,2017(12):51-53+62.

[65] 李风雷,孙敏.PVA-钢混杂纤维钢筋混凝土弯曲韧性研究[J].苏州科技大学学报(工程技术版),2017,30(1):19-25.

[66] MRÓZ K,HAGER I,KORNIEJENKO K. Material Solutions for Passive Fire Protection of Buildings and Structures and Their Performances Testing[J]. Procedia Engineering,2016,151:284-291.

[67] 肖良丽,纪勤敏,杜壮.玻璃纤维增强复合材料筋混杂纤维混凝土短柱轴心受压性能的研究[J].工业建筑,2022,52(2):37-41,125.

[68] CHEN Z P,YAO R S,JING C G,et al. Residual Properties Analysis of Steel Reinforced Recycled Aggregate Concrete Components after Exposure to Elevated Temperature[J]. Applied Sciences,2018,8(12):2377.

[69] Commission of the European Communities. Eurocode 4:Design of composite steel and concrete structures-Part 10:Structural Fire Design [S].1994.

[70] LIE T T. Fire Resistance of Circular Steel Columns Filled with Bar-Reinforced Concrete[J]. Journal of Structural Engineering,1994,120(5):1489-1509.

[71] 赵晖.再生混凝土耐高温性能及构件抗火分析[D].哈尔滨:哈尔滨工业大学,2018.

[72] XIAO L L,CHEN P H,HUANG J S,et al. Compressive behavior of reinforced steel-PVA hybrid fiber concrete short columns after high temperature exposure [J]. Construction & building materials,2022,342:127935.

[73] 盛泓赫.火灾后钢管约束型钢混凝土短柱轴压力学性能研究[D].哈尔滨:哈尔滨工业大学,2020.

[74] 阎慧群.高温(火灾)作用后混凝土材料力学性能研究[D].成都:四川大学,2004.

[75] 谢狄敏,钱在兹.高温作用后混凝土抗拉强度与粘结强度的试验研究[J].浙江大学学报(自然科学版),1998(5):87-92.

[76] 邵伟,陈有亮,周有成.不同温度及不同加热时间作用后混凝土力学性能试验研究[J].防灾减灾工程学报,2012,32(2):248-252.

[77] 吴波.火灾后钢筋混凝土结构的力学性能[M].北京:科学出版社,2003.

[78] 李佳佳.PVA-钢混杂纤维增强水泥基复合材料梁的弯剪性能试验及数值模拟[D].兰州:兰州理工大学,2021.

[79] 中华人民共和国住房和城乡建设部.混凝土结构设计规范:GB/T 50010—2010[S].北京:中国建筑工业出版社,2011.

[80] 唐跃锋,李俊华,孙彬.火灾后型钢混凝土柱剩余承载力数值模拟分析[J].工程力学,2014,31(S1):91-98.

[81] 中华人民共和国住房和城乡建设部.纤维混凝土应用技术规程:JGJ/T 221—2010[S].北京:中国建筑工业出版社,2011.

[82] 过镇海,时旭东.钢筋混凝土的高温性能及其计算[M].北京:清华大学出版社,2003.

[83] 中国工程建设标准化协会.火灾后工程结构鉴定标准:T/CECS 252-2019[S].中国计划出版社,2009.

[84] 过镇海.常温和高温下混凝土材料和构件的力学性能[M].北京:清华大学出版社,2006.